南方丘陵地区农业机械化工作应知应会365问

重庆市农业委员会 编

中国农业大学出版社
·北京·

图书在版编目（CIP）数据

南方丘陵地区农业机械化工作应知应会365问/重庆市农业委员会编.—北京：中国农业大学出版社，2017.12

ISBN 978-7-5655-1923-9

Ⅰ.①南… Ⅱ.①重… Ⅲ.①农业机械化—工作—问题解答 Ⅳ.①S23-44

中国版本图书馆CIP数据核字（2017）第256654号

书　　名　南方丘陵地区农业机械化工作应知应会365问

作　　者　重庆市农业委员会　编

策划编辑	张秀环	**责任编辑**	张　玉
封面设计	韩　峰		
出版发行	中国农业大学出版社		
社　　址	北京市海淀区圆明园西路2号	**邮政编码**	100193
电　　话	发行部010-62818525，8625		读者服务部010-62732336
	编辑部010-62732617，2618		出版部010-62733440
网　　址	http://www.cau.edu.cn/caup	**E-mail**	cbsszs@cau.edu.cn
经　　销	新华书店		
印　　刷	涿州市星河印刷有限公司		
版　　次	2017年12月第1版		2017年12月第1次印刷
规　　格	787×1092　16开本　28.75印张　560千字		
定　　价	86.00元		

图书如有质量问题本社发行部负责调换

审定委员会

专家评审委员会

编写委员会

序

农业机械是农业生产的重要物质技术基础，农业机械化是农业现代化的重要标志。党和政府高度重视农业机械化发展，出台了一系列支持促进农业机械化发展的政策举措，调动了广大农民购机、用机的积极性，极大促进了农业综合生产能力的提高，也为农业增效、农民增收和农村繁荣带来了新变化，增添了新动能，目前，农业生产方式已经实现了从千百年来人畜力为主向以机械作业为主的历史性转变，成为农业现代化发展进程中的突出亮点。

党的十九大提出实施乡村振兴战略，农业机械化迎来转型升级的战略机遇期，农业各领域对机械化的需求越来越迫切，广大农民对农机装备的依赖越来越明显，“机械化换人”成为破解“谁来种地？怎么种地？”问题的必然选择。但农业机械化发展同样面临不平衡不充分问题，突出表现在丘陵山地地区，我们必须要有短板奋起、后发跨越的雄心和勇气。跨越，就字面意义理解，是迈过沟壑为跨，翻过障碍为越；引用于经济社会发展的行业和地区，可理解为速度上超越常规、模式上颠覆传统，路径上富有创新的非冒进而符合规律的理论与实践的跃升过程，是在汲取前人或先进地区成功成熟成果基础上赶超部分环节和历程的追赶。要摈弃丘陵山地地区农业机械化无所作为论、叶公好龙论、产业主责论等错误认识，在实施“乡村振兴战略”的进程中，加快推进农业机械化转型升级。

适应新形势、新要求，加强学习，学用相长，是确保各方面工作有所发展、有所创造、有所前进的重要手段，为使广大农业机械化系统干部职工更好地适应农业机械化转型升级的新形势新要求，学习和掌握基础理论知识、基本业务知识，增强岗位技能，提高工作本领，在中国农业机械化研究院的大力支持下我们组织有关专家、学者和实际工作者，编写了《南方丘陵地区农业机械化工作应知应会365问》一书，旨在为广大一线职工在岗学习、谋划思考、推进工作提供载体、提供方便。

本书具有重庆农机化发展地方特色，所有题目密切结合农时农事、结合岗位基本知识与基础技能，以每日一问的方式，循序渐进、点滴积累，促进一线职工实现汇溪成河、聚沙成塔的知识储备。本书既是一本科普书、也是一本工具书，它采用专用笔记本印制，同时增设有“名言警句”“开心一刻”等栏目，增强了趣味性、拓展了知识面，体现了编者的精心策划和辛勤工作。

本书的编写，既是丰富和完善农业机械化系统教育培训方式的一种有益尝试，也是引导干部职工把兴趣、心思、精力放在学习上、放在干事创业上的一项重要举措。参加本书编撰的许多同志是长期在农业机械化战线上工作的专家和一线工作者，具有比较丰富的理论知识和实践经验。我们相信，《南方丘陵地区农业机械化工作应知应会 365 问》的编撰发行，必将为培养学习型农机化干部、打造学习型农机化团队，推进农机化科学发展起到积极的作用。

由于成书时间仓促，且为初探尝试，书中难免有疏漏和不足，加之篇幅有限，不可能囊括所有实际工作中出现的问题和需求，读者朋友可以学习借鉴，也可以商榷讨论，提出宝贵的改进意见。本书的编撰得到了有关方面的大力支持与帮助，在此一并表示衷心感谢！

重庆市农业委员会副主任
重庆市农机管理办公室主任　　秦大春

2017 年 11 月

目录

基础知识

（一）机电基础知识

1. 法定计量单位有哪些?

答: 1984 年 2 月 27 日国务院公布了我国的法定计量单位（legal unit of measurement），供各行业、各组织遵照执行。我国的法定计量单位是以国际单位制（SI）为基础并选用少数其他单位制的计量单位来组成的（表 1、表 2）。

表 1　单位制的基本单位

量的名称	单位名称	单位符号
长度	米	m
质量	千克（公斤）	kg
时间	秒	s
电流	安〔培〕	A
热力学温度	开〔尔文〕	K
物质的量	摩〔尔〕	mol
发光强度	坎〔德拉〕	cd

表 2　单位制中具有专门名称的包括辅助单位在内的导出单位

量的名称	单位名称	单位符号	其他表示式例
压力，压强，应力	帕〔斯卡〕	Pa	N/m^2
功率，辐射通量	瓦〔特〕	W	J/s^2
力，重力	牛〔顿〕	N	$kg \cdot m/s^2$
平面角	弧度	rad	1
立体角	球面度	sr	1
频率	赫〔兹〕	Hz	s^{-1}

开心一刻

我问儿子:“如果我欠了别人很多钱，又还不上时，你该怎么办?”

正在我期待着儿子说“父债子还”时，儿子说:“那咱们搬家吧!”

续表 2

量的名称	单位名称	单位符号	其他表示式例
能量，功，热	焦〔耳〕	J	N · m
电荷量	库〔仑〕	C	A · s
电位，电压，电动势	伏〔特〕	V	W/A
电容	法〔拉〕	F	C/V
电阻	欧〔姆〕	Ω	V/A
电导	西〔门子〕	S	A/V
⋮	⋮	⋮	⋮

生活小窍门

巧用牙膏：若有小面积皮肤损伤或烧伤、烫伤，抹上少许牙膏，可立即止血止痛，也可防止感染，疗效颇佳。

2. 常用金属材料有哪些?

答: 金属材料是由金属元素或以金属元素为主要材料构成，并具有金属特性的工程材料。金属材料通常分为黑色金属和有色金属两大类。以铁或以它为主而形成的物质，称为黑色金属，如钢（又分为碳素钢和合金钢）和铸铁（俗称生铁）；除黑色金属以外的其他金属，都称为有色金属，如铜、铝、镁、钛、锡、铅等。

开心一刻

上幼儿园的女儿做完作业后让我检查，我发现她的一个计算题做错了，就提醒她：这个 6+7 怎么能等于 8 呢，你再重算一下。

一会女儿又拿着作业本给我看，题已经改成了 6+2=8。

3. 常用非金属材料的种类有哪些？其主要性能和用途是什么？

答： 常用非金属材料的种类及主要性能、用途见表 3。

表 3 常用非金属材料的种类及主要性能、用途

名称	主要性能	用途
工程塑料	除具有塑料的通性之外，还有相当的强度和刚性，耐高温及低温性能较通用塑料好	仪表外壳、手柄、方向盘、管接头等
橡　胶	弹性高、绝缘性和耐磨性好，但耐热性低，低温时发脆	轮胎、胶带、胶碗、阀垫、软管
石　棉	抗热和绝缘性能优良，耐酸碱、不腐烂、不燃烧	密封、隔热、保温、绝缘和制动材料，如制动带

生活小窍门

巧除纱窗油腻：可将洗衣粉、吸烟剩下的烟头一起放在水里，待溶解后，拿来擦玻璃窗、纱窗，效果均不错。

4. 农业机械常用油料有哪些类型?

答: 农业机械常用油料按工作性质和主要用途一般可以分为三类:一是燃油,主要指柴油和汽油。二是工作油,主要包括液压油和制动液。三是润滑油,主要包括汽油机油、柴油机油、齿轮油及润滑脂等。

看到小外甥在院子里坐着玩,一不小心摔倒在地,哭得那叫一个哇哇叫啊,我姐哄半天没用。

我走过去,大声道:“咱是男人不?”

只见他弯下头,扒了扒开裆裤,用坚毅的眼神望了望我,点了点头!

然后接着又哭了……

5. 农机常用油料有哪些作用？

答： ①动力作用。柴油或汽油燃烧后为内燃机提供动力。②能量传递作用。如液压油最主要的作用就是将液压泵产生的压力传递到液压马达或是其他液压装置，推动机械设备产生各种动作。③润滑作用。发动机在运转时，一些摩擦部位如果不能得到适当润滑，就会产生干摩擦，实践证明干摩擦在短时间内产生的热量足以使金属熔化，造成机件的损坏甚至卡死（比如“拉缸”“抱瓦”等机械事故）。当润滑油流经摩擦部位以后就会在摩擦表面形成一层油膜，减少摩擦机件的阻力，起到润滑作用。④散热作用。机械在运转过程中承受了很大的负载，无论是液压系统、动力系统或者是传动系统都会产生大量的热量，如果不能及时散热将会对机械造成严重的损害，甚至不能使用。⑤清洗作用。在发动机或是其他工作系统中，因为机械摩擦产生的机械屑、吸入环境中的尘土、混合气燃烧后产生的积碳等原因，难免产生一些固体杂质，这些杂质附着在机械摩擦表面，如果不能及时清除将会进一步加剧设备的磨损。⑥密封作用。发动机的气缸与活塞、活塞环与环槽以及气门与气门座之间均存在一定的间隙，以保证运动副之间不会卡滞，但这些间隙又造成了气缸密封不好，润滑油在这些间隙中产生油膜保证了气缸的密封性能，保持气缸压力及输出功率。⑦防锈作用。设备在运转或存放时，大气、油料中的水分或酸性气体也会对机件产生腐蚀和锈蚀，从而加大对摩擦面的损坏。⑧消除冲击载荷。机件摩擦面的油膜，在承受较大冲击载荷时能有效缓解冲击压力，防止金属直接接触，减小磨损。

生活小窍门

将虾仁放入碗内，加一点精盐、食用碱粉，用手抓搓一会儿后用清水浸泡，然后再用清水洗净，这样能使炒出的虾仁透明如水晶，爽嫩可口。

6. 什么是国Ⅴ标准（汽油）？

答：国Ⅴ标准，相当于欧盟的欧Ⅴ标准，欧盟已经从 2009 年起开始执行，其对氮氧化物、碳氢化合物、一氧化碳和悬浮粒子等机动车排放物的限制更为严苛。从国Ⅰ提至国Ⅳ，每提高一次标准，单车污染减少 30% ～ 50%。经有关部门审核，我国从 2017 年 1 月 1 日起开始实施国Ⅴ标准。该标准中将国Ⅴ车用汽油牌号由 90 号、93 号、97 号分别调整为 89 号、92 号、95 号，并在标准附录中增加了 98 号车用汽油的指标要求。

开心一刻

到邻居家串门碰上人家教育孩子，邻居气呼呼地说：“这死孩子，在学校听老师说什么漂流瓶的故事，回家就用啤酒瓶把厕所给堵了，你说该不该打？”

7. 柴油的规格和性能用途有哪些?

答:(1)轻柴油。适用于高速柴油机(转速 1 000 转 / 分以上),根据动力机械使用地区的气温选定,凝点应低于气温 3~5 摄氏度。

10 号:凝固点不高于 10 摄氏度,适宜环境温度 13 摄氏度以上的南方夏季用。

0 号:凝固点不高于 0 摄氏度,全国 4 ~ 9 月使用,长江以南冬季亦可以使用,云南一年四季均可使用。

−10 号:凝固点不高于 −10 摄氏度,适合于长城以南冬季、长江以南地区严冬使用。

−20 号:凝固点不高于 −20 摄氏度,适合于长江以北、长城以南、黄河地区以北严冬使用。

−35 号、−50 号:凝固点分别不高于 −35、−50 摄氏度,适合于东北、华北、西北地区严冬使用。

(2)重柴油。适用于中低速柴油机(转速 1 000 转 / 分以下)

10 号、20 号、30 号,凝固点分别不高于 10、20、30 摄氏度,适合低速柴油机使用。

生活小窍门

和饺子面的窍门 1: 在 1 斤面粉里掺入 6 个蛋清,使面里蛋白质增加,包的饺子下锅后蛋白质会很快凝固收缩,饺子起锅后收水快,不易粘连。

8. 内燃机油有哪些？如何分级和选择？

答： 内燃机油(俗称机油)分为柴油机油和汽油机油两种。

其规格和牌号有两种分级方法：①按品质分级。柴油机油分为 CC，CD，CD–Ⅱ，CE，CF–4 等，汽油机油分为 SC、SD、SE、SF、SG 和 SH 等，品质均依次逐级提高。②按黏度分级。我国将冬季用柴油机油分为 0W、5W、10W、15W、20W 和 25W 共 6 级，其中的“W”表示冬季用；将夏季用柴油机油分为 20、30、40 和 50 共 4 级，其黏度均依次递增。

上述冬季用油或夏季用油统称单级油。还有一类柴油机油能满足冬夏通用要求，称为多级油，其牌号用斜线将冬夏两个级号连起来，如 10W/20 表示该油的低温性能指标达到冬季用油 10W 的性能要求，高温黏度也符合夏季用油 20 号的规格。汽油机油的黏度分级与柴油机油相同。

内燃机油的选择包括品质和黏度两种，其中品质是首选内容，品质选用应遵照产品使用说明书中的要求选用，还可结合使用条件来选择。黏度等级的选择主要考虑环境温度。

儿子做错了事，我骂儿子，说你妈妈猪，你也猪。

儿子反过来说我：爸爸你怎么这么倒霉，娶了一头猪，又生下一头猪，咱家都成猪窝了！

9. 齿轮油有哪些品种？

答： 齿轮油有3个品种，即普通车辆齿轮油（代号CLC），中负荷车辆齿轮油（代号CLD）和重负荷车辆齿轮油（代号CLE）；品质按次序后一级比前一级高，使用场合的允许条件一级比一级苛刻。黏度等级分为70W、75W、80W、85W、90W、140W和250W共7牌号，这些是单级油，还有多级油，如80W/90、85W/90和85W/140等。

齿轮油原则上应按产品使用说明书的规定进行选用，也可以按工作条件选用品种，按气温选择牌号。

生活小窍门

将残茶叶浸入水中数天后，浇在植物根部，可促进植物生长；把残茶叶晒干，放到厕所或沟渠里燃熏，可消除恶臭，具有驱除蚊蝇的功能。

10. 液压油有哪些品种?

答: 品种有普通液压油(代号HL)、抗磨液压油(代号HM)、低温液压油(代号HV和HS)、难燃液压油等。每种液压油都有若干个不同黏度的牌号。液压油的牌号由代号和黏度值数字构成。

抗磨液压油适用于压力较高(大于10兆帕)、使用条件苛刻的液压系统,牌号有HM32、HM46、HM68、HM100和HM150等,拖拉机、联合收割机、工程机械应选用此种液压油。

根据工作环境温度选用相应黏度的牌号,在严寒地区作业的机械宜选用低温液压油。

"给你介绍一个男朋友，就是有点胖。"

"胖啊，那就算了……有多胖？"

"他以前开卡宴，嫌挤，现在换成悍马了……"

"谁允许你说我男朋友胖了？"

11. 润滑脂（俗称黄油）有哪些？其使用范围是什么？

答：（1）钙基脂。凝固点不低于 80 ～ 95 摄氏度，耐水性好，不耐高温，主要用于中转速、中负荷的滚动轴承和其他易潮湿的部位。

（2）钠基脂。凝固点不低于 140 摄氏度，耐水性差，适用于高温、重负荷和干燥的部位。

（3）钙钠基脂。凝固点不低于 120 ～ 135 摄氏度，其性能介于钙基脂和钠基脂之间，适用于工作温度在 100 摄氏度以下，工作环境不太潮湿的地方。

（4）锂基脂。凝固点不低于 170 ～ 180 摄氏度，可以取代钙基脂、钠基脂、钙钠基脂，广泛用于高温、高速以及与水接触的润滑部位，适用温度 −20 ～ 140 摄氏度。

生活小窍门

夹生饭重煮法：如果是米饭夹生，可用筷子在饭内扎些直通锅底的孔，洒入少许黄酒重焖，若只表面夹生，只要将表层翻到中间再焖即可。

12. 常用标准件有哪些？各有几种类型？

答：（1）滚动轴承。按承受负荷的方向分为向心轴承、推力轴承、向心推力轴承；按滚动体的形状分为球轴承和滚子轴承；按滚动体的列数分为单列、双列、多列轴承等；按轴承能否调整中心分为自动调整轴承和非自动调整轴承两种；按轴承直径大小分为微型、小型、中型、大型和特大型。

（2）橡胶油封。按其结构不同分为骨架式和无骨架式两种。

（3）键联接件。分为平键、半圆键、楔键和花键 4 种。

（4）螺纹联接。基本类型有 4 种：螺栓联接、双头螺柱联接、螺钉联接、紧固螺钉联接。

在出租车上听广播，一个听众留言："我要点一首歌送我的男朋友，虽然他长得丑，胖，还没什么钱，但是他对我很好！"

"哪首歌呢？"

"《算什么男人》。"

13. 机械图样中常见的图线型式有哪些？各有什么用途？

答： 机械图样中常见的图线型式及用途见表 4。

表 4 机械图样中常见的图线型式、用途

图线名称	图线型式	一般用途
粗实线	▬	可见轮廓线
细实线	—	尺寸线、尺寸界线、剖面线、引出线
点划线	—·—	轴线、对称中心线
虚线	----	不可见轮廓线
波浪线	～	断裂处的边界线，视图和剖视线的分界线

生活小窍门

烹调蔬菜时如果必须要焯，焯好菜的水最好尽量利用。如做水饺的菜，焯好的水可适量放在肉馅里，这样既保存营养，又使水饺馅味美有汤。

14. 什么是公差与配合？应如何选择公差与配合？

答： 公差是表示尺寸允许变动的范围。它等于最大极限尺寸减去最小极限尺寸的代数差的绝对值，也等于上偏差与下偏差代数差的绝对值。公差等级的选择，在满足使用要求的前提下应尽量把公差级别选低。

配合是指基本尺寸相同的、相互结合的孔和轴公差之间的关系。配合有3种类型：①间隙配合。孔和轴配合时，孔的最小极限尺寸总是大于轴的最大极限尺寸，孔与轴之间配合总是有间隙。②过盈配合。孔与轴配合时，孔的最大极限尺寸总是小于或等于轴的最小极限尺寸，孔与轴之间配合总有一定紧度。③过渡配合。孔的公差带与轴的公差带相互交叠，介于间隙配合和过盈配合之间。配合的选择，应尽可能选择优先配合。在工作时孔、轴间有相对运动的，用间隙配合；在工作时要求孔与轴之间不产生相对运动，靠配合面传递转矩或承受轴向力的，用过盈配合；要求靠配合面定位且要求便于拆卸的，用过渡配合。

开心一刻

她对男友说：“亲爱的，反正我们生米都煮成熟饭了，我们结婚吧。”

她二货男友回了句：“是……是我煮熟的吗？”

果断分手！

15. 什么是表面粗糙度？其代号意义、组成是什么？

答： 表面粗糙度是指加工表面具有的较小间距和微小峰谷不平度。表面粗糙度对机器零件的耐磨性、配合性质的稳定性、疲劳强度、接触刚度、抗腐蚀性以及密封性等都有较大的影响。表面粗糙度越小，则表面越光滑。

表面粗糙度代号的意义及其组成如表 5 所示。

表 5　表面粗糙度符号的意义及其组成

序号	符号	意义
1	√	基本符号，表示表面可用任何方法获得。当不加注粗糙度参数值或有关说明时，仅适用于简化代号标注
2		表示表面是用去除材料的方法获得，如车、铣、钻、磨等
3		表示表面是用不去除材料的方法获得，如铸、锻、冲压、冷轧等
4		在上述三个符号的长边上可加一横线，用于标注有关参数或说明
5		在上述三个符号的长边上可加一小圆，表示所有表面具有相同的表面粗糙度要求
6	2.5　60°　8	当参数值的数字或大写字母的高度为 2.5 毫米时，粗糙度符号的高度取 8 毫米，三角形高度取 3.5 毫米，三角形是等边三角形。当参数值不是 2.5 毫米时，粗糙度符号和三角形符号的高度也将发生变化

生活小窍门

炒鸡蛋的窍门：将鸡蛋打入碗中，加入少许温水搅拌均匀，倒入油锅里炒，炒时往锅里滴少许酒，这样炒出的鸡蛋蓬松、鲜嫩、可口。

16. 机床夹具是怎么分类的？夹具有哪些组成部分？夹具的作用有哪些？

答： 各种金属切削机床上用于装夹工件的工艺装备，简称夹具。按机床夹具通用化程度可以分为通用夹具、专用夹具、可调夹具、成组夹具、组合夹具、随形夹具。按工序所用机床可以分为车床夹具、铣床夹具、钻床夹具、镗床夹具和其他机床夹具等。按驱动夹具工作的动力源可以分为手动夹具、气动夹具、液压夹具、磁力夹具、真空夹具及自动夹具等。

夹具的组成部分：①定位元件及定位装置，用于确定工件在夹具上的正确位置。②夹紧装置，用于保持工件在夹具中的既定位置，使其在外力作用下不致产生移动，包括夹紧元件、传动装置、动力装置。③对刀或导向装置，用于确定夹具相对于刀具的位置。④夹具体，用于连接夹具各元件及装置，使其成为一个整体的基础件，并用于机床有关部位进行连接以确定夹具相对于机床的位置。⑤其他元件及装置。

夹具的作用是为了保证加工精度；提高劳动生产率；扩大机床的工作范围；降低对工人的技术要求和减轻工人的劳动强度。

开心一刻

有一对男女，男友说："亲爱的，我有一个坏消息和一个好消息，你要先听哪一个？"

女的说："哦，我要先听好消息。"

男的说："好消息是我要当爸爸了。"

女的说："可是我没有怀孕啊！"

男的说："这就是我要告诉你的坏消息！"

17. 手工电弧焊的焊接参数如何选择?

答: 焊接参数是焊接时，为保证焊接质量而选定的各项参数的总称，包括焊条直径、焊接电流、电弧电压、焊接速度和焊接层数等。

焊条直径的选择：焊条直径的大小取决于焊件厚度，厚度较大的焊件应选用直径较大的焊条，反之薄件应选用直径较小的焊条。焊条直径与焊件厚度之间的关系见表 6。

表 6　焊条直径与焊件厚度的关系

焊接厚度 / 毫米	≤ 1.5	2	4 ～ 5	6 ～ 12
焊条直径 / 毫米	1.5	2.0	3.2 ～ 4.0	4.0 ～ 5.0

焊接电流的选择：焊接电流大小主要取决于焊条直径，焊条直径越大，则电流相应增大。焊条直径与焊接电流的关系见表 7。

表 7　各种直径焊条使用的焊接电流

焊接直径 / 毫米	1.6	2.0	2.5	3.2	4.0
焊条电流 / 安	25 ～ 40	40 ～ 65	50 ～ 75	100 ～ 130	160 ～ 210

电弧电压的选择：电弧电压是由电弧长度来决定的，电弧长，电弧电压高，电弧短，电弧电压低，一般情况下，电弧长度应等于焊条直径的 1/2 ～ 1 倍为好，相应的电弧电压为 16 ～ 25 伏。

焊接速度的选择：在保证焊缝具有所要求的尺寸和外形，保证熔合良好的原则下，焊接速度由焊工根据具体情况灵活掌握。

焊层的选择：在厚板焊接时，应采用多层焊或多层多道焊，每层焊道的厚度不应大于 4 ～ 5 毫米。

生活小窍门

如何使用砂锅 1: 新买来的砂锅第一次使用时，最好用来熬粥，或者用它煮一煮浓淘米水，以堵塞砂锅的微细孔隙，防止渗水。

18. 铸铁件有哪些常用的焊修方法？其主要缺陷是什么？

答： 铸铁件常用的焊修方法：①氧－乙炔焰热焊接法。将焊件整体缓慢加热到 600 ～ 650 摄氏度，在焊接过程中始终保持这一温度，焊后要随炉缓慢冷却。②电弧冷焊法。在焊前和施焊过程中，焊件不预热或预热温度低于 200 摄氏度。③加热减应焊。在焊件上选定加热减应区，在焊前或焊后用氧－乙炔焰加热，温度在 650～700 摄氏度，它的作用是减小或消除焊缝收缩引起的应力，所以焊后对加热减应区的加热，应在焊缝温度下降到 300 ～ 400 摄氏度，低于减应区温度时才可以停止。

铸铁零件的可焊性差，在焊接过程中常产生两种缺陷：①在焊缝处产生硬而脆的白口组织，焊后难以机械加工。②在焊接件接头中易产生裂纹、气孔。为避免产生上述缺陷，需要采取各种工艺措施，如焊条或焊丝应含有较高的碳和石墨化元素硅，焊后缓慢冷却以利于石墨的形成和熔池中气体的排出，并可根据零件的结构，采用不同方式加热以减小焊缝中应力等。

开心一刻

今天逗一个女孩说，假如世界上只有两个人，一个叫我爱你，一个叫我不爱你，我不爱你死了，那另外一个人叫什么？

只听那女孩淡淡地说了一句：幸存者。

19. 系统、机器、机构与机械的概念分别是什么?

答: “系统”是指具有特定功能的、相互间具有有机联系的物体所组成的整体。在一个系统中，各个物体具有不同的功能或性能，它们通过相互作用、相互依存、有规则的形式联系在一起，形成一个整体，具有新的功能。

“机器”是具有使材料成形，或进行运动和力的传递及变换等特殊用途的机械系统。在工业、农业、国防以及人们的日常生活中有各种各样的机器。缝纫机可以将若干布块缝制成一个整体，改变了布块的形状，所以缝纫机是一种机器。机器的名称通常是根据其所能完成的任务来命名的，从机器的名称就可以确定其主要的功能。如洗衣机、缝纫机、起重机、挖掘机等，它们的用途非常明确。

“机构”是人为设计而成的系统，用来将一个或几个物体的运动转变为另外一些物体的约束运动，或将作用在一个或几个物体上的力转变为作用在另外一些物体上的力。各种机构都有一定的功能，但是，同一机构可以用在不同的场合或不同的机器中。另外，不同的机构可能会具有相同的功能，因此，如果根据功能来命名机构，就会造成一些混乱。通常采用的方法是根据机构中主要组成元件的外观形状来对机构进行命名，如连杆机构、凸轮机构、齿轮机构。

“机械”是机构和机器的总称。

生活小窍门

巧用“十三香”：炖肉时用陈皮，香味浓郁；吃牛羊肉加白芷，可除膻增鲜；自制香肠用肉桂，味道鲜美；熏肉熏鸡用丁香，回味无穷。

20. 现代机械系统的主要组成部分有哪些？各有什么作用？

答： 一个现代机械系统主要包括驱动部分、传动部分、执行部分和系统控制部分。

系统的驱动装置使得系统产生机械运动，对于整个机械系统的运动和动力性能起着至关重要的作用。工程中常用的驱动装置主要有电动机、内燃机、液压和气压马达、液压和气压缸、人力、畜力、弹簧力等。

系统的执行部分用来完成系统设计所要求的动作，如挖掘机的铲斗、机床上的刀具等。

如果将驱动装置与执行部件直接相连，其效率固然较高，但由于一般驱动装置的输出运动方式和速度、力和力矩等通常比较单一，难以满足各种执行部件的运动、动力的要求，所以经常需要在驱动装置与执行部件之间设置一些传动装置。传动装置的主要作用是实现运动、动力和功率的转换、分配，使执行部件获得所需的运动和动力参数，常用的传动方式有电气传动、机械传动、液压传动、气压传动以及这些传动方式的组合。

系统控制部分的主要功能是对系统执行部件的运动进行控制，目前通常采用微电子控制技术。机械系统的这一部分一般又包括测试传感和控制及信息单元等。

开心一刻

今天老妈来电话！

妈：儿子干嘛呢？

我：洗衣服呢！

妈：你要是有女朋友还用自己洗？

我：找了女朋友就要洗两个人的了！

21. 机械传动有哪些方式?

答: 机械传动在机械工程中应用非常广泛，主要是指利用机械方式传递动力和运动的传动。主要可分为两类：①靠机件间的摩擦力传递动力和运动的摩擦传动，包括摩擦轮传动、带传动、绳传动等。摩擦传动容易实现无级变速，大都能适应轴间距较大的传动场合，过载打滑还能起到缓冲和保护传动装置的作用，但这种传动一般不能用于大功率的场合，也不能保证准确的传动比。②靠主动件与从动件啮合或借助中间件啮合传递动力或运动的啮合传动，包括齿轮传动、链传动、蜗杆传动等。啮合传动能够用于大功率的场合，传动比准确，但一般要求较高的制造精度和安装精度。

传动装置基本产品分类：减速机、制动器、离合器、联轴器、无级变速机、丝杠、滑轨等。

生活小窍门

和饺子面的窍门 2: 面要和得略硬一点，和好后放在盆里盖严密封，饧 10 ~ 15 分钟，等面中麦胶蛋白吸水膨胀，充分形成面筋后再包饺子 。

22. 什么是液压传动？液压传动的工作原理是什么？

答： 液压传动是以液体作为传递动力的工作介质，利用液体压力来传递动力和进行控制的一种传动方式。它通过各种元件组成不同功能的基本回路，再由若干基本回路有机地组成具有一定控制功能的传动系统。

液压传动的基本原理：液压系统利用液压泵将原动机的机械能转换为液体的压力能，通过液体压力能的变化来传递能量，经过各种控制阀和管路的传递，借助于液压执行元件（液压缸或马达）把液体压力能转换为机械能，从而驱动工作机构，实现直线往复运动和回转运动。其中的液体称为工作介质，一般为矿物油，它的作用和机械传动中的胶带、链条和齿轮等传动元件相类似。

开心一刻

女朋友哭得泪流满面："你太自私了，从来不在乎我的感受，只知道顾着自己。"

我赶紧捧起她的脸，安慰她说："宝贝别哭好不好，看你流泪我心好痛。"

她一把甩开我的手："都这个时候了你还只想着自己心会痛！"

23. 液压传动有哪些优点？

答： 液压传动之所以能得到广泛的应用，是由于它具有以下优点：

（1）液压传动是油管连接，借助油管的连接可以方便灵活地布置传动机构，这是比机械传动优越的地方。例如，在井下抽取石油的泵可采用液压传动来驱动，以克服长驱动轴效率低的缺点。由于液压缸的推力很大，又加之极易布置，在挖掘机等重型工程机械上，已基本取代了老式的机械传动，不仅操作方便，而且外形美观大方。

（2）液压传动装置的质量小、结构紧凑、惯性小。例如，相同功率液压马达的体积为电动机的 12% ～ 13%。液压泵和液压马达单位功率的质量指标，目前是发电机和电动机的 1/10，液压泵和液压马达可小至 0.002 5 牛 / 瓦，发电机和电动机则约为 0.03 牛 / 瓦。

（3）可在大范围内实现无级调速。借助阀或变量泵、变量马达，可以实现无级调速，调速范围可达 1∶2 000，并可在液压装置运行的过程中进行调速。

（4）传递运动均匀平稳，负载变化时速度较稳定。正因为此特点，金属切削机床中的磨床传动现在几乎都采用液压传动。

（5）借助于设置溢流阀等，液压装置易于实现过载保护；同时液压件能自行润滑，因此使用寿命长。

（6）借助于各种控制阀，特别是液压控制和电气控制结合使用时，很容易实现复杂的自动工作循环，而且可以实现遥控。

（7）液压元件已实现了标准化、系列化和通用化，便于设计、制造和推广使用。

生活小窍门

香菜是一种伞形花科类植物，富含香精油，香气浓郁，但香精油极易挥发，且经不起长时间加热，香菜最好在食用前加入，以保留其香气。

24. 液压传动有哪些缺点？

答：液压传动具有以下缺点：

（1）液压系统中的漏油等因素，影响运动的平稳性和正确性，使得液压传动不能保证严格的传动比。

（2）液压传动对油温的变化比较敏感，温度变化时，液体黏性变化，引起运动特性的变化，使得工作的稳定性受到影响，所以液压传动不宜在温度变化很大的环境条件下工作。

（3）为了减少泄漏，以及为了满足某些性能上的要求，液压元件的配合件制造精度要求较高，加工工艺较复杂。

（4）液压传动要求有单独的能源，不像电源那样使用方便。

（5）液压系统发生故障不易检查和排除。

开心一刻

下班回家看见女友失落地坐在餐桌前，于是问她怎么了，她说：“本来想尝试给你做顿饭，结果火候太大了。”

“菜烧坏了？”

“厨房烧坏了。”

25. 液压传动系统的组成部分有哪些?

答: 一个完整的、能够正常工作的液压系统，由以下 5 个主要部分来组成。

（1）动力元件，即液压泵，其功能是将原动机的机械能转换为液体的压力动能（表现为压力、流量），其作用是为液压系统提供压力油，是系统的动力源。

（2）执行元件，指液压缸或液压马达，其功能是将液压能转换为机械能而对外做功，液压缸可驱动工作机构实现往复直线运动（或摆动），液压马达可完成回转运动。

（3）控制元件，指各种阀，利用这些元件可以控制和调节液压系统中液体的压力、流量和方向等，以保证执行元件能按照预期的要求进行工作。

（4）辅助元件，包括油箱、滤油器、管路及接头、冷却器、压力表等。它们的作用是提供必要的条件使系统正常工作并便于监测控制。

（5）工作介质，即传动液体，通常称液压油。液压系统就是通过工作介质实现运动和动力传递的，另外液压油还可以对液压元件中相互运动的零件起润滑作用。

生活小窍门

当进行高温洗涤或干衣程序时，不可碰触机门玻璃，以免烫伤。拿出烘干的衣物时，要小心衣物上的金属部分，如拉链、纽扣等，以免烫伤。

26. 什么是电路?

答: 由金属导线和电气、电子部件组成的导电回路，称为电路。在电路输入端加上电源使输入端产生电势差，电路即可工作。有些直观上可以看到一些现象，如电压表或电流表偏转、灯泡发光等；有些可能需要测量仪器知道是否在正常工作。按照流过的电流性质，电路一般分为两种：直流电通过的电路称为直流电路，交流电通过的电路称为交流电路。

电路中含有电源、用电器、开关和导线4个部分。

开心一刻

女友问我：“你是不是烦我了？”

我笑着说：“我就是烦全世界都不会烦你啊！”

女友：“你不是说我是你的全世界吗？”

27. 验电笔的结构和工作原理是什么？使用时应注意些什么？

答： 验电笔又称试电笔，是用来检查低压导体和电气设备外壳是否带电的工具。验电笔只能在380伏及以下的电压系统和设备上使用。为了便于使用和携带，验电笔做成钢笔式结构，前端是金属笔尖，内部依次装接安全电阻、氖灯、弹簧和金属笔卡相接触，使用时手应触及金属笔卡。其结构如图1所示。

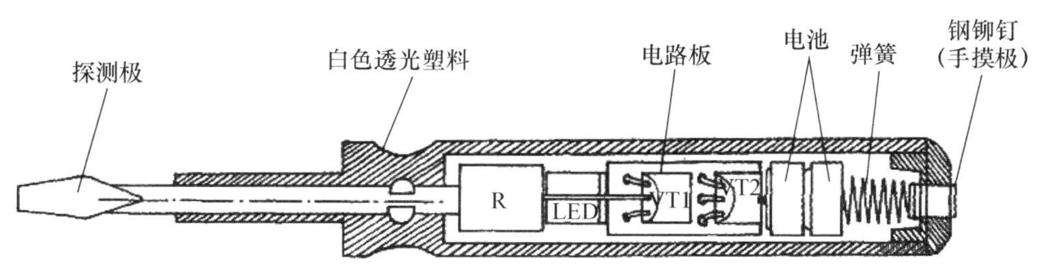

图1　验电笔结构

当用验电笔测试带电体时，带电体与电笔、人体、大地形成通电回路，只要带电体和大地之间电位差超过一定数值，电笔的氖灯就能发出红色辉光。如果被测体带交流电，氖灯两极发光；如果是直流电，氖灯一极发光。电压越高，氖灯越亮。

验电笔使用时应注意：

（1）使用电笔前一定要在带电导体上测试，确认验电笔的氖灯是否发光。

（2）在明亮的光线下测试时，往往不易看清氖灯的辉光，应当注意避光检测。

（3）有些电气设备工作时外壳会因感应而带电，但不一定会造成触电危险，这时可采用其他检测手段判断。

（4）电笔的金属笔尖多制成螺丝刀形状，由于结构上的原因，它只能承受很小的扭矩，使用时应特别注意。

生活小窍门

如果衣领和袖口较脏，可将衣物先放进溶有洗衣粉的温水中浸泡15～20分钟，再进行正常洗涤，就能洗干净。

28. 感应数显测电笔的结构有哪些特点？怎样使用？

答： 感应数显测电笔一般由测试笔头、塑料壳体、LED 显示屏、感应断点测试键（INDUCTANCE）和直接测试键（DIRECT）构成，其结构如图 2 所示。感应数显测电笔适用于直接检测 12 ～ 250 伏的交直流电，以及间接检测交流电的零线、相线和断点，还可测量不带电导体的通断。

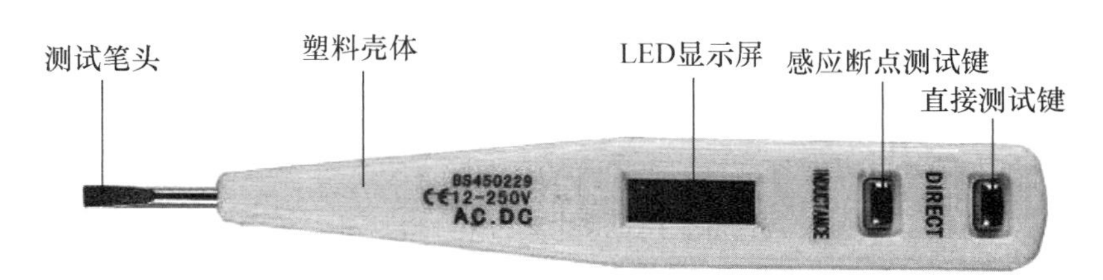

图 2　感应数显测电笔结构

感应数显测电笔的使用方法如下。

测量电压：测量交流电时，大拇指触摸测电笔的直接测试键，笔尖碰触电源导线或直接插入插座内，若 LED 显示屏上出现“闪电”符号，则表明当前为相线，显示屏上最后的数字为所测电压值；若 LED 显示屏上未出现“闪电”符号和电压值，则为零线。测量直流电时应手碰负极；测量小于 12 伏电压物体是否带电，可用感应断点测试键；带感应的被测物必须接地或接零。

测量带电导线的断点：当电源导线存在断线故障时，可用大拇指触摸感应断点测试键，笔尖触及导线的绝缘层，测试 LED 显示屏上显示“闪电”符号；当笔尖慢慢沿着导线移动时，若显示屏上的“闪电”符号消失，则该处即为导线的断点。

测量不带电导线的通断：在需要验证一根导线是否断路时，可用大拇指触摸感应断点测试键，笔尖碰触待测导线的一端，另一只手碰触导线的另一端，如果 LED 显示屏上出现“闪电”符号，则导线不存在断路，否则导线则存在断路的情况。

开心一刻

幸福就像是冬天尿裤子，每个人都能看到，但是只有你能感受到那种温暖。

29. 电气火灾的主要原因有哪些?

答：（1）设备或线路发生短路故障。电气设备由于绝缘损坏、电路年久失修、疏忽大意、操作失误及设备安装不合格等将造成短路故障，短路电流可达正常电流的几十倍甚至上百倍，产生的热量（正比于电流的平方）使温度上升超过自身和周围可燃物的燃点引起燃烧，从而导致火灾。

（2）过载引起电气设备过热。选用线路或设备不合理，线路的负载电流量超过了导线额定的安全载流量，电气设备长期超载（超过额定负载能力），引起线路或设备过热而导致火灾。

（3）接触不良引起过热。如接头连接不牢或不紧密、动触点压力过小等使接触电阻过大，在接触部位发生过热而引起火灾。

（4）通风散热不良。大功率设备缺少通风散热设施或通风散热设施损坏造成过热而引发火灾。

（5）电器使用不当。如电炉、电熨斗、电烙铁等未按要求使用，或用后忘记断开电源，引起过热而导致火灾。

（6）电火花和电弧。有些电气设备正常运行时就能产生电火花、电弧，如大容量开关、接触器触点的分、合操作，都会产生电弧和电火花。电火花温度可达数千摄氏度，遇可燃物便可点燃，遇可燃气体便会发生爆炸。

生活小窍门

如何使用砂锅 2: 用砂锅熬汤、炖肉时，要先往砂锅里放水，再把砂锅置于火上，先用文火，再用旺火。

30. 使用电气设备时有哪些防止触电的保护措施?

答: 电气设备的绝缘损坏或安装不合理等原因出现金属外壳带电的故障称为漏电。设备漏电时，会使接触设备的人体发生触电，还可能会导致设备烧毁、电源短路等事故，必须采取一定的防范措施以确保安全。

（1）保护接地。在电源中性点不接地的供电系统中，将电气设备的金属外壳与接地体（埋入地下并直接与大地接触的金属导体）可靠连接，这种方法称为保护接地。通常接地体为钢管或角铁，接地电阻不允许超过4欧。

（2）保护接零。在电源中性点已接地的三相四线制供电系统中，将电气设备的金属外壳与电源零线相连，这种方法称为保护接零。当设备的金属外壳接电源零线之后，若设备某相发生外壳漏电故障，就会通过设备外壳形成相线与零线的单相短路，其短路电流足以使该相熔断器熔断，从而切断故障设备的电源，确保安全。

当采用保护接零时，电源零线绝不允许断开，否则保护失效。因此，除了电源零线上不允许安装开关、熔断器外，在实际应用中，用户端往往将电源零线再重复接地，以防零线断开，重复接地电阻一般小于10欧。采用保护接零时要特别注意，在同一台变压器供电的低压电网中，不允许将有的设备接地，有的设备接零，这是因为如果某台接地的设备出现漏电时，其漏电电流经设备接地电阻和中性点接地电阻产生压降，使电源中性点和中性线的电位不等于大地的零电位。所有保护接零设备的金属外壳均带电，当人体触及无故障的接零设备金属外壳时，也会发生触电事故。

由于低压系统的电源中性点一般都接地，所以用电设备的金属外壳大多采用保护接零，以确保安全。

开心一刻

大吃大喝的人更淡泊名利，调皮的孩子比安分的孩子更有出息，赖床的孩子比不赖床的孩子幽默感多80%，不写作业的人永远不做没有意义的事。——不小心发现我有这么多优点！

31. 人体触电是指什么？人体的安全电压是多少？

答： 人体因触及带电体或人体与带电体之间产生闪电放电，使人体受到电的伤害，称为触电。触电对人体的伤害可分为电伤和电击两类。电伤是指电流的热效应、化学效应、机械效应以及电流本身作用下对人体外部的伤害，常见的有电弧溅伤、电烙伤、灼伤和皮肤金属化等现象。电击是指电流通过人体时对人体内部器官所造成的伤害，它可以使肌肉抽搐，造成发热发麻、心室颤动、呼吸中枢麻痹等，严重时将引起昏迷、窒息，甚至心脏停止跳动而死亡。通常说的触电就是电击，电击造成的危害程度与电流通过人体的大小、频率、时间、途径以及人体健康状况有关。触电死亡大部分由电击造成。

当通过人体的工频电流超过 50 毫安，且通过的时间超过 1 秒时，可能造成生命危险。一般人体电阻为 2 000 欧至 20 兆欧，而皮肤潮湿、有损伤都会使阻值下降。我国规定 36 伏以下为人体安全电压。

生活小窍门

烹调蔬菜时，加点菱粉类淀粉，使汤变得稠浓，不但可使烹调出的蔬菜美味可口，而且由于淀粉含谷胱甘肽，对维生素有保护作用。

32. 人体常见的触电方式有哪些?

答： 人体常见的触电方式有 6 种。

（1）单相触电。这是常见的触电方式，人体的某一部分接触带电体的同时，另一部分又与大地或中性线相接，电流从带电体流经人体到大地（或中性线）形成回路。

（2）两相触电。人体的不同部分同时接触两相电源时造成的触电。对于这种情况，无论电网中性点是否接地，人体所承受的线电压将比单相触电时高，危险更大。

（3）跨步电压触电。雷电流入地或电力线（特别是高压线）断散到地时，会在导线接地点及周围形成强电场。当人跨进这个区域，两脚之间出现的电位差称为跨步电压。在这种电压作用下，电流从接触高电位的脚流进，从接触低电位的脚流出，从而形成触电。跨步电压的大小取决于人体站立点与接地点的距离，距离越小，其跨步电压越大。

（4）接触电压触电。电气设备由于绝缘损坏或其他原因造成接地故障时，如人体两个部分（手和脚）同时接触设备外壳和地面时，人体两部分会处于不同的电位，其电位差即为接触电压，这种触电方式称为接触电压触电。

（5）感应电压触电。是指当人触及带有感应电压的设备和线路时所造成的触电事故。一些不带电的线路由于大气变化（如雷电活动），会产生感应电荷，停电后一些可能感应电压的设备和线路如果未及时接地，这些设备和线路对地均存在感应电压。

（6）剩余电荷触电。是指当人体触及带有剩余电荷的设备时，其对人体放电造成的触电事故。带有剩余电荷的设备通常含有储能元件，如并联电容器、电力电缆、电力变压器及大容量电动机等，在退出运行和对其进行类似摇表测量等检修后，会带上剩余电荷，因此要及时对其放电。

开心一刻

同样都是好吃懒做，看看猪和熊猫的待遇，就知道外貌是多重要了！

33. 触电之后的救护方法有哪些?

答: 凡遇到有人触电，必须用最快的方法使触电者脱离电源，若救护人员离电源的开关较近，则立即切断电源，否则应用木棒或竹竿等绝缘物使触电者脱离电源，不能用手去拉触电者。触电者脱离电源后，应立即进行现场紧急救护，不可盲目地给触电者注射强心针。当触电者出现心脏停跳、无呼吸等现象时，应采用以下救护方法。

（1）人工呼吸法。适用于有心跳但无呼吸的触电者，救护方法的口诀：病人仰卧平地上，鼻孔朝天颈后仰，首先清理口鼻腔，然后松扣解衣裳，捏鼻吹气要适量，排气应让口鼻畅，吹二秒来停三秒，五秒一次最恰当。

（2）胸外挤压法。适用于有呼吸但无心跳触电者。救护方法口诀：病人仰卧硬地上，松开领扣解衣裳，当胸放掌不鲁莽，中指应该对凹膛，掌根用力向下按，压下一寸至半寸，压力轻重要适当，过分用力会压伤，慢慢压下突然放，一秒一次最恰当。

当触电者既无呼吸又无心跳时，可以采用人工呼吸法和胸外挤压法进行急救，应先口对口（鼻）吹气两次（约 5 秒内完成），再做胸外挤压 15 次（约 10 秒内完成），以后交替进行。

生活小窍门

米饭若烧糊了，赶紧将火关掉，在米饭上面放一块面包皮，盖上锅盖，5 分钟后，面包皮即可把糊味吸收。

（二）信息化基础知识

34. 什么是信息？什么是数据？两者的关系如何？

答：“信息”是现实世界在人们头脑中的反映，即信号。它以文字、数据、符号、声音和图像等形式记录下来，进行传递和处理，为人们的生产、建设和管理等提供依据。

“数据”是指输入到计算机并能被计算机进行处理的数字、文字、符号、声音和图像等。数据是对客观现象的表示，数据本身并没有意义，数据的格式往往和具体的计算机系统有关，随载荷它的物理设备的形式而改变。

数据是信息的表达和载体，信息是数据的内涵，是形与质的关系。只有数据对实体行为产生影响才能成为信息，数据只有经过解释才有意义，成为信息。例如独立的 1、0 均无意义，当“1”“0”表示某实体在某个地域内存在与否，它就提供了“有”“无”的信息；当用它来标识某种实体的类别时，它就提供了特征码信息。

开心一刻

我觉得男人帮女人拎包是种很酷的行为。这种事我也曾经做过，只是那女的当场就报警了。

35. 数据的存储单位有哪些？怎么换算？

答： 数据的存储单位有位、字节、字等。

“位”（bit）：计算机中的“位”（bit，读作“比特”）是指二进制中的一个数字位，是计算机中最小的信息计量单位。位是用 0 或 1 来表示的一种二进制信息。

“字节”（byte）：由 8 个二进制数字位构成 1 个“字节”（byte），即 1 byte=8 bit，1 个字节可以简写成 1 B。字节是计算机中存储信息的基本计量单位，计算机的存储容量（储存量）就是指该计算机所能存储的总字节数，由于字节单位太小，通常用 1 kB 或更大的单位作为存储信息的计算单位。

1 kB=1 024 B=2^{10} B

1 MB=1 024 kB=2^{20} B

1 GB=1 024 MB=2^{30} B

1 TB=1 024 GB=2^{40} B

“字”（word）：计算机在存储、传输、处理信息时，一个信息单元的二进制数码组称为“字”（word），是信息交换、加工和存储的基本单元。

生活小窍门

洗衣粉用量：若衣服不太脏或洗涤时泡沫过多，则要减少洗衣粉用量。避免洗衣粉使用过量，不仅省钱而且保护环境，可令洗衣机更耐用。

36. 带宽的概念是什么？宽带的概念又是什么？

答：“带宽”又叫频宽，是指在固定的时间可传输的数据数量，也就是在传输管道中可以传递数据的能力。在数字设备中，频宽通常以 bps（bit per second）表示，即每秒可传输的位数。在模拟设备中，频宽通常以每秒传送周期或赫兹 Hertz (Hz) 来表示。频宽对基本输出入系统 (BIOS) 设备尤其重要，如快速磁盘驱动器会受低频宽的总线所阻碍。计算机网络的带宽是指网络可通过的最高数据率，即每秒多少比特。

“宽带”：一般是以目前拨号上网速率的上限 56 kbps 为分界，将 56 kbps 及其以下的接入称为“窄带”，之上的接入方式则归类于“宽带”。宽带目前还没有一个公认的定义，从一般的角度理解，它是能够满足人们感观所能感受到的各种媒体在网络上传输所需要的带宽，因此它也是一个动态的、发展的概念。目前的宽带对家庭用户而言是指传输速率超过 1 兆，可以满足语音、图像等大量信息传递的需求。

通俗上来理解，“宽带”就是互联网，而“带宽”则是上网速度的单位，平常大家说装 10 兆的宽带，准确地说应该是装 10 兆带宽的宽带。打个比方，宽带和带宽好比一条公路和公路上的车道，公路就是宽带，几条车道就是带宽。

开心一刻

大家都说母亲是最伟大的，我们都要尊重天下所有的母亲，其实一直以来我都是这么做的，但最近却受到朋友的批评，这是为什么啊？蟑螂妈妈、苍蝇妈妈、蚊子妈妈等难道就不是妈妈吗？它们繁殖下一代容易吗？我放生它们有错吗？

37. 流量的概念是什么？流速（网速）的概念又是什么？网速与带宽是什么关系？

答：“流量”的单位是字节（即 B），如 MB、GB 等，即访问或下载数据的总量。流量通常与时间结合才有其真正的意义，即统计一段时间内的流量。结合目前的手机，运营商限制的是访问或下载数据的总量（即流量）。

“流速”（网速）：单位是 B/s，即每秒传输数据的量。也可看成是每秒钟的流量。

网速与带宽的关系：首先是单位不同。电脑中存取数据的单位是“字节”，即 byte（大写 B），而数据通信是以“位”作为单位，即 bit（小写 b），两者之间的关系是 1 B = 8 b。

另外，考虑到数据传输中的各种损耗和电脑终端的性能，网速是不可能达到带宽的理论值的。

网速的实际参考值如下：

1 M 正常下载速率在 75 ～ 125 kB/s；

2 M 正常下载速率在 150 ～ 250 kB/s；

3 M 正常下载速率在 225 ～ 375 kB/s；

4 M 正常下载速率在 300 ～ 500 kB/s，依此类推。

生活小窍门

煮饺子时要添足水，待水开后加入 2% 的食盐，溶解后再下饺子，能增加面筋的韧性，饺子不会粘皮、粘底，饺子的色泽会变白，汤清饺香。

38. 什么是“互联网 +”？如何理解？

答：“互联网 +”战略是全国人大代表、腾讯董事会主席兼 CEO 马化腾 2015 年向人大提出的 4 个建议之一。马化腾解释说，“互联网 +”战略就是利用互联网的平台，利用信息通信技术，把互联网和包括传统行业在内的各行各业结合起来，在新的领域创造一种新的生态。

简单地说就是“互联网 + ×× 传统行业 = 互联网 ×× 行业”。

“互联网 +”对传统产业不是颠覆，而是换代升级。

在通信领域，互联网 + 通信有了即时通信，现在几乎人人都在用即时通信 App 进行语音、文字甚至视频交流。然而传统运营商在面对微信这类即时通信 App 诞生时简直如临大敌，因为语音和短信收入大幅下滑。但现在随着互联网的发展，来自数据流量业务的收入已经大大超过语音收入的下滑，可以看出，互联网的出现并没有彻底颠覆通信行业，反而是促进了运营商进行相关业务的变革升级。

在交通领域，过去没有移动互联网，车辆运输、运营市场不敢完全放开，有了移动互联网以后，过去的交通监管方法受到很大的挑战。从国外的 Uber、Lyft 到国内的滴滴，移动互联网催生了一批打车拼车专车软件，虽然它们在全世界不同的地方仍存在不同的争议，但它们通过把移动互联网和传统的交通出行相结合，改善了人们出行的方式，增加了车辆的使用率，推动了互联网共享经济的发展，提高了效率、减少了排放，对环境保护也做出了贡献。

在金融领域，余额宝横空出世的时候，银行觉得不可控，也有人怀疑二维码支付存在安全隐患，但随着国家对互联网金融的研究也越来越透彻，银联对二维码支付也出了标准，互联网金融得到了较为有序的发展，也得到了国家相关政策的支持和鼓励。

在零售、电子商务等领域，过去几年都可以看到和互联网的结合，正如马

开心一刻

四个功成名就的苹果：第一个诱惑了夏娃，第二个砸到了牛顿，第三个领导了电子行业，第四个主宰了广场舞！

化腾所言，“它是对传统行业的升级换代，不是颠覆掉传统行业。”在其中，又可以看到“特别是移动互联网对原有的传统行业起到了很大的升级换代的作用”。

事实上，“互联网 +”不仅正在全面应用到第三产业，形成了诸如互联网金融、互联网交通、互联网医疗、互联网教育等新生态，而且正在向第一和第二产业渗透。马化腾表示，工业互联网正在从消费品工业向装备制造和能源、新材料等工业领域渗透，全面推动传统工业生产方式的转变；农业互联网也在从电子商务等网络销售环节向生产领域渗透，为农业带来新的机遇，提供了广阔发展空间。

生活小窍门

许多人爱吃青菜却不爱喝菜汤，事实上，烧菜时，大部分维生素已溶解在菜汤里。比如小白菜炒好后，会有 70% 的维生素 C 溶解在菜汤里。

39.“互联网 +”有哪些特征?

答:“互联网 +”有 6 大特征。

（1）跨界融合。“+”就是跨界，就是变革，就是开放，就是重塑融合。敢于跨界了，创新的基础就更坚实；融合协同了，群体智能才会实现，从研发到产业化的路径才会更垂直。融合本身也指代身份的融合，客户消费转化为投资，伙伴参与创新等。

（2）创新驱动。中国粗放的资源驱动型增长方式早就难以为继，必须转变到创新驱动发展道路上来。这正是互联网的特质，用互联网思维来求变、自我革命，也更能发挥创新的力量。

（3）重塑结构。信息革命、全球化、互联网已打破了原有的社会结构、经济结构、地缘结构、文化结构。权利、议事规则、话语权不断在发生变化。“互联网 +”社会治理、虚拟社会治理会是很大的不同。

（4）尊重人性。人性的光辉是推动科技进步、经济增长、社会进步、文化繁荣的最根本的力量，互联网力量的强大最根本也来源于对人性最大限度的尊重、对人体验的敬畏、对人创造性发挥的重视。例如 UGC、卷入式营销、分享经济等。

（5）开放生态。关于“互联网 +”，生态是非常重要的特征，而生态的本身就是开放的。推进“互联网 +”，其中一个重要的方向就是要把过去制约创新的环节化解掉，把孤岛式创新连接起来，让研发由人性决定的市场驱动，让创业并努力者有机会实现价值。

（6）连接一切。连接是有层次的，可连接性是有差异的，连接的价值是相差很大的，但是连接一切是“互联网 +”的目标。

昨晚在一好友家烧烤，开啤酒的时候一哥们儿非要用牙齿咬，可他又半天咬不开，我实在看不下去了就跟他说：“这有酒起子，你累不累！”

谁知道这货来了句：“要不是今天没刷牙，有点打滑，哥早开一箱了。”

40. 怎么理解“互联互通”？

答：“加快全球网络基础设施建设，促进互联互通。”这是习近平主席构建网络空间命运共同体的5点主张之一。他还生动形象地用一句话概括了“互联互通”的重要性：网络的本质在于互联，信息的价值在于互通。

网络有一种资源整合的功能，针对某个话题和内容，人们能够从网络上寻找到大量相关联的有用信息，便于做出合适的分析和较为准确的判断。就如这些年常被媒体热炒的“大数据技术”一样，随着互联网技术的发展，相关技术手段已经能够从人们浏览网页的类型、搜索记录的痕迹、停留页面时间等，大致判断出一个人的喜好与兴趣，以及一些“秘密”，这也就是“互联”的魅力。确切说来，正是因为中国互联网技术发展已经到了一个高度，才能从另一个高度实现“互联”的优势集成。

“互联”的最大优势是形成了强大的“信息资源”，谁掌握了更加详实、更加有用的信息，谁就能够做出更加具有远瞻性的判断。当然，好东西要懂得分享，中国互联网建设与发展的福利，要能够惠及13亿多的中国人民，才是中国走民族伟大复兴之路、实现中国梦之伟大目标的正确做法。

显然，“互通”的重要性也就显现出来了，要让所有老百姓都能够随着互联网的快速发展分得果实。要加强信息基础设施建设，铺就信息畅通之路，不断缩小不同地区、人群间的信息鸿沟，才能让信息资源充分涌流。我国正在实施“宽带中国”战略，预计到2020年，中国宽带网络将基本覆盖所有农村，打通网络基础设施“最后一公里”，让更多人用上互联网。

“互联互通”能够解释网络的本质与信息的价值，两相结合体现的是在互联网信息时代大背景下，全球网络发展的必然趋势。在这个背景下，全球民众都应该参与享受互联网发展的福利。

生活小窍门

白袜子若发黄了，可用洗衣粉溶液浸泡30分钟后再进行洗涤。

41. 什么是大数据?

答： 大数据（big data），即巨量数据集合（IT 行业术语），指无法在一定时间范围内用常规软件工具进行捕捉、管理和处理的数据集合，是需要新处理模式才能具有更强的决策力、洞察发现力和流程优化能力的海量、高增长率和多样化的信息资产。

在维克托·迈尔 – 舍恩伯格及肯尼斯·库克耶编写的《大数据时代》中，大数据指不用随机分析法（抽样调查）捷径，而采用所有数据进行分析处理。大数据具有 5V 特点（IBM 提出）：volume（大量）、velocity（高速）、variety（多样）、value（低价值密度）、veracity（真实性）。

开心一刻

今天逛超市，看见超市门口有一个人体测量仪，就投了一元站上去测量，谁知道那机器居然冒出："本机器只测人，谢谢合作。"

顿时四周一阵哄笑，别拦着我，老子要拆了这烂货！

42. 什么是云计算？

答： 云计算（cloud computing）是基于互联网的相关服务的增加、使用和交付模式，通常涉及通过互联网来提供动态易扩展且经常是虚拟化的资源。“云”是网络、互联网的一种比喻说法。过去在图中往往用“云”来表示电信网，后来也用来表示互联网和底层基础设施的抽象。因此，云计算甚至可以让你体验10万亿次/秒的运算能力，拥有这么强大的计算能力可以模拟核爆炸、预测气候变化和市场发展趋势。用户通过电脑、笔记本、手机等方式接入数据中心，按自己的需求进行运算。

对云计算的定义有多种说法。对于到底什么是云计算，至少可以找到100种解释。现阶段广为接受的是美国国家标准与技术研究院（NIST）定义：云计算是一种按使用量付费的模式，这种模式提供可用的、便捷的、按需的网络访问，进入可配置的计算资源共享池（资源包括网络、服务器、存储、应用软件、服务），这些资源能够被快速提供，只需投入很少的管理工作，或与服务供应商进行很少的交互。

生活小窍门

如何使用砂锅3：从火上端下砂锅时，一定要放在干燥的木板或草垫上，切不要放在瓷砖或水泥地面上。

43. 云计算有什么特点?

答: 被普遍接受的云计算特点如下。

(1) 超大规模。“云”具有相当的规模，Google 云计算已经拥有 100 多万台服务器，Amazon、IBM、微软、Yahoo 等的“云”均拥有几十万台服务器。企业私有云一般拥有数百上千台服务器。“云”能赋予用户前所未有的计算能力。

(2) 虚拟化。云计算支持用户在任意位置、使用各种终端获取应用服务。所请求的资源来自“云”，而不是固定的有形的实体。应用在“云”中某处运行，但实际上用户无须了解、也不用担心应用运行的具体位置，只需要一台笔记本或者一个手机，就可以通过网络服务来实现需要的一切，甚至包括超级计算这样的任务。

(3) 高可靠性。“云”使用了数据多副本容错、计算节点同构可互换等措施来保障服务的高可靠性，使用云计算比使用本地计算机可靠。

(4) 通用性。云计算不针对特定的应用，在“云”的支撑下可以构造出千变万化的应用，同一个“云”可以同时支撑不同的应用运行。

(5) 高可扩展性。“云”的规模可以动态伸缩，满足应用和用户规模增长的需要。

(6) 按需服务。“云”是一个庞大的资源池，用户按需购买；云可以像自来水、电、煤气那样计费。

(7) 极其廉价。由于“云”的特殊容错措施可以采用极其廉价的节点来构成云，因此“云”的自动化集中式管理使大量企业无须负担日益高昂的数据中心管理成本，“云”的通用性使资源的利用率较传统系统大幅提升，用户可以充分享受“云”的低成本优势，经常只要花费几百美元、几天时间就能完成以前需要数万美元、数月时间才能完成的任务。云计算可以彻底改变人们未来的生活，但同时也要重视环境问题，这样才能真正为人类进步做贡献，而不是简

今天不是很忙，被哥们叫去帮忙，帮他写结婚请柬。

写了半天感觉哪里写错了，也没看出来，都写了 30 多份了，到底是哪里不对呢?

这时候，嫂子过来看到了我刚写好的请柬，说了一句：“还是写上你哥的名字吧，咱俩不可能……”

单的技术提升。

(8) 潜在的危险性。云计算服务除了提供计算服务外，还必然提供了存储服务。但是云计算服务当前垄断在私人机构（企业）手中，而他们仅仅能够提供商业信用。对于政府机构、商业机构，特别像银行这样持有敏感数据的商业机构，对于选择云计算服务应保持足够的警惕。一旦商业用户大规模使用私人机构提供的云计算服务，无论其技术优势有多强，都不可避免地让这些私人机构以“数据（信息）”的重要性挟制整个社会。对于信息社会而言，“信息”是至关重要的。另一方面，云计算中的数据对于数据所有者以外的其他用户云计算用户是保密的，但是对于提供云计算的商业机构而言很难做到保密。所有这些潜在的危险，是商业机构和政府机构选择云计算服务，特别是国外机构提供的云计算服务时，不得不考虑的一个重要问题。

生活小窍门

烧荤菜时，在加了酒后再加点醋，菜就会变得香喷喷的。烧豆芽之类的素菜时，适当加点醋，味道好营养也好，因为醋对维生素有保护作用。

44. 大数据与云计算是什么关系?

答: 从技术上看，大数据与云计算的关系就像一枚硬币的正反面一样密不可分。大数据必然无法用单台的计算机进行处理，必须采用分布式架构，它的特色在于对海量数据进行分布式数据挖掘，但它必须依托云计算的分布式处理、分布式数据库和云存储、虚拟化技术。

开心一刻

记得小时候，看到别人抓着兔子的两只耳朵就把兔子拎起来。

就问我妈：“兔子不疼吗？”

我妈就告诉我说：“兔子耳朵那么长就是方便人拎的。”

这句话深深地印在了我不谙世事的脑海里，真的认为长耳朵的就是让人拎的。

直到有一天，我看到了一头驴……不说了，差点被踢死！

（三）农机基础知识

45. 农机具产品型号的编制规则是什么？产品型号代号的含义是什么？

答： 依据 JB/T 8574—2013《农机具产品型号编制规则》的规定，农机具产品型号由阿拉伯数字（以下简称数字）和字母组成，表示农机具的类别和主要特征，依次由分类代号、特征代号和主参数 3 部分组成，分类代号和特征代号与主参数之间以短横线隔开，遵循以下的编排顺序。

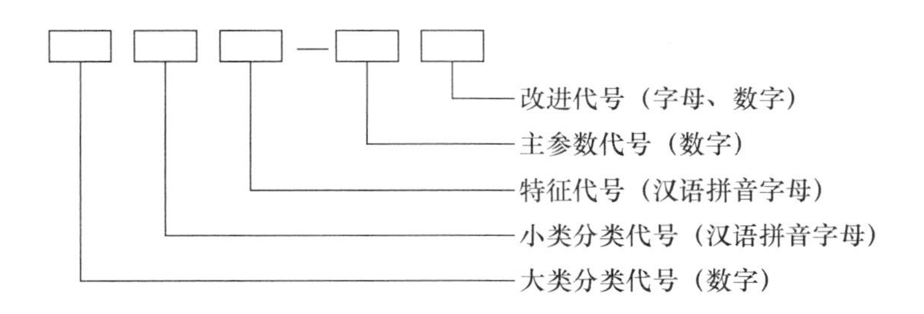

分类代号由产品大类代号和小类代号组成。大类代号由数字组成，按表 8 的规定。小类代号以产品基本名称的汉语拼音文字第一个字母表示。为了避免型号重复，小类代号的字母，必要时可以选取汉语拼音文字的第二个或其后面的字母。

生活小窍门

面包能消除衣服油迹：用餐时，衣服如果被油迹所染，可用新鲜白面包轻轻摩擦，油迹即可消除。

表 8　农机具产品大类代号

类别名称	代号	类别名称	代号
耕耘和整地机械	1	排灌机械	8
种植和施肥机械	2	畜牧机械	9
田间管理和植保机械	3	水产养殖机械	10
收获机械	4	农村废弃物利用设备	11
脱粒、清选、烘干和贮存机械	5	农田基本建设机械	12
农产品加工机械	6	设施农业设备	13
农用运输机械	7	其他机械	0

注：属于其他机械类的农机具在编制型号时不标出“0”。

特征代号由产品主要特征（用途、结构、动力型式等）的汉语拼音文字第一个字母表示。为了避免型号重复，特征代号的字母，必要时可以选取汉语拼音文字的第二个或其后面的字母。与主参数邻接的字母不得用“I”“O”，以免在零部件代号中与数字混淆。

主参数代号用以反映农机具主要技术特性或主要结构，用数字表示，如有多特征参数时，参数间用“–”隔开。

改进代号表示改进产品的型号，在原型号后加注字母“A、B、C、D……”依次表示，必要时，加数字表示区别代号。

开心一刻

男：“我发誓一辈子对你好！”

女：“真的？”

男：“嗯！”

女：“那你愿意为了我死吗？”

男：“愿意！”

女的一巴掌上去：“你死都不怕发誓有个毛用！”然后转身走了……

46. 发动机基本参数的含义分别是什么？

答：（1）排量。排量是发动机最常见的一个参数，发动机排量是发动机各气缸工作容积的总和，一般用升（L）表示。而气缸工作容积则是指活塞从上止点到下止点所扫过的气体容积，又称为单缸排量，它取决于缸径和活塞行程。一般来说，排量越大，发动机输出功率越大。

（2）缸数。农用发动机常用缸数有单缸和双缸，汽车发动机常用缸数有3缸、4缸、6缸、8缸、10缸、12缸等。汽车发动机中常见到“L4”“V6”“V8”“W12”等字样，这些数字表示发动机缸数，而字母表示气缸的排列形式。

（3）气缸排列形式。顾名思义，是指多气缸内燃机各个气缸排布的形式，也就是一台发动机上气缸所排出的队列形式。目前主流发动机气缸排列形式有直列（L）和V形排列（V）；其他非主流的气缸排列方式有W形排列（W）、水平对置发动机（H）和转子发动机（R）。

生活小窍门

用残茶叶擦洗木、竹桌椅，可使之更为光洁。把残茶叶晒干，铺撒在潮湿处，能够去潮；残茶叶晒干后，还可装入枕套充当枕芯，非常柔软。

47. 汽油机爆燃现象是什么？什么时候容易产生爆燃？怎么防止爆燃？什么是表面点火？

答： 汽油机的爆燃现象就是终燃混合气的自燃现象，发生在急燃期的终点，气缸内有压力波冲击现象。

爆燃最容易发生在燃烧室中离开正常燃烧最远的地方以及高温的地方（如排气门和积碳处），汽油机的爆燃在低速、节气门全开时最容易发生。

防止发动机爆燃的方法很多，如使用抗爆性高的燃料，降低终燃混合气的温度，提高火焰传播速度或缩短火焰传播距离等。常采用下列措施：①推迟点火。②缩短火焰传播距离，如恰当布置火花塞及燃烧室形状的合理设计等。③终燃混合气的冷却，使离火花塞最远处的可燃混合气冷却得较好，如减小余隙高度。④增加流动，使火焰传播速度增加，改善终燃混合气的散热。⑤燃烧室扫气（如加大进排气重叠期）的冷却作用可减轻爆燃。

在点燃式发动机中，凡是不依靠电火花点火，而是由于炽热表面，如过热的火花塞绝缘体和电极、排气门，更多的是燃烧室表面炽热的沉积物点燃混合气而引起的不正常燃烧现象，称为表面点火。

开心一刻

女：“亲爱滴，我会变美的，人家都说女大十八变嘛！”

男：“切，孙悟空七十二变还是只猴子，猪八戒三十六变还是头猪，你说你十八变还有啥指望吧？”

48. 通用小型汽油机故障分析与排除方法有哪些?

答: 通用小型汽油机故障分析与排除方法见表 9。

表 9　小型汽油机常见故障分析与排除方法

故障现象			故障原因	排除方法
不能启动或启动困难	火花塞无火	火花塞	火花塞积碳	清除积碳
			火花塞间隙过大或过小	间隙调整至 0.6 ～ 0.8 毫米
			火花塞绝缘破坏	更换火花塞
		其他	点火器坏	更换点火器
			飞轮磁力弱	更换飞轮
	火花塞有火	压缩良好	吸入气缸燃油过多	旋出火花塞擦干拧入
			燃油不好，有水、过脏	更换燃油
		拧松化油器底部的放油螺钉，无汽油流出	针阀被堵	清洗或更换化油器
		供油正常，但压缩不好	活塞环磨损	更换
			火花塞松动	拧紧
			缸头漏气，气门间隙或正时不对	清除，重调或重装
		点火供油均正常	高压线与火花塞接触不良	清除和接上
			停机开关失灵或短路	更换

生活小窍门

饺子煮熟以后，先用笊篱把饺子捞出，随即放入温开水中浸涮一下，然后再装盘，饺子就不会互相粘在一起了。

续表 9

故障现象	故障原因	排除方法
转速上不去，功率不足	风门未打开	打开风门
	消声器通气不畅	更换消声器
	运动件磨损	检查更换
	调速机构未达到最佳平衡	调节调速机构
	点火能量低	更换点火器或飞轮
	气门间隙过大	更换相关零件
	缸头积碳	清除积碳
转速波动大	调速机构未达到最佳平衡	重调或更换
	化油器不对	更换化油器
	火花塞间隙不对	调整间隙
转速太高	调速柄未将调速帽压紧或调速帽脱落	重新调整或装上调速帽
异响	气门间隙不对	更换相关零件
	凸轮齿有损伤	更换凸轮轴
化油器漏油	针阀与油垢粘贴	轻拍打化油器或清除
	O 形圈变形	更换

开心一刻

女：你不爱我。

男：我怎么不爱你了啊？

女：我指头撞破了你也不帮我吮一下。

男：那是因为你有脚气啊。

49. 国Ⅲ 柴油机主要技术路线是什么?

答: "国Ⅲ"即国家第三阶段的排放标准。我国满足"国Ⅲ"排放标准的柴油发动机废气中CO(一氧化碳)、C_xH_y(碳氢化合物)和NO_x(氮氧化物)、PM(微粒、碳烟)等有害气体的浓度要比满足"国Ⅱ"排放标准的柴油机低30%～50%。从理论上讲,国Ⅲ比国Ⅱ更省油,比机械式发动机更稳定、更成熟耐用。目前柴油机达到国Ⅲ标准主要有3种技术路线。

(1)机械泵+EGR(exhaust gas recirculation,排气再循环)技术。在国Ⅱ机械泵的基础上,利用电磁铁控制机械泵的齿条、出油阀,做成简易电控喷油泵外加EGR废气再处理系统,减少废气排放。使用该技术的柴油发动机达到国Ⅲ排放不存在问题,但不具备升级到国Ⅳ、国Ⅴ的潜力。一般小缸径的柴油机在综合考虑之后会采用这条技术路线。

(2)电控单体泵技术。单体泵系统工作方式与泵喷嘴相同,不同的是,其喷油嘴和油泵用一根较短的喷射油管连接,由发动机的凸轮轴驱动。"电喷"发动机最大的优点就是应用ECU(electronic control unit,相当于发动机的电脑),也就是用电脑对喷油量、喷油时间进行精确控制,达到油气充分均匀混合燃烧,进而降低油耗的目的。电控单体泵有许多比纯机械式优越的地方,但其燃油喷射压力仍然与发动机转速有关,喷射后残余压力不恒定。另外,电磁阀的响应直接影响喷射特性,特别是在转速较高或瞬态转速变化很大的情况下尤为严重,而且电磁阀必须承受高压,因此对电磁阀提出了很高的要求。

(3)电控VE分配泵。VE型分配泵是单柱塞式高压燃油喷射泵,其结构特点是用一组供油元件通过分配机构定时定量地将燃油分别供给柴油机各气缸。VE型分配泵集喷油泵、调速器、输油泵和供油提前器等机构于一身,是封闭

生活小窍门

炒鲜虾的窍门:炒鲜虾之前,可先将虾用浸泡桂皮的沸水冲烫一下,然后再炒,这样炒出来的虾,味道更鲜美。

的一个整体。VE 型分配式喷油泵结构紧凑、体积小、质量小。具有高速性能好、使用可靠、功能齐全、安装布置方便等优点，主要适配于国Ⅲ小缸径柴油机。

开心一刻

男："你牵过男生的手吗？"

女："掰手腕算不算？"

50. 柴油机启动困难或不能启动的原因有哪些?

答:（1）蓄电池容量不足或亏电严重，启动时柴油机转速很低。

（2）启动机单向离合器打滑、电磁开关工作不良、碳刷接触不良等。

（3）燃油供给系统内有空气、柴油箱内缺油。

（4）喷油嘴雾化不良或喷油压力过低，冷机时不易启动。

（5）喷油泵不供油或供油不足。原因可能是熄火拉线未推回位，或柱塞偶件磨损严重。

（6）由于使用保养不当，气缸套、活塞环、活塞等零件早期磨损，造成启动困难。

（7）供油时间、气门间隙不正确。

生活小窍门

蔬菜尽可能做到现炒现吃，避免长时间保温和多次加热。另外，为使菜梗易熟，可在快炒后加少许水焖熟。

51. 柴油机动力不足的原因有哪些?

答: 柴油机动力不足的基本原因有进气量不足、供油量不足和气缸压力不足。

(1) 进气量不足的原因:①空气滤清器过脏,使进气通道缩小。②增压器压气压力下降、漏气、阻塞等。③排气管道积碳严重,使排气阻力增大。④配气不准时,气门间隙过大或过小。⑤气门弹簧折断,使气门关闭不严。⑥发动机温度过高。

(2) 供油量不足的原因:①输油泵供油不足。②喷油泵柱塞与柱塞套磨损漏油。③出油阀与阀座不密封。④喷油器喷油量不足,喷油雾化质量差。⑤柴油滤清器堵塞。⑥燃料系内有气。⑦供油拉杆与柱塞装配不当。⑧喷油正时不当。

(3) 气缸压力不足的原因:①活塞与气缸壁之间漏气。②气门与气门座不密封。③缸盖螺栓拧紧力不足、气缸盖变形、气缸垫损坏漏气。④喷油器安装孔密封垫圈损坏漏气。

开心一刻

我问男友:“亲爱的,什么是‘作死’?”

他看了看我,说:“你个死胖子,又胖又丑还死爱撒娇,谁给你自信了?”

52. 如何诊断柴油机动力不足？解决措施是什么？

答： 诊断方式：

（1）加大油门时，发动机转速提不高，为油路有故障。

（2）启动发动机，中速运转，拆下一只缸上的喷油器观察喷油情况。如喷油无力且雾化不良，再拆下喷油泵进油管看出油情况。若出油量充足，则故障在高压油路；若出油量少，则故障在低压油路。

（3）进气管冒烟，故障为进气门不密封。

（4）排气温度较高，烟色发黑，一般为进气不足。

解决措施：

（1）进气量不足的排除。检查进气系统，检修空气滤芯，调整气门脚间隙。

（2）输油泵供油不足的排除。检查阀门和更换活塞、弹簧；检修漏气的进油接头；研磨不密封的阀门。

（3）喷油泵供油不足的排除。出油阀不密封，应配套研磨或调换出油阀副；柱塞磨损漏油，调换柱塞副；调节拉杆，调整调节臂与拉杆的连接位置；排空供油系内空气。

（4）喷油器喷油量不足或雾化不良的排除。拆开喷油器用柴油清洗干净，将针阀与阀体、针阀与阀座配对研磨或成对更换；调整调压弹簧压力；更换固定螺套；将针阀装入阀体时，应在干净柴油中进行，并在装配前检查针阀在阀体中的滑配情况；喷油器装配后应调试。

生活小窍门

面包能消除地毯污迹：家中的小块地毯如果脏了，可用热面包渣擦拭，然后将其挂在阴凉处，24 小时后，污迹即可除净。

53. 柴油机拉缸的原因有哪些?

答: 柴油机拉缸时一般从机油加油口和排气口处冒白烟，严重时，活塞与缸套卡死，发动机突然熄火，曲轴转不动。柴油机拉缸原因如下。

（1）机体内缺少冷却水或水温过高，造成发动机过热。

（2）机油变质。当机油过脏或已失效，柴油机工作中油膜易遭到破坏，引起拉缸。

（3）空气滤清器短路。空气中的灰尘进入气缸内，形成磨料磨损引起拉缸。

开心一刻

女："亲爱的，你会抛弃我吗？"

男："不会的，亲爱的。"

女："好感动啊，亲爱的，说说为什么呢？"

男："抛不动。"

54. 什么是制动器？如何对其进行分类？

答： 制动器就是使机械中的运动件停止或减速的机械零件，俗称刹车、闸。制动器主要由制动架、制动件和操纵装置等组成。

制动器按制动原理可以分为摩擦式和非摩擦式两大类。

（1）摩擦式制动器。靠制动件与运动件之间的摩擦力制动。

（2）非摩擦式制动器。结构形式主要有3种：①磁粉制动器，利用磁粉磁化所产生的剪力来制动。②磁涡流制动器，通过调节励磁电流来调节制动力矩的大小。③水涡流制动器等。

制动器按制动件的结构形式可分为外抱块式制动器、内张蹄式制动器、带式制动器、盘式制动器等；按制动件所处工作状态还可分为常闭式制动器（常处于紧闸状态，需施加外力方可解除制动）和常开式制动器（常处于松闸状态，需施加外力方可制动）；按操纵方式可分为人力、液压、气压和电磁力操纵的制动器。

生活小窍门

男子剃须时，可用牙膏代替肥皂，由于牙膏不含游离碱，不仅对皮肤无刺激，而且泡沫丰富，气味清香，使人有清凉舒爽之感。

55. 拖拉机主要由哪些部件组成？如何分类？

答： 拖拉机是用于牵引和驱动作业机械完成各项移动式作业的自走式动力机，也可作固定作业动力。拖拉机由发动机、传动、行走、转向、液压悬挂、动力输出、电器仪表、驾驶操纵及牵引等系统或装置组成。发动机动力由传动系统传给驱动轮，使拖拉机行驶，常见的传动系统都是以橡胶带作为动力传送的媒介。按功能和用途分农业、工业和特殊用途等拖拉机；按结构类型分轮式、履带式、船形拖拉机和自走底盘等；按功率大小分为大型（100 马力以上）、中型（20 ～ 100 马力）、小型（20 马力以下）。

开心一刻

男：“瞅你胖那样，还吃，能不能长点心？”

女：“点心？什么点心啊！”

男：……

56. 农业拖拉机按用途分为哪些类?

答: 农业拖拉机主要用于农业生产，按其用途不同又可分为 4 种。

（1）普通拖拉机。特点是应用范围较广，主要用于一般条件下的农田移动作业、固定作业和运输作业等。

（2）中耕拖拉机。主要适于中耕作业，也兼用于其他作业。如长春–400 型即属万能中耕拖拉机，其特点是拖拉机离地间隙较大（一般在 630 毫米以上），轮胎较窄。

（3）园艺拖拉机。主要适于果园、菜地、茶林等地作业。其特点是体积小、机动灵活、功率小，如手扶拖拉机和小四轮拖拉机。

（4）特种型式拖拉机。适于在特殊工作环境下作业或适应某种特殊需要的拖拉机，如船形拖拉机（湖北 –12 型机耕船、机滚船）、山地拖拉机、水田拖拉机等。

生活小窍门

风油精的妙用 1：在电风扇的叶子上洒上几滴风油精，随着扇叶的不停转动，可使满室清香，而且有驱赶蚊子的效用。

57. 农用拖拉机按行走装置如何分类?

答: 按行走装置分为两类。

（1）履带（也叫链轨）式拖拉机。履带式拖拉机的行走装置是履带，主要适用于土质黏重、潮湿地块田间作业，农田水利、土方工程等农田基本建设作业。（2）轮式拖拉机。轮式拖拉机的行走装置是轮子。按其行走轮或轮轴的数量不同又可分为手扶式和轮式拖拉机两种。

①手扶拖拉机。其行走轮轴只有一根。如轮轴上只有一个车轮的称为独轮拖拉机，有两个车轮的称为双轮拖拉机。由于它们只有一根轮轴，因此在农田作业时操作者多为步行，用手扶持操纵拖拉机工作，所以，我国习惯上将具有单轴独轮和双轮拖拉机称为手扶拖拉机，如工农 –12（工农 –12K）、东风 –12 型等手扶拖拉机。手扶拖拉机实际上是轮式拖拉机中的一种。手扶拖拉机还可根据带动农具的方法不同分为牵引型手扶拖拉机、驱动型手扶拖拉机和兼用型手扶拖拉机。牵引型手扶拖拉机只能用于牵引作业，如牵引犁、耙进行农田作业，牵引挂车运输等；驱动型手扶拖拉机与旋耕机做成一体，只能进行旋耕作业，不能做牵引工作；兼用型手扶拖拉机兼有上述两种机型的作业性能，由于其使用范围较广，所以目前生产的手扶拖拉机多属此种。

②轮式拖拉机。行走轮轴有两根，如轮轴上有 3 个车轮的称为 3 轮拖拉机，如果有 4 个车轮的称为四轮拖拉机。通常所说的轮式拖拉机是指双轴 3 轮和 4 轮这两种型式的拖拉机，我国目前生产和应用最广泛的是四轮拖拉机。按驱动型式不同，四轮拖拉机还可分为两轮驱动轮式拖拉机、四轮驱动轮式拖拉机。两轮驱动轮式拖拉机一般为后两轮驱动、前两轮转向，在农业上主要用于一般田间作业、排灌和农副产品加工以及运输等项作业。四轮驱动轮式拖拉机

开心一刻

女同事抱怨道：“别的女生怎么这么瘦？”

我说：“你也别伤心啊，至少你比她们寿命长。”

“为啥啊？”

我回答道：“没看咱们工厂门口写着‘质量等于生命’吗？”

前后共 4 个轮子都由发动机驱动，在农业上主要用于土质黏重、深翻、泥泞道路运输等作业，在林业上用于集材和短途运材。

船形拖拉机是我国创造的一种水田用拖拉机，其特点是用船体支承整机质量，适于湖田、深泥脚水田作业。

生活小窍门

刷油漆前，先在双手上抹层面霜，刷过油漆后把奶油涂于沾有油漆的皮肤上，用干布擦拭，再用香皂清洗，就能把附着于皮肤上的油漆除掉。

58. 拖拉机型号代表什么含义?

答： 根据 JB/T 9831—99《农林拖拉机型号编制规则》规定，型号一般由系列代号、功率代号、型式代号、功能代号和区别标志组成，其排列顺序：系列代号→功率代号→型式代号→功能代号→区别代号。

系列代号可用两个大写汉语拼音字母表示（后一个字母不得用 I 和 O），用以区别不同系列和不同设计的机型。

功率代号用发动机标定 12 小时功率值（单位为千瓦）的 1.36 倍的整数表示。

型式代号采用数字符号。“0”表示后轮驱动四轮式，“1”表示手扶式，“2”表示履带式，“3”表示三轮或并置前轮式，“4”表示四轮驱动式，“5”表示自走底盘式。

功能符号采用字母符号。一般农业用途该项可空白，“G”表示果园用，“H”表示高地隙中耕用，“J”表示集材用，“L”表示营林用，“P”表示坡地用，“S”表示水田用，“T”表示运输用，“Y”表示园艺用，“Z”表示沼泽地用。

型号编制的注意事项：系列代号的字母符号可由工厂选定，但要注意后字母的禁用要求；型式代号和功能代号各选一项就可以；对于型式代号和功能代号所要求的数字和字母必须严格执行，如果确有必要选用不同的数字和字母，必须经过相关部门的批准方可实施。

开心一刻

吃完饭和女朋友吵架，我被打成重伤送进了医院，在病房我终于鼓起勇气骂了她一顿。不为什么，‘重伤之下必有勇夫’嘛。

59. 新购拖拉机如何磨合?

答:（1）磨合前的准备。将全部操作手柄放在空挡位置，检查拖拉机外部全部螺栓、螺母是否松动，加注液压油、机油、柴油及冷却水，检查轮胎气压。

（2）发动机空转。启动发动机先低速空转5分钟，再中速运转5分钟，高速运转5分钟。空转过程中应随时注意有无异常现象，一旦发现异常，应迅速停机。

（3）拖拉机空驶磨合。各个挡位都应进行空驶磨合，一般半小时就可以了，空驶过程中尽量不要踩刹车、上陡坡等。

（4）拖拉机负荷磨合。轮式拖拉机负荷磨合的大小一般分为轻、中、重3级。轻负荷可用配套挂车装上一半的额定载荷上公路行驶即可；中负荷磨合则只需挂车装够额定载荷上路行驶即可；重负荷一般应带农具下地作业，也可带上重载挂车在坡道上行驶。磨合时间，一般轻负荷8小时，中负荷16小时，重负荷则要达到20小时。

生活小窍门

豆腐一般都会有一股卤水味。豆腐下锅前，如果先在开水中浸泡10多分钟，便可除去卤水味，这样做出的豆腐不但口感好，而且味美香甜。

60. 夏季怎样用好拖拉机?

答:（1）保持冷却系统中的正常水位。夏天，蒸发式水冷系统和开式强制循环水冷系统中的冷却水消耗较快，在工作中应注意检查水位，不足时应及时添加清洁的软水。

（2）注意水温表的读数。当水温超过 95 摄氏度，要停车卸载，空转降温，以防止“开锅”。

（3）谨慎处理“开锅”。发动机不得熄火，也不得马上添加冷却水或用冷水浇淋，否则易使缸体、缸盖等炸裂。正确的处理方法是停止行驶使发动机低速运转，待温度稍降后打开散热器盖，放出热气；待继续下降至适当温度后，再慢慢加入冷水。打开散热器盖时，操作者应站在上风位置，用湿毛巾包住散热器盖慢慢打开，脸不要朝向散热器盖以免被高温水气烫伤。

（4）检查风扇胶带的张紧度。风扇胶带过松易打滑，使磨损加剧，动力消耗增加。一般要求是用拇指在胶带中部稍用力按压时，胶带下垂量在 10 ～ 12 毫米。

（5）正确使用调温装置。调温装置有自动式（如节温器）和手动式（如保温帘和百叶窗）两种。有的驾驶员认为夏季天热，水温越低越好，常将节温器拆去。这样做，在冷车启动时，将大大延长发动机的预热时间，加速零件的磨损。因此，在夏季也不应把节温器拆下。保温帘和百叶窗用来调节通过散热器风量。夏季一般可不用保温帘，百叶窗也应放在全开位置。

（6）正确选用油料。夏季气温高，可使用凝点较高的柴油，并要保证供油提前角的正确性。此外，还应特别注意防止供油系统漏油。

开心一刻

女：我 17 岁离家出走，是你在我身边。我无依无靠的时候，是你在我身边。现在我失恋了，还是你在我身边。我现在发现……

男：这是要对我表白的节奏吗?

女：我现在发现……你是不是扫把星啊!

61. 如何靠方向盘手感来判别拖拉机故障?

答: 当拖拉机(包括汽车)的转向、制动、传动系统及悬挂装置等工作正常时,驾驶员手握方向盘感觉很轻松,有时可以短暂松手,车辆仍能直线行驶。如果上述装置发生故障,驾驶员操纵方向盘时将会感觉到异常。

(1)车辆行驶中手发麻。当车辆以中速以上行驶时,底盘出现周期性的响声或方向盘强烈振动,导致驾驶员手发麻。这是由于方向传动装置平衡被破坏,传动轴及其花键套磨损过度引起的。

(2)转向时沉重费力。产生原因:①转向系各部位的滚动轴承及滑动轴承配合过紧,轴承润滑不良。②转向纵、横拉杆的球头销调得过紧或者缺油。③转向轴及套管弯曲造成卡滞。④前轮前束调整不当。⑤前桥或车架弯曲、变形。⑥轮胎气压不足,尤其是前轮轮胎。

(3)方向盘难于操纵。在行驶中或制动时,车辆方向自动偏向道路一边,必须用力握住方向盘才能保证直线行驶。造成车辆跑偏的原因:①两侧的前轮规格或气压不一致。②两侧的前轮主销后倾角或车轮外倾角不相等。③两侧的前轮轮毂轴承间隙不一致。④两侧的钢板弹簧拱度或弹力不一致。⑤左右两侧轴距相差过大。⑥车轮制动器间隙过小或制动鼓失圆,造成一侧制动器发卡,使制动器拖滞。⑦车辆装载不均匀。

(4)方向发飘。当车辆行驶达到某一高速时,出现方向盘发抖或摆振的原因:①垫补轮胎或轮辋修补造成前轮总成动平衡被破坏。②传动轴承总成有零件松动。③传动轴总成动平衡被破坏。④减振器失效,钢板弹簧刚度不一致。⑤转向系机件磨损松旷。⑥前轮校准不当。

生活小窍门

煮鸡蛋时,可先将鸡蛋放入冷水中浸泡一会儿,再放入热水里煮,这样煮好的鸡蛋蛋壳不破裂,且易于剥掉。

62. 拖拉机“磨胎”的原因与防止方法有哪些?

答: 拖拉机两边轮胎磨损不一致，有时一边磨损很快，即“磨胎”现象，主要原因有以下两点。

一是拖拉机长期超负荷作业，滑转率增加，加速轮胎磨损。此时若两边轮胎气压相差很大，则气压低的一边轮胎磨损特快。

防止方法：轮胎气压应符合规定，两边的气压平等，夏天可稍微低一些，不要长期超负荷运行，以减少轮胎的滑转磨损。

二是拖拉机挂车牵引三脚架不等腰。据测定，挂车三脚架不等腰相差 60 毫米时，短腰一侧的轮胎会缩短 1/2 的使用寿命，处于该侧的挂车轮胎也会加剧磨损。

防止方法：测量三脚架牵引销孔中心到挂车两前轮着地点中心的距离，这个距离应相等。若不等，查明原因予以排除，必要时重新制作一个等腰的三脚架。

开心一刻

有天我问女友：“你想要的浪漫到底是怎样的？”

女友回答说：“我要的浪漫其实很简单……我们两个去抢劫，然后在抢劫成功后携款潜逃中，你不幸被捕，宁死不招，锒铛入狱……然后留下我一个人黯然神伤……挥金如土地度过余生……”

63. 如何有效延长拖拉机使用寿命？

答：（1）不超负荷。超负荷是影响拖拉机寿命最主要的“病根”，超负荷会引起发动机过热，使运动机件润滑不良而过早磨损。引起超负荷的原因：①农机具不配套，如“小马拉大车”。②装载、耕幅、耕深作业负荷太大。③陷车。④路况不好。

（2）温度不要过低。发动机的工作温度是 75～95 摄氏度。拖拉机工作时，应在 40 摄氏度时方可起步，60 摄氏度时可负荷工作。必要时需调整保温帘的(百叶窗)开度，或加热水等方法来解决温度不适的问题。

（3）发动机不要温度过高。发动机温度过高会引起润滑不良，从而导致运动机件加速磨损。发动机过热的原因：冷却水过少；风扇胶带过松；发动机超负荷；保温帘未打开；节温阀失效于关闭冷却水的小循环位置；水泵叶轮严重磨损；水垢太多；散热芯堵塞；散热器的散热片间有杂物堵塞；装配不当、失去润滑或其他原因引起不正常的摩擦。

（4）不要猛加油门。一方面，猛加油门会使运动中的机件受到额外惯性的冲击；另一方面，猛加油门使喷入气缸内的油量迅速增加，而进入气缸中的新鲜空气与燃料不成比例，造成燃烧不良，发动机冒黑烟，增加燃烧积炭，增加机器磨损和燃油浪费。

（5）轮胎气压不要过高或过低，尽量远离油和火，躲避尖棱、坑洼，不平路行驶要降速，不猛加速行驶；尽可能减少刹车次数，不要猛刹车，应预见性行驶，必要时辅以制动；行驶中不准将脚放在制动踏板上，下坡时要选择适当的挡位。挡位过高，就要增加制动次数，挡位过低，拖拉机受下坡推力滑行，加速轮胎磨损；陷车后不要强行加速，否则轮胎严重打滑而加剧磨损。

（6）要根据不同的路况、负荷而选择不同的挡位，因为拖拉机都有其最佳的经济行驶速度。

生活小窍门

手表受磁，会影响走时准确。消除方法很简单，只要找一个未受磁的铁环，将表放在环中，慢慢穿来穿去，几分钟后，手表就会退磁复原。

64. 拖拉机翻车怎么办?

答: 由于拖拉机的稳定性差，加上田间道路不平以及耕地时的倾斜，拖拉机（特别是手扶拖拉机）容易发生翻车事故。拖拉机翻车后，应立即熄火，尽快将拖拉机扶正，并对机车进行全面检查。如检查油箱、曲轴箱、气缸、变速箱内有无泥水进入，机体、缸盖、缸套、牵引框有无裂纹。曲轴、凸轮轴、连杆、气门推杆等有无弯曲变形，紧固件是否松动等，确认无问题后方可重新启动。为预防翻车事故的发生，作业中应注意以下几点：①手扶拖拉机起步时严禁捏转向手柄。②手扶拖拉机下陡坡时转向操作与平地转向操作方向相反。③通过泥泞路段时严禁紧急制动。④机组田间掉头时严禁高速急转弯。⑤拖拉机横坡作业时行驶速度不宜过快。⑥拖拉机悬挂农具上陡坡时应采用倒挡通过。⑦拖拉机在下田作业前应先查看田块中有无隐蔽性陷坑。⑧拖拉机在田间机耕道上行驶时不得过于靠近路肩。

开心一刻

在学校时，我曾经交往过一个女朋友，每次校队踢比赛，她都会在场边助阵。中场休息时，别人的女朋友会赶紧拿水过来，说：“你刚才在场上踢累了吧，喝点水。”

而我，得赶紧拿水给我女朋友，说：“刚才你在场下你骂累了吧，喝点水。”

65. 泵的定义是什么？怎样分类？

答： 通常把提升液体、输送液体或使液体增加压力，即把原动机的机械能变为液体能量从而达到抽送液体目的的机器统称为泵。

泵按工作原理可分为 3 种。

（1）容积式泵。靠工作部件的运动造成工作容积周期性地增大和缩小而吸排液体，并靠工作部件的挤压而直接使液体的压力能增加。根据运动部件运动方式的不同又分为往复泵和回转泵两类；根据运动部件结构不同，分为活塞泵、柱塞泵、齿轮泵、螺杆泵、叶片泵和水环泵。

（2）叶轮式泵。叶轮式泵是靠叶轮带动液体高速回转将机械能传递给所输送的液体。根据泵的叶轮和流道结构特点的不同，叶轮式泵又可分为离心泵、轴流泵、混流泵、旋涡泵。

（3）喷射式泵。靠工作流体产生的高速射流引射流体，然后再通过动量交换而使被引射流体的能量增加。按泵轴位置可分为立式泵、卧式泵等；按吸口数可分为单吸泵、双吸泵；按驱动泵的原动机可分为电动泵、汽轮机泵、柴油机泵、气动隔膜泵。

生活小窍门

豆腐性偏寒，平素有胃寒者，如食用豆腐后有胸闷、反胃等现象，则不宜食用；易腹泻、腹胀脾虚者，也不宜多食豆腐。

66. 离心泵的汽蚀是如何产生的？汽蚀有什么危害？

答： 当叶轮入口处液体的压力等于或低于该操作温度下其饱和蒸汽压时，就会有蒸汽及溶解在液体中的气体从液体中大量逸出，形成许多蒸汽与混合气体的小气泡。这些小气泡随着液体进入叶轮中压强较高的高压区时，由于气泡周围液体的压力大于气泡内的蒸汽压，就使得气泡被击碎而重新凝聚。同时周围的液体就以极高的速度向这个空间冲击，产生水力冲击及液体质点相互撞击，产生很高的局部压力，冲击叶轮表面，产生一种机械腐蚀。这种汽化、凝结、冲击和冲蚀的综合现象称为离心泵的汽蚀现象。

汽蚀现象对离心泵正常运转的危害是严重的，造成液流间断，泵的流量、扬程和效率明显下降，泵体振动和发出噪声，严重时造成叶轮损坏。

开心一刻

A：“你女朋友的缺点多吗？”

B：“像星星那么多。”

A：“你女朋友的优点多吗？”

B：“像太阳一样少。”

A：“那你为什么还这么喜欢她？”

B：“因为太阳出来星星就没了。”

67. 潜水电泵运行时电流过大的原因？如何处理？

答：（1）潜水电泵的流量偏大或偏小使用会使电动机过载：对离心式水泵或混流式水泵，流量过大，水泵的轴功率增大，会使电动机过载；对混流式水泵，流量过小，水泵的轴功率增大，会使电动机过载。处理方法是适当调整阀门，对离心式水泵或混流式水泵减小（对轴流式水泵增大）流量，使水泵的流量处在正常的使用范围内。

（2）电动机导轴磨损、水泵橡胶轴承磨损、密封环磨损，电动机或水泵的轴承磨损，会使潜水电泵处于不正常工作状态，严重的会损坏潜水电泵，使定子绕组烧坏。处理方法是修理或更换损坏的轴承和轴套。

（3）止推轴承磨损、水泵叶轮和下盖板磨损同样会使潜水电泵处于不正常工作状态，严重的也会损坏潜水电泵。处理方法是检查止推轴承磨损的原因，是否因轴伸端机械密封损坏，致使沙粒、杂质等进入电动机内腔而造成止推轴承的过度磨损。如果是机械密封造成的原因，在修理或更换磨损的止推轴承、推力盘和叶轮、下盖板等零部件的同时，应更换轴伸端机械密封。

（4）潜水电泵转轴弯曲、轴承不同心，应立即进行检修，校直弯曲的转轴，更换不合格的轴承，重新装配潜水电泵。

生活小窍门

牙膏也有洁肤功能。洗澡时用牙膏代替浴皂搓身去污，既有明显的洁肤功能，还能使浴后浑身凉爽，而且还有预防痱子的作用。

68. 农机在操作中有哪些技术可以降低能耗?

答:（1）柴油必须沉淀，一般沉淀 8 小时以上方可使用。

（2）定时保养空气滤清器，尤其是在田间尘土多、作业环境恶劣的条件下，机车保养周期应缩短，使空气滤清器始终保持清洁与畅通。空气滤清器的保养周期一般为 100 小时。

（3）检查喷油器和高压油泵工作状态，喷油嘴滴漏或雾化不良，供油过早或过迟也会使柴油得不到充分燃烧而冒烟，增加油耗。

（4）柴油机要经常检修。柴油机使用一定时间后，因气缸活塞组和气门磨损使气缸压力下降，会造成燃烧不完全，功率不足，油耗上升。

（5）参照排烟颜色判断其技术状态。柴油机工作中突然遇到重负荷时，常冒出一股黑烟，发动机排黑烟时，表明柴油不完全燃烧；当排废气为白色时，表明有冷却水进入，气缺或低温启动时部分燃油没有燃烧；当排出废气为蓝色时，表明有机油进入燃烧室。应根据不同情况，查明原因，及时处理。

（6）确保多缸发动机工作均衡，如 4 缸发动机，假设有一个缸工作不良或不工作，可增加油耗 10% ～ 20%。

（7）拖拉机行驶中，挡位选择宜高不宜低，只要柴油机转速达到适宜转速，就要及时挂入高挡，并且在行驶中尽量保持高挡位低转速行驶，这样有利于节油。

（8）按操作规程经常检查调整气门间隙。如果发动机因配气齿轮、凸轮轴磨损引起配气相位角变化时，要适当调小气门间隙（但不得小于 0.2 毫米）弥补；凸轮轴严重磨损应及时更换。

（9）轮式拖拉机应定期检查轮胎气压是否标准，若轮胎接地面积过小、过大，会造成机车牵引负荷增大，使耗油率上升 3% ～ 5%。

开心一刻

两宅男聊天，一说：“女朋友最怕什么？”

另一个答：“最怕你突然说要放气（放弃）……”

（10）机车应按标定速度行驶，若机车超速行驶会增加机车前进阻力、空气阻力，造成不必要的油耗，一般增加耗油率 5% ～ 10%。

生活小窍门

用微波炉做菜时，首先要用调料将原料浸透。这是因为微波烹任过程快，若不浸润透很难入味，且葱、姜、蒜等增香的作用也难以发挥。

69. 农机在野外作业容易发生哪些故障？该如何解决？

答：（1）断电现象。在农机行驶过程中，出现喇叭不响、灯光全无、启动机不转等现象时，说明车辆完全断电。这时，可先检查蓄电池的桩头是否松动。检查时切勿乱撬，可用鲤鱼钳叉开后触试两个桩头，如无火花，说明桩头松动，用扳手扭紧即可。若桩头扭紧并清洁后，断电现象仍未消除，可检查两极导线连接情况，如接触不良及时修理；若蓄电池有一单格损坏，可用铜丝直接将好的单格连通使用。

（2）风扇胶带损坏。若出现风扇胶带损坏，则多为折断。可用粗绳若干股搓紧，其长短、粗细应与原风扇胶带相似，但绳头要在中间，不能外露，然后用铁丝绑紧；也可将原风扇胶带断处的两头各钻一小孔，用粗铁丝连起来暂用。以上方法应将发动机试运转几分钟，检查风扇转动是否正常。

（3）轮胎故障。当轮胎出现故障且无千斤顶拆换轮胎时，可先将机车开到土路上，再用木块或砖、石将前轴或后桥垫稳，在要拆的轮胎下面挖坑，使轮胎悬空，即可拆换。

（4）熄火。农机在作业中经常熄火的原因主要有两个：一个是柴油滤清器过脏，滤芯被油泥包严，拆下滤芯清洗即可；另一个是高压油泵回油空心螺丝内回油阀弹簧压力过小或是封闭不严泄油，泵体内形不成压力，可用小木塞垫紧弹簧形成压力，或者更换钢珠。

（5）气门弹簧折断。若仅折断一处，可把两断簧掉头安装使用；如弹簧折断数处，多缸机可将该缸的进、排气门调整螺栓拆下，气门关闭，使该缸停止工作。

（6）散热器破漏。进出水软管如出现少许破裂，可用胶布涂肥皂包扎漏水处，再用铁丝捆紧；如破裂严重，可从该软管破裂处用刀切成两段，用合适的竹管或塑料管等套在软管之间，再用铁丝捆紧，然后装上即可；散热器芯铜管有轻微渗漏时，可用钳子轻夹漏水处，使其不再漏水。

开心一刻

“为什么我的手机玩着玩着就发烫啊？”

“你一摸就几个小时，它能没点反应吗？”

“……”

70. 农机保养中常见问题及注意事项有哪些?

答:（1）农机保养过程中存在的常见问题如下。

一是只重视拖拉机，而忽视农机具。农机手多数认为，只要拖拉机保养好不出问题，农机具好一点差一点无所谓。这种观点是非常错误的，必须予以纠正。如果农机具技术状态不好，拖拉机技术状态再好，作业效率和作业质量都会下降。因此，保养农具一定要和保养拖拉机一样重视起来。

二是农机手保养农机具时基本上不按使用说明书的技术要求进行，拖延保养期限不定期、保养项目丢三落四不全面、保养内容缺斤短两不到位。错误认为只要农机具能动就行。

三是农机具使用调整不及时、不准确，一些技术参数不符合技术要求，造成农机具某些主要传动零件承受额外附加载荷，常常造成机件提前损坏，反而错误地认为是农机具的制造有缺陷。

（2）农机保养过程中应该注意的事项如下。

①保持保养维护环境清洁。清洁是农机保养过程非常重要的问题，农用动力机械和农业机械的加工制造有许多高精度零件，组装时它们的配合精度比较高，如果有杂质混入其中，就会加速零件配合表面的磨损。

保持清洁有两个层面：一是在农机作业过程中，加强班次保养非常重要，尤其是在较为恶劣的环境下，进行农田作业，使用完毕后应及时清理相关机具，及时清除设备表面的杂草、沙土、杂物等；二是对农闲季节需长时间放置的机具要进行内外部全面清理、疏通，加强维护保养和管理。

②注重农业机械的润滑保养。这一点相当关键，在润滑过程中应认真遵守规则，对农业机械定期进行换油和及时检查加油。在一些较为特殊的使用环境下，还应结合农机不同部位的零部件操作需求，定期对系统进行润滑处理，以保证内外部机件运动的顺畅性和使用的科学性。

生活小窍门

煮饭不宜用生水。因为自来水中含有氯气，在烧饭过程中，它会破坏粮食中所含的维生素 B_1，若用开水煮饭，维生素 B_1 可免受损失。

对于长期停放的动力机械，如拖拉机、柴油机，至少保持 1 个月启动运转 1 次，每次 10 分钟左右，以便将润滑油压力输送到各摩擦表面，防止各零件摩擦表面缺油氧化锈蚀。

对于长期停放的农业机械，不但要保持对其润滑点加油、加脂润滑，还要对其机件的工作表面进行除锈擦拭涂油，形成一层保护膜，使其与空气、潮气、腐蚀气体、雨水和雪水隔绝，防止其被腐蚀氧化锈蚀。

③对于长期停放的动力机械和作业机械要保持封闭。长期停放时要把进气口、排气口、通风口和喂入口、排出口封闭，防止杂质、水分和潮气进入，对机件产生污物和发生锈蚀。

④确定重点检查部位。尤其应对油污部位进行细致检查，因为只要机件连接部位有油污，说明此处就有泄漏，其原因不是密封件失效、紧固不到位，就是基础件结合面有缺陷。必须仔细查明原因彻底排除故障。

开心一刻

每次跟老爸吵架，他都会丢下一句：“等你到了我这个年纪你就知道了。”也不知道为什么，我们吵了二十多年，每次我都无法到达他那个年纪。

71. 农机保养中常见的误区有哪些？

答：（1）检查发动机的油底壳中机油只看油量，不看质量。有些农机手，只对油底壳中的机油进行添加和补充，而忽视机油质量的检查。长期使用的机油中含有大量的氧化物和金属屑，机油变稀，润滑性能降低。因此，不仅要按发动机使用说明书的要求添加机油，而且要定期更换机油。

（2）只注意燃油的清洁，忽视润滑油的清洁。有的农机手对发动机添加燃油时，只注意燃油的清洁，用滤网或滤布过滤，而忽视对润滑油（机油、齿轮油）的清洁。润滑油不清洁，同样会加剧机器的磨损、损坏，造成故障。

（3）只保养空气滤清器，不保养排气管和消声器。有的农机手只保养空气滤清器，从不清除排气管及消声器中的积碳，致使积碳过多过厚，造成废气排不尽，发动机启动困难、功率下降等。

（4）只管添加冷却水，不管冷却效果。有的农机手，从不清除冷却系统中的水垢，虽然冷却水加得足，但冷却效果很差，引发发动机工作过热等故障。

（5）只重视气门和气门座的状态，忽视气门弹簧的质量。气门漏气时，农机手只检查气门和气门座，而忽视气门弹簧的检查，应当指出，气门弹簧弹力不足，也是气门漏气的原因之一。

（6）检查和调整气门间隙凭经验和感觉。有些农机手，不用专用工具检查和调整气门间隙，而是用手扳动气门摇臂的晃动来检查和调整气门间隙的大小，这对柴油机的工作有影响，轻则耗油量增加，发动机功率下降，重则使活塞与气门发生撞击，甚至引发烂活塞、断曲轴、弯连杆等重大故障。

（7）只注意柱塞偶件和喷油嘴针阀偶件的质量，不重视出油阀偶件的质量。出油阀的作用一是密封，定时将柱塞油腔与高压油管管腔隔开，防止柴油回流；二是停止供油时迅速减压，保证喷油嘴断油干脆。出油阀偶件磨损后，会造成柴油机启动困难、功率下降。

（8）螺栓螺母拧得越紧越好。农机上有些重要螺栓螺母拧紧时有一定的扭力规定，如果拧得太紧会造成螺栓滑丝，甚至拧断。因此，对一些重要的螺栓螺母要按规定的扭力拧，不能拧得过紧。

生活小窍门

砧板防裂小窍门：买回新砧板后，在砧板上下两面及周边涂上食用油，待油吸干后再涂，涂三四遍，油干后即可使用，这样砧板便会经久耐用。

72. 农机具如何防锈除锈?

答: 防锈无水碳酸钠 20 克、乳化油脂 5 克、亚硝酸钠 1 克、60 ~ 80 摄氏度的水 1 000 克，将这些原料混合搅拌均匀。用这种防锈剂清洗金属生锈部位，晾干即可。洗涤后的金属物品几个月不会再生锈。另外，将 1 000 克水加热到 60 ~ 80 摄氏度，放进无水碳酸钠 20 克，再加乳酸 5 克，搅匀后使用，防锈效果也较好。

除锈柠檬酸铵 200 克、磷酸钠 40 克、硫酸 12 毫升、甲醛 20 毫升、664 净洗剂 41 毫升，将上述 5 种原料依次放入 800 克清水中混合搅拌，充分溶解。使用时，先用棉纱蘸溶液擦洗，待生成一层黑灰后，再用干净棉纱擦拭即可光亮。还有一种除锈方法是，将未稀释的乳化油涂到金属的锈蚀表面，过半小时后，用棉纱蘸热水化开的乳化液轻轻擦拭，即可除掉铁锈。

以上方法适合农机具，同时适合一切金属物品的除锈防锈。

开心一刻

从我儿时起，父亲就是我一生的偶像！尤其是他前一秒被我妈咆哮过，后一秒就可以腆着脸逗我妈说话的那种坚持不要脸的品格深深感染着我！

73. 如何正确拆卸农业机械?

答:(1)拆卸前应了解和熟悉该机械的性能、结构及有关技术资料，对不熟悉的机器在未弄清装配结构有关技术资料前不应盲目拆卸。

(2)拆卸应该是有目的地进行，拆卸是为了检查与修理，因此在拆卸前应做到心中有数，有的放矢，对于通过不拆卸检查就可以断定是否符合技术要求的零部件不必拆卸。如机油泵通过试验台上试验，如果其油压和在一定转速下的供油符合技术要求，说明机油泵符合要求，就不必拆卸。但是，对于不拆卸难以肯定其技术状态，或者初步检查后，怀疑有故障的部件，就必须拆卸，以便进一步检查或修理。

(3)机件拆卸要有一定顺序，一般是从整体到总成，从总成到部件，从部件到零件；从外到内，从上到下，从简单到复杂，容易损坏的零件应首先拆下。

(4)拆卸时先清除外部的油垢、泥土，放尽机内的存油、存水。准备好存放零件的用具，把零件分类有序放好，不要直接放在地上，也不要堆在一起。细小精密零件尽快洗净，涂上防锈油或浸在柴油油盘中并盖好，防止灰尘侵入。

(5)拆卸时要使用标准工具和专用工具，以保证零件不受损伤和提高工作效率。如拆卸螺母、螺栓应使用专用扳手或开口扳手，尽量不用活动扳手，以免损伤螺母的棱角。对必须用专用工具拉出或压出的机件不允许用锤子或其他用具猛敲乱打。在使用台钳和压力机时必须在机件受力面上垫上质软的垫板(如铜板、铝板或木板)，以防损伤机件。

(6)拆卸下来的固定螺栓、螺母、销子和垫圈等一些零件，仍然装到拆卸下来的原部件上去，以免弄错位置或丢失。如果有些零件不宜装回原来的位置，可用铁丝穿好或扎上布条注明部位。

(7)在拆卸比较复杂、精密和重要的零件时，一定要记好机件上的编号、记号、方向和位置。成对的零件要按原状配合，以免弄乱。

生活小窍门

风油精的妙用 2：洗澡时，在水中加入数滴风油精，浴后会有浑身清凉舒爽感觉，还有防治痱子、防蚊叮咬、祛除汗臭的作用。

74. 如何正确装配农业机械?

答:（1）装配前对各装配件应进行仔细清洗。装配过程中，应严格保持清洁，任何污垢存在于装配表面和非装配表面都可能引起零件的急剧磨损，甚至使机器无法正常运转。经过钻孔、铰削或镗削的零件，应用压缩空气吹净。

（2）在零件的摩擦表面上，装配时应涂好润滑油，使机器一开始运转就能得到足够的润滑。毛毡阻油圈在清洗干净后需浸泡在机油内让油渗透。

（3）在修理中更换衬垫时一定要严格注意其厚度，因为衬垫的厚度往往决定机件相互之间的装配间隙，从而影响机器的技术性能。在安装时衬垫两面应涂一层润滑脂（发动机气缸垫例外），衬垫不允许有折曲、裂缝、厚薄不均、相互搭头或缸口等缺陷。

（4）在装配过程中应尽量使用专用工具和设备。

（5）在拧紧螺栓、螺母时尽量不要用活动扳手，应使用各种标准的专用扳手或开口扳手，对重要部件的螺栓、螺母还应使用扭力扳手，按规定扭矩拧紧。

（6）凡用来锁紧螺栓、螺母的锁片、铁丝和开口销要仔细检查，有裂痕、皱折等缺陷的都必须换新，要确保锁紧安全可靠。

（7）需定位的机件在安装时一定要核实相互的位置、方向标志，并调整好间隙，以保证机件的正常运转。如活塞和连杆在装配时要注意方向，正时齿轮应保证供油、点火和配气时间的正确。

（8）安装有油道、油孔、油槽及油管的零件，一定要反复检查油孔与油孔间是否相互对正。

开心一刻

前几天接到个恐吓电话，知道我名字，自称黑社会大哥，说我得罪人了，三天内取我性命，但是已经五天了，怎么还不来杀我，现在把钱都花没了，这让我以后怎么活啊?

75. 何谓农业机械的选型？农业机械选型的方法及原则？

答： 农业机械选型，就是根据作业的农艺要求和环境条件，按一定的性能指标，在多种型号的农业机械中，选择组成配套系统的较佳机器型号的工作过程。农业机械选型的方法一般采用试验分析法、资料分析法和经验分析法。

农业机械选型的一般原则：①技术性能适当。应该根据实际情况选择具有相应性能水平的农业机械，并非所选机械的性能越高越好。技术性能高的机器，价格一般比较高，不适当地选用高技术水平的机械，会使使用成本增加。农业机械的技术性能应综合考虑农业性能、动力及作业能力指标、对作业条件的适应性、安全可靠性、耐用性、维护方便性、劳动保护性等几方面。②一型多用，机型从简。一型多用指配套动力机可组成多种作业机组，完成多项作业；作业机更换或增加某些工作部件，可进行多项作业。机型从简指配套系统中，机器型号应尽可能少。③型间协调、配套合理。即要求配套系统中的各型机器间性能要协调。④经济性。包含综合经济指标：作业成本、生产率等和单项经济指标：购置价格、寿命、燃料成本、维护成本等。

生活小窍门

炸馒头片时，先将馒头片在冷水里浸一下，然后再入锅炸，这样炸好的馒头片焦黄酥脆，既好吃又省油。

76. 什么是农业运输机械？怎样分类？

答： 农业运输机械是将各种农业生产资料、农副产品和生活资料等从一个地点运送到另一个地点的交通工具，主要有 3 种类型。

（1）农用运输车。农用运输车已成为我国农村的主要交通运输工具，包括三轮汽车、低速载货汽车。

（2）手扶变型运输机。指采用手扶拖拉机底盘，将扶手把改成方向盘，与车厢连在一起组成的拖拉机。

（3）农用挂车。由拖拉机牵引运输物料的农用车辆，也称农用拖车，是中国农村重要的机械化运输方式。小型轮式或手扶拖拉机牵引小型挂车在农村进行短途或田间运输，适应小规模农业经营的需要。

看到一个妹子在玩植物大战僵尸，她把坚果放在射手后面，我就问她为什么，她说那石头看起来傻傻的，我要放在后面保护它。

听完我突然倍感难受，不会玩就不会玩，卖什么萌啊？

77. 目前常用的农用搬运机械产品有哪些?

答： 目前常用农用搬运机械的代表厂家有重庆威马农业机械有限公司、筑水农机（常州）有限公司、重庆航天巴山摩托车制造有限公司等。产品主要配置及参数见表 10，重庆威马农业机械有限公司生产的 7B–320B 型田园管理搬运机见图 3，筑水农机（常州）有限公司生产的 3B81CTDP 型乘坐式履带搬运机见图 4，重庆航天巴山摩托车制造有限公司生产的 BS250AU–41 型四轮运输机见图 5。

表 10　农用搬运机械代表产品及参数

产品型号	主要配置及参数	生产厂家	联系方式
7B–320B	6 挡变速，整机结构质量 170 千克，载质量 320 千克，外形尺寸 1 600 毫米 ×680 毫米 ×930 毫米，最低燃料消耗 395 克 /（千瓦 · 小时）	重庆威马农业机械有限公司	023–47633880
3B81CTDP	外形尺寸 2 840 毫米 ×1 185 毫米 ×1 365 毫米，最小离地间隙 170 毫米，履带中心距离 780 毫米，货厢尺寸 1 845 毫米 ×1 080 毫米 ×230 毫米，机器质量 550 千克，最大载质量 850 千克，爬坡能力 25 度，最大输出功率 5.8 千瓦、2 000 转 / 分，前进速度 6.9 千米 / 小时，后退速度 2.0 千米 / 小时	筑水农机（常州）有限公司	0519–89180222
BS250AU–41	最大功率及对应转速 11.5 千瓦、6 500 转 / 分 , 外形尺寸 2 550 毫米 ×1 200 毫米 ×1 390 毫米，最高车速 ≥ 65 千米 / 小时，启动性能≤ 15 秒；起步加速性能 ≤ 15 秒 (200 米)，超越加速性能≤ 15 秒 (200 米)，最小转弯半径 3.5 米，额定载质量 260 千克，经济车速油耗 5.7 升 /100 千米	重庆航天巴山摩托车制造有限公司	023–89090617

生活小窍门

做菜或做汤时，如果做咸了，可拿一个洗净的土豆切成两半放入汤里煮几分钟，这样，汤就能由咸变淡了。

图 3　重庆威马农业机械有限公司生产的 7B-320B 型田园管理搬运机

使用场景

田园运输

田园运输

田园运输

图 4　筑水农机（常州）有限公司生产的 3B81CTDP 型乘坐式履带搬运机

图 5　重庆航天巴山摩托车制造有限公司生产的 BS250AU-41 型四轮运输机

开心一刻

总感觉这两天老说自己老婆是败家娘们，什么什么的，都是故意炫富的。第一是炫你有老婆，第二是炫你有钱，第三是炫你既有老婆，又有钱!

重庆艾斯拉特科技有限公司的 ASLT2015-JB4 型电动手推车（图 6）具有使用灵活、省力，安全、环保等特点。产品外形尺寸 1750 毫米 ×750 毫米 ×650 毫米，台面尺寸 1 250 毫米 ×450 毫米（可按客户要求订做），台面高度 400 毫米（可按要求订做）；最大承载质量 500 千克；驱动动力 800 瓦，电池 4×12 伏 /（20 安 · 小时）；控制器 48 伏 /70 安。联系方式：曾晓春 13708306070。

图 6　重庆艾斯拉特科技有限公司的 ASLT2015-JB4 型电动手推车

生活小窍门

舒缓眼部疲劳小窍门：用水浸泡药用小米草或菊花，然后将毛巾浸湿，敷于眼部 10 ~ 15 分钟，可有效舒缓眼部疲劳。

78. 什么是农田基本建设机械？包括哪些类型？

答： 农田基本建设机械指的是用于进行各种土、石方作业，以改善农业生产用地的基本条件、增强抗御自然灾害能力和防治水土流失的施工机械。主要包括以下 5 种类型。

（1）农田清理机械。用以清除田间异物的机械，主要有除灌机、推树挖根机、清石机、田间碎石机等。

（2）土方平整和运移机械。用于修筑梯田、平整农田、去高垫低、运土造田、开挖鱼塘等项作业。常用的有农用推土机、农用平地机和农用铲运机、铲抛机、挖掘机、农用装载机和冲土水枪等，根据作业地点的地形条件、运土距离和作业要求等选配使用。

（3）修筑和清理机械。用于修筑排灌用明渠、暗渠和清理渠中淤泥、杂物的机械。包括修筑明渠用的铧式开沟犁和旋转开沟机，修筑暗渠用的暗沟犁和开沟铺管机，以及清理沟渠用的农用清淤机等。大型明渠也可用推土机、铲抛机、挖掘机等土方运移机械修筑。

（4）冻土施工机械。用于在寒冷地区或冬季农田施工作业中破碎冻土层的机械。常用的有松土式、切削式和冲击振动式等类型。

（5）石方施工机械。用于造田和梯田修筑工程中开凿和搬运石方的机械。包括爆破作业中打炮眼用的凿岩机和抓石机等。

中午吃完饭一哥们怀着敬佩的眼光问我：如今骗子这么多，手段这么丰富，而且听起来非常诱人，为什么你总是能够第一时间识破骗子的伎俩，一直没有被骗？这么厉害，能不能教教我？

我嘴角露出一丝不屑，高傲地对着哥们说了一个字：穷！

79. 耕整地机械包括哪些类型？

答： 耕整地机械包括两大类。

（1）耕整机。耕整机是20世纪80年代初发展的一种简单的小型农田机械（图7a），它是一种无变速箱的简易单轴拖拉机，自带发动机驱动，功率2.21～3.31千瓦（3～4.5马力），主要从事水田、旱田耕整作业，有的也可从事运输、加工等作业，包括微耕机、田园管理机。适用于田块小、田埂窄、作物“插花”、田块“插花”的小规模经营的农户，在重庆、湖南、湖北等地区使用较多。

（2）深松机。深松机是一种与大马力拖拉机配套使用的耕作机械（图7b），主要用于行间或全方位的深层土壤耕作的机械化翻整。使用深松机作业有利于改善土壤耕层结构，打破犁底层，提高土壤蓄水保墒的能力，促进粮食增产。

a. 耕整机

b. 深松机

图7　常见的耕整地机械

生活小窍门

夏日天气炎热，身上容易长痱子，可用温水将长有痱子的部位洗净，涂擦一层牙膏，痱子不久即可消失。

80. 种植施肥机械包括哪些类型?

答： 种植施肥机械有以下类型。

（1）播种机。包括条播机、穴播机、异型种子播种机、小粒种子播种机、根茎类种子播种机、撒播机等。

（2）免耕播种机。指不需要进行土壤耕翻，直接进行播种作业的播种机械。

（3）精少量播种机。指由拖拉机悬挂牵引并按规定要求进行精少量播种的机械。

（4）水稻直播机。指专门用于直接进行稻种田间播种作业的机械。

（5）水稻插秧机。指自带动力驱动作业的水稻插秧机械。

（6）水稻浅栽机。指自带动力驱动作业的水稻抛秧、摆秧的机械。

（7）化肥深施机、地膜覆盖机。分别指由拖拉机带动，进行深施化肥、铺盖地膜的机械。

开心一刻

我喜欢班里的一个女生，于是向她表白，我对她说：我喜欢班里的一个女生，她温柔体贴，漂亮大方，你想知道是谁么?

她低着头，害羞地说：只要不是我就行。

我……

81. 田间管理机械包括哪些类型？

答： 田间管理机械包括中耕机械、施肥机械、灌溉机械和植物保护机械等。

（1）中耕机械是指在作物生长过程中进行松土、除草、培土等作业的土壤耕作机械。

（2）根据肥料的种类和特性，施肥机械可分为固态化肥施用机、固态厩肥施用机、液态化肥施用机和液态厩肥施用机。

（3）农田灌溉机械包括农田排灌机械和农田灌溉机械。农田灌溉机械主要有喷灌和微灌两种。喷灌是将具有一定压力的水通过专用机具设备，由喷头喷射到空中，形成细小的水滴，像雨一样均匀地洒落，供给作物水分的一种灌溉技术。微灌是按照作物需求，通过管道系统与安装在末级管道上的灌水器，将作物生长所需的养分和水以较小的流量，均匀、准确地直接输送到作物根部附近土壤的一种灌水方法。广义的农田排灌机械还包括水井钻机、铧式开沟犁、旋转开沟机、暗沟犁、开沟铺管机等。常见的农田排灌机械包括排灌动力机械和农用水泵。排灌动力机械指用于农用排灌作业的配套动力机械，包括柴油机和电动机。农用水泵指用于农业生产的各类水泵。节水灌溉类机械包括微灌、喷灌、滴灌、渗灌机械，还包括利用天然水流或水利工程落差的压力进行自流喷灌的自压喷灌系统。

（4）植物保护机械是用于防治危害植物的病、虫、杂草等的各类机械和工具的总称。植保机械的分类方法，一般按所用的动力可分为人力（手动）植保机械、畜力植保机械、小动力植保机械、拖拉机配套植保机械、自走式植保机械、航空植保机械。按照施用化学药剂的方法可分为喷雾机、喷粉机、土壤处理机、种子处理机、撒颗粒机等。

生活小窍门

室内厕所即使冲洗得再干净，也常会留下一股臭味，只要在厕所内放置一小杯香醋，臭味便会消失。其有效期为六、七天，可每周换一次。

82. 收获机械包括哪些类型？

答： 收获机械主要包括 6 种类型。

（1）联合收获机。指能一次完成作物收获的切割（摘穗）、脱粒、分离、清选等其中多项工序的机械。联合收获机按用途分为稻麦联合收割机和玉米联合收获机。自走式联合收获机的功率是其发动机的额定功率。

（2）稻麦联合收割机。包括小麦联合收割机、水稻联合收割机、稻麦两用联合收割机。

（3）玉米联合收获机。包括自走式玉米收获机、背负式玉米收获机、穗茎兼收玉米收获机等，不包括玉米青贮收获机。

（4）割晒机。指一次仅能完成收割和禾秆铺放的机械，包括割捆机。

（5）其他收获机械。指大豆、油菜籽、马铃薯、甜菜、花生、棉花、蔬菜、茶叶、青饲料、牧草等收获机械、秸秆粉碎还田机、秸秆捡拾打捆机以及玉米、大豆、油菜籽收获专用割台等。

（6）青饲料收获机。指由动力机械驱动，专门用于青饲料或作物秸秆收获、粉碎，并制作青贮饲料的机械，包括玉米青贮收获机。

开心一刻

今天和女神聊天。

“给你介绍个男朋友怎么样？”

“好呀！”

“你有什么要求？”

“男的，活的就行。”

“那你看我行吗？”

“有的人活着他已经死了。”

83. 收获后处理机械包括哪些类型？

答： 收获后处理机械包括 4 种类型。

（1）机动脱粒机。指由动力机械驱动专门进行农作物脱粒的作业机械。

（2）谷物烘干机。指专门用于干燥粮食或种子的机械。

（3）种子加工机械。指脱芒（绒）机、种子分级机、种子包衣机、种子加工机组、种子丸粒化处理机等农业机械。

（4）保鲜储藏设备。指农产品收获采摘后的保鲜储藏机械设备。

生活小窍门

如果用陈米做米饭，淘过米之后，可在往米中加水的同时，加入 1/4 或 1/5 杯啤酒，这样蒸出来的米饭香甜，且有光泽，如同新米一样。

84. 常见的农产品初加工机械包括哪些类型?

答: 常见的农产品初加工机械有以下 5 种类型。

（1）粮食加工机械。指对水稻、小麦、玉米、豆类和薯类等粮食进行初加工的机械。

（2）油料加工机械。指对花生、油菜籽、芝麻等油料进行初加工的机械。

（3）棉花加工机械。指对采摘后的棉花进行清选、轧花、清花（籽）、脱绒、弹花等初加工的机械。

（4）果蔬加工机械。指对水果进行分级、打蜡、切片切丝、榨汁等初加工的机械，以及对蔬菜和薯类等进行清洗、分级等初加工的机械。

（5）茶叶加工机械。指对茶叶进行杀青、揉捻、炒（烘）干、筛选等初加工的机械。

开心一刻

女友哭着说：“同事都笑话我长得矮，不想上班了。”

我摸摸她的头：“别难过，天塌下来有我顶着。”

还没反应过来，她就给了我一巴掌：“连你也嘲笑我！”

85. 什么是设施农业？怎样分类？

答： 设施农业是在环境相对可控条件下，采用工程技术手段，进行动植物高效生产的一种现代农业方式。设施农业涵盖设施种植、设施养殖等。设施农业从种类上分，主要包括设施园艺和设施养殖两大部分。设施园艺按技术类别一般分为连栋温室、日光温室、塑料大棚3类。国际上塑料农膜占整个覆盖面的97%，我国占98%，其他为玻璃、PC板覆盖。

（1）连栋温室。指温度、湿度、水肥等生长条件可控的现代化整体连栋温室，包括玻璃连栋温室、PC板连栋温室、塑料连栋温室。

（2）日光温室。指前坡面以塑料膜为覆盖材料，并配有活动保温被，其他3面为围护墙体的温室。

（3）塑料大棚。指以塑料薄膜为全覆盖材料的拱形单体温室。

生活小窍门

煮饺子时，饺子皮和馅中的水溶性营养素除因受热小部分损失之外，大部分都溶解在汤里，所以，吃水饺最好把汤也喝掉。

86. 什么是林果业机械？怎样分类？

答： 指专门用于林业、果业生产的机械，主要包括挖坑机、果树修剪机、植树机、割灌机、割草机等。

（1）挖坑机。挖坑机是近几年出现的，以拖拉机、挖掘机为动力源，配以液压系统来实现土坑挖掘的机械设备。该设备一般由动力系统（拖拉机或挖掘机）、液压系统、机械钻挖系统 3 部分组成。

（2）果树修剪机。主要采用动力电源对果树进行剪枝和打叶，方便携带、操作简单、节省力气。

（3）植树机。指栽植苗木的营林机械，一般由机架、苗箱、牵引或悬挂装置、开沟或挖坑器、植苗机构、递苗装置、覆土压实装置、传动机构、起落机构等组成。作业时，开沟器在林地上开出植树沟或穴，用人工或植苗机构按一定株距将树苗投放到沟（穴）中，然后由覆土压实装置将苗木根部土壤覆盖压实。

（4）割灌机。营林机械的一种，用于林地清理、幼林抚育、次生林改造和森林抚育采伐等割除灌木、杂草，修枝、伐小径木、割竹等作业。

（5）割草机。割草机又称除草机、剪草机、草坪修剪机等，是一种用于修剪草坪、植被等的机械工具，由刀盘、发动机、行走轮、行走机构、刀片、扶手、控制部分组成。刀盘装在行走轮上，刀盘上装有发动机，发动机的输出轴上装有刀片，刀片利用发动机的高速旋转，在速度方面提高很多，节省了除草工人的作业时间，减少了大量的人力资源。

开心一刻

女："亲爱的，你在干嘛呢？"

男："正准备睡觉，你呢？"

女："我在夜店，你背后呢！"

男……

87. 什么是畜牧养殖机械？怎样分类？

答： 畜牧养殖机械化是指用机械装备畜牧业，并以机械动力代替人力操作的过程，是农业机械化的重要组成部分。畜牧养殖机械包括 3 种类型。

（1）饲草料加工机械。指青贮切碎机、铡草机、揉丝机、压块机、饲料粉碎机、饲料混合机、颗粒饲料压制机、饲料膨化机等机械。

（2）畜牧饲养机械。指孵化机、育雏保温伞、送料机、饮水器、清粪机（车）、消毒机、药浴机等机械。

（3）畜产品采集加工机械设备。指挤奶机、剪羊毛机、储奶罐、屠宰加工成套设备等机械。

生活小窍门

热水泡双手可治偏头痛。把双手浸入热水中，水量以浸过手腕为宜，并不断地加热水，以保持水温。半小时后，痛感即可减轻，甚至完全消失。

88. 什么是渔业机械？怎样分类？

答： 渔业机械是渔业生产专用的各种机械设备的总称，通常分为捕捞、养殖、加工和渔业辅助机械 4 类。

（1）捕捞机械。捕捞作业中用于操作渔具的机械设备。

（2）养殖机械。水产养殖过程中所使用的机械设备，用以构筑或翻整养殖场地，控制或改善养殖环境。

（3）水产品加工机械。按工作特点可分为 3 种：①原料处理机械，用于各种水产品的清洗、分级、切头、剖腹、去内脏、去鳞、脱壳等的机械。②成品加工机械。③渔用制冷装置。渔业上常用的各式制冰机械、冻结装置以及专门用以保鲜、冷却鱼品的制冷装置。

（4）渔业辅助机械。包括捕捞辅助机械和养殖辅助机械。

开心一刻

我对女神表白：如果我是一滴水，我愿为你汇成太平洋，如果我是一颗星，我愿为你编成银河，如果我是一粒钻，我愿镶成你头上的皇冠，如果我是一根黄瓜……

女神：我会把你变成拍黄瓜……

主推技术和装备

（一）宜机化地块整理整治技术

89. 制约丘陵山地农业机械化发展的基础要素是什么?

答： 制约丘陵山地农业机械化发展的基础要素不是机器的问题，也不是种植模式的问题，而是自然条件，特别是土地条件的制约。丘陵山地坡地多、地块小且分散，农机作业、转移、运输等受到限制，同时也不适合大、中型和规模化农用机械作业，难以发挥农业机械的作用和效益。

日本、韩国及我国台湾地区与我国大陆丘陵山地地区农业环境相似，但他们的农业机械化水平却走在世界前列，均达到90%以上。他们的主要做法是将原为小块、不适于机械化作业的水田规格化、条田化，建设成为长100米、宽30米、水平度小于2.5厘米的田块，并辅以建设水田排灌设施、农田道路等，为农业机械化创造了条件。给我们的启示是，田块要小变大，作业半径要短变长，高差要陡变缓，道路、沟渠要配套，使其适合大、中型农机开展作业。

开心一刻

女：“你都不问问我为什么发脾气！你一点也不关心我！”

男：“那你为什么发脾气？”

女：“哼，脾气都不能随便发了，还要有理由吗？你根本不爱我！”

男：……

90. 什么是丘陵山地宜机化地块整治?

答: 所谓宜机化地块整理整治就是将丘陵山地通过挖掘机、拖拉机、推土机、激光平地机等工程机械和农业机械，采取挖运、推平、深松、旋耕整地等综合作业方式，把地块互联互通、截弯取直、小并大、短并长、乱变顺、优化地块利用布局、理顺水系、土壤培肥熟化等，将其整改成适宜机械化操作的地块，为机械化生产提供条件。

生活小窍门

忌食鲜黄花菜！因为鲜黄花菜内含秋水仙碱有毒物质，食用后会导致恶心、腹泻等。而加工后的干黄花菜已将秋水仙碱溶出，食用则不会中毒。

91. 丘陵山地宜机化地块整理整治及培肥技术要点有哪些?

答:(1)10 度以下旱地因地制宜地缓坡化改造(图 8)。长度不低于 50 米,宽度不低于 20 米,横向坡度不大于 5 度,适宜大、中型农业机械作业。

(2)10 ~ 15 度旱地采取折返式梯台改造(图 9)。合理贯通梯台,折返式梯台长度不低于 100 米,能长则尽量长,宽度以拖拉机耕作幅宽(通常为 2 米)的偶数倍为宜,适宜大、中型农业机械作业的同时,提高机械的作业效率。每个梯台保证横向坡度 2 ~ 3 度,便于排水。

(3)高差 60 厘米以下的零散地块消除田埂(图 10、图 11)。进行合并或调整,即水平条田化改造,条田规格 5 ~ 10 亩为宜,长度大于 50 米,能长则尽量长,宽度取决于机械作业宽度的倍数,以 20 ~ 50 米为宜。适宜大、中型拖拉机配套农具作业,以满足规模化经营、机械化作业、节水节能等应用要求。

(4)机械化改田改土后,采用机械深松,并浇(灌)施 5 吨 / 亩高浓度腐熟粪污水培肥熟化土壤,加速生熟土、扰动土的混合,同时培肥土壤提升地力。

a

b

图 8 旱地缓坡化改造

开心一刻

在电梯里,我遇到一个打扮得很妖艳的美女,我贫嘴,问了一个:美女,找人吗?

美女答道:送外卖。

现在想想,不对啊,美女手里除了一个包包之外没别的啊!

图 9　折返式梯台改造后效果

图 10　水平条田化改造后效果一

生活小窍门

风油精的妙用 3: 在点燃的蚊香上洒几滴风油精，蚊香放出的烟气不会呛，而且清香扑鼻，驱蚊效果也会更佳。

图 11　水平条田改造后效果二

去超市买棒棒糖，我随手拔了一个就往嘴里塞。

售货员小妹不解地盯着我，我连忙解释说：“放心，先吃也没关系，我又不是不给钱。”

她点点头仍旧一脸迷茫：“可你……你为什么从我嘴里拔呢？”

92. 丘陵山区宜机化地块整理整治技术注意事项有哪些?

答:（1）土地整理整治过程中体现绿色轻简原则，尽量减少土方的挖填，同时土方最小半径转运。

（2）折返式梯台地块整治过程中保证横向坡度为4～5度，便于自然排水。

（3）折返式梯台地块整治过程中，端头留出农业机械转弯半径4～5米，便于拖拉机转弯掉头。梯台与梯台间互联互通。

（4）土地整治后，及时理顺水系，深开围沟背沟，便于排洪。

（5）宜机化土地整治过程中，土方挖掘量较大的地方，可用推土机将表层熟土剥离就近成堆，用底层生土回填后再用成堆熟土均匀覆盖表土，解决好新造地块的生土快速熟化，尽快提高土壤肥力。

（6）折返式梯台改造过程中，因地制宜合理布置梯台宽度，不求绝对均匀，同时根据开挖的高度、土质、梯台宽度等情况，合理确定放坡系数，建议放坡1～1.5米。

（7）地块整理整治过程，尽量避开雨季。

（8）土地整治后，浇灌沼渣沼液与机械化深松旋耕作业配合，及时培肥熟化土壤。

（9）机具作业便道3～4米，可以根据地形，因地制宜布置。

生活小窍门

在洗碗水中放几片柠檬皮和橘子皮，或滴几滴醋，能消除碗碟等餐具上的异味。同时，它还能使硬水软化，同时增加瓷器的光泽感。

（二）水稻机械化生产技术

93. 水稻机械化生产技术主要有哪些?

答: 水稻机械化生产技术是指在水稻生产的全过程中采用机械化作业的技术，主要包括硬件技术(技术设备)和软件技术(生物技术措施及管理技术)。二者有机结合，应用于生产实际，才能转化为生产力，产生显著的经济效益和增产效果。水稻机械化生产技术主要由以下几个作业环节的机械化技术及装备组成。

（1）耕整地机械化技术。使用与各类拖拉机（轮式、履带式）、机耕船等动力机械配套的铧式系列犁、水田耙、旋耕机以及微耕机等作业机械，来完成育秧、插秧(或直播)前的耕、耙、耖(平地)等作业的技术。

（2）育秧机械化技术。包括种子烘干、筛选、药物处理、工厂化育秧、催芽等方面的机械化技术。

（3）栽培机械化技术。包括机械插秧、机械抛秧、机械摆秧、水稻直播机械化技术。

（4）田间管理机械化技术。包括化肥深施和追肥机械化技术、机械植保技术、节水节能的排灌、秸秆还田和田间运输机械化技术。

（5）收获机械化技术。包括分段收获(收割与脱粒分开作业)和联合收获机械化技术。目前收获机具已形成系列，根据地域适用性选择机具，在北方宜推广大中型联合收获机械，南方宜推广中小型联合收割机和分段收割与脱粒机械。

（6）干燥机械化技术。包括移动式和固定式机械化烘干技术。

路上碰到一美女，上去搭讪："我喜欢你！"

"神经病！"

"那你喜欢谁？"

"神经病！"

这幸福来得太突然了！

94. 耕整地中的铧式犁基本结构和类型有哪些?

答: 铧式犁是一种耕地的农具（图 12），为全悬挂式铧式犁，由在一根横梁端部的厚重的刃构成，通常系在一组牵引它的牲畜或机动车上，也有用人力来驱动的，用来破碎土块并耕出槽沟，为播种做好准备。

图 12　铧式犁

（1）铧式犁特点。铧式犁体积小、动力大、油耗低、功能齐全、性能可靠、操作灵活；深耕、翻土、覆盖效果较好，但遇到黏湿土壤犁铧易粘土，碰到土壤中有树根或石块时易损坏犁铧，有时会被杂草或残株堵塞。其中整体式铸铁变速箱具有刚性好、不易变形、精密度高、使用寿命长等优点；六棱轴输出，坚固耐用。

（2）主犁体结构。其作用是切割、破碎和翻转土垡和杂草，主要由犁铧、

生活小窍门

烤肉防焦小窍门：烤肉时，可在烤箱里放一只盛有水的器皿，因为器皿中的水可随烤箱内温度的升高而变成水蒸气，防止烤肉焦糊。

犁壁、犁侧板、犁托和犁柱等组成（图 13）。

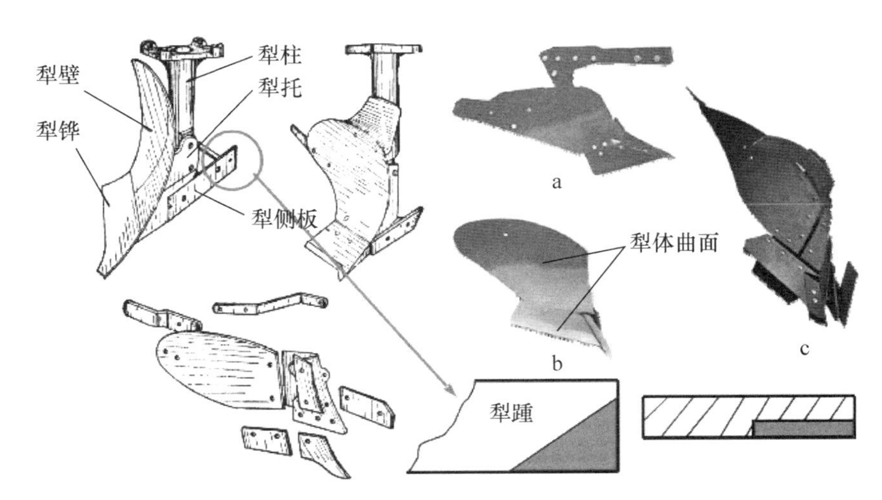

图 13　铧式犁结构

犁壁又叫犁镜，可分为整体式、组合式和栅条式。

犁铧又称犁铲，按结构可分为三角铧、梯形铧、凿形铧。也可按三角犁铧、等宽犁铧、不等宽犁铧、带侧舷犁铧分类。

犁壁和犁铧组成犁体曲面，根据犁体耕翻时土垡运动特点，分为滚垡型、窜垡型和滚窜垡型 3 大类。滚垡型根据其翻土和碎土作用不同又可分为碎土型、通用型和翻土型。

犁刀：安装在主犁体和小前犁的前方，其功能是垂直切开土壤和杂草残渣，减轻阻力，减少主犁体胫刃的磨损，保证沟壁整齐，改善覆盖质量。犁刀又分为直犁刀和圆犁刀。圆犁刀主要由圆盘刀片、盘毂、刀柄、刀架和刀轴组成。

（3）类型。按动力可分为畜力犁和机动犁；按用途可分为旱地犁、水田犁、山地犁、特种用途犁；按挂接方式可分为牵引式、悬挂式和半悬挂式；此外现代特征的新型犁有双向犁、栅条犁、调幅犁、滚子犁和高速犁。

开心一刻

刚才吃饭，路边小店，对面坐了一对情侣，女孩吃完起身出去。

男孩拉过盘子一声不吭地吃着剩饭，瞬间感觉充满了爱。

一会儿女孩拿着一瓶饮料回来了，看了看干净的盘子对男孩说：你大爷的，我还没吃完，又抢我吃的！

95. 常见铧式犁有哪些？型号怎么表达？

答： 常见铧式犁有 4 种。

（1）牵引式。运输状态下，机具的质量由机具本身来承担（图 14）。

图 14　牵引式铧式犁

生活小窍门

巧洗带鱼：带鱼身上的腥味和油腻较大，用清水很难洗净，可把带鱼先放在碱水中泡一下，再用清水洗，就会很容易洗净，而且无腥味。

（2）悬挂式。运输状态下，机具的质量全部由拖拉机承担（图 15）。

a. 实物图

b. 示意图

图 15　悬挂式铧式犁

（3）半悬挂式。运输状态下，机具质量前部分由拖拉机承担，后部分由机具本身来承担（图 16）。

a. 实物图

二货男友在桌子上吃东西，有只虫子闻香而来。

男友就夹了一点给它，等自己吃饱了，对虫子说："吃饱了吗？吃饱了就上路吧。"然后一巴掌拍死了……

b. 示意图

图 16　半悬挂式铧式犁

（4）铧式犁的型号表达。铧式犁的型号表达见图 17。

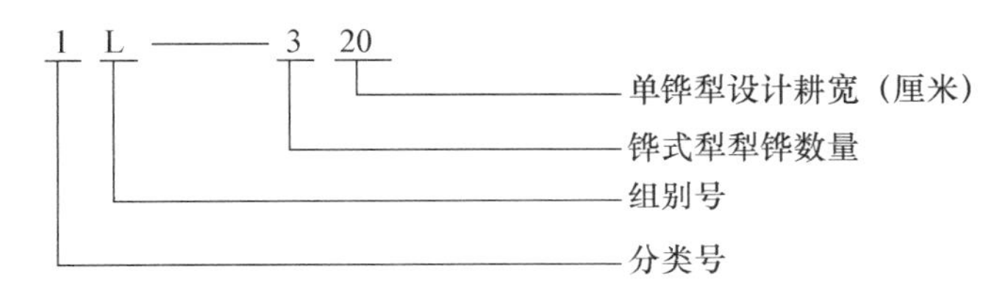

图 17　铧式犁的型号表达

生活小窍门

煮排骨时放点醋，可使排骨中的钙、磷、铁等矿物质溶解出来，利于吸收，营养价值更高。此外，醋还可以防止食物中的维生素被破坏。

96. 什么是旋耕机？南方丘陵地区常用的旋耕机有哪些？

答： 旋耕机是以旋转刀片为工作部件的驱动型土壤耕作机械（图 18）。其性能特点是碎土能力强，一次旋耕作业能达到一般犁耕作业几次的综合效果，大大缩短了作业时间，有利于争抢农时。旋耕后的田地可满足播种或插秧的要求。

按配套动力，旋耕机可分为手扶拖拉机（以下简称手拖）配套旋耕机和轮式拖拉机（以下简称轮拖）配套旋耕机两大类；按旋耕刀轴的配置可分为横轴式和立轴式两类。以刀轴水平横置的横轴式旋耕机应用较多，具有碎土能力强、耕后地表平整等特点。

与犁耕和耙耕作业相比，旋耕作业具有碎土性能好、适应性广、作业效率高等优点。兼有覆盖翻转土壤，有利于种子发芽、有利于保持土壤水分、蓄水保墒的作用。在我国大江南北，无论水田、旱土，旋耕机的应用十分普遍，在耕作机械中占重要地位。

旋耕机代表厂家有中国一拖集团有限公司、河南豪丰机械制造有限公司、河北圣和农业机械有限公司、河北春耕机械制造有限公司、湖南中天龙舟农机有限公司、湖南农夫机电有限公司等。产品主要配置及参数见表 11。

表 11　旋耕机代表性产品及参数

产品型号	主要配置及参数	生产厂家	联系方式
1GQN-200ZG/230ZG/250ZG 型旋耕机	1GQN-230ZG 型主要技术参数：配套动力 58.8 ～ 73.5 千瓦 (80 ～ 100 马力)，耕幅 230 厘米，耕深 12 ～ 16 厘米，刀片总数量（左右各半）62 把，作业速度 2 ～ 5 千米 / 小时，结构质量 533 千克，外形尺寸 1 224 毫米 ×2 578 毫米 ×1 181 毫米，刀轴最大回转半径 245 毫米，纯生产率 0.32 ～ 0.80 公顷 / 小时	中国一拖集团有限公司	023-62572557

开心一刻

路遇初恋，不胜唏嘘。

我说：唉，如果当初不是因为穷，咱俩可能就一直在一起了。

她说：我记得那时候你条件还行啊。

我摇摇头：我说的是你。

续表 11

产品型号	主要配置及参数	生产厂家	联系方式
1GQN-160/180A/200A/230A型旋耕机	1GQN-200A 型主要技术参数：配套动力47.8～58.8千瓦（65～80马力），外形尺寸1 090毫米×2 100毫米×1 060毫米，结构质量415千克，工作幅宽200厘米，耕深8～14厘米	河南豪丰机械制造有限公司	0374-5695193 5691008
1GQN-200/ 1GQN-230/ 1GQN-300型旋耕机	1GQN-230型主要技术参数：配套动力58.8～66.2千瓦(80～90马力)，结构质量480千克，工作幅宽230厘米，耕深：旱田12～16厘米，水田14～18厘米	河北圣和农业机械有限公司	0312-5669599

图 18　旋耕机

生活小窍门

巧剥蒜皮：将蒜用温水泡3～5分钟捞出，用手一搓，蒜皮即可脱落。如需一次剥好多蒜，可将蒜摊在案板上，用刀轻轻拍打即可脱去蒜皮。

97. 旋耕刀片的正确安装方法有哪些?

答: 旋耕刀的安装一般有3种方法。

（1）常用的刀片安装方法——交错安装法。从整个轴看左、右弯刀是交错安装的，在同一截面的刀座上安装一左一右两把刀片，这种排列方式耕后地表平整，适于平作。

（2）旋耕－开沟联合作业时的安装方法——向外安装法。从刀轴中间开始，左边全装左弯刀，右边全装右弯刀，刀轴两侧最外端则都装向内弯的刀。这种装法的弯刀具有向两侧抛翻土的作用，中部出现浅沟，可减少开沟的工作量，适于在耕作地中开沟。

（3）耕翻畦作田的安装方法——向内安装法。从刀轴中间开始，两边弯刀全向里弯，从耕后断面图看，地面中间凸起，适用于旋耕畦作田，在机具跨沟耕作时，部分土块抛向沟中达到填沟作用。

旋耕刀片安装注意事项：凿形刀的安装没有特殊的要求，对于直钩形的凿形刀，入土能力强，抛翻土壤性能差，而且易阻缠草，适用于杂草少和板结的土壤。它的安装一般是在刀棱上按螺旋线均匀排列，用螺钉固定在刀座上。对于刀片头部弯曲、外圆弧有较长的刃口的左右弯刀，安装要有顺序地进行，不要搞错弯刀朝向，一定要刃口切土，禁止刀背入土，以免机具受力过大而损坏机件，影响耕作质量，甚至影响机具使用寿命。弯刀确认安装无误后，再拧紧固定螺帽。

以前总认为“富不过三代”的意思是富到第三代肯定不会再富了。

长大了才知道，那真正的意思是说“富到第三代你儿子已经不是你亲生的了……”

98. 如何安全使用旋耕机?

答:(1)使用前要仔细阅读产品说明书和机具上的安全标志，对机具的危险部位要做到心中有数，按照说明书的要求进行操作，避免发生安全事故。

(2)每次作业前应检查旋耕机的传动箱、轴承部位是否加足润滑油，连接螺栓是否紧固。作业中如发现异常声音，应立即停车熄火进行检查、排除故障。

(3)万向节的夹角工作时不得大于正负10度，地头转弯时不得大于30度，长距离运输时应拆卸万向节。

(4)严禁机具先入土、后接合动力输出轴，或急剧增加深度，以防损坏拖拉机及旋耕机的传动机件。

(5)在地头转弯或倒车时，要提升旋耕机，禁止违规操作。

(6)旋耕机作业时，机上不准超员或乘坐与操作无关的人员，以防造成安全隐患。

(7)旋耕机作业时，非工作人员严禁在作业田块逗留。

(8)手扶拖拉机配套旋耕机陷车时，严禁发动机未熄火时，人员站在拖拉机前拉、抬机具。机具经过较高的田埂时，应人工挖平田埂后，方可通过。

(9)作业中途检查旋耕机万向节、刀片及齿轮箱零部件或更换零部件时，必须切断动力输出轴，发动机一定要熄火，确保人身安全。

生活小窍门

蚊香定时熄灭法:用一个铁夹子，用时夹在蚊香所需要的长度上，当蚊香烧到铁夹夹的地方时，就会熄灭，既不影响睡眠，也可节约蚊香。

99. 什么是微耕机?

答： 微耕机是以功率小于 7 千瓦的柴油机或汽油机为动力，以整体式全齿轮或胶带链条作为传动，耕作与行走部件为一体的小型农业机械。广泛适用于山区、丘陵的旱地、水田、果园、菜地、烟地的旋耕及浅旋耕等作业，部分机型配上相应装置，可进行开沟、起垄，也适宜平原大棚等作业需要。按照动力配置，微耕机可分为汽油微耕机和柴油微耕机两种；按照传动方式，微耕机分为全齿轮传动型（图 19）、胶带链条传动型（图 20）及立式传动型。

图 19　全齿轮传动型微耕机

图 20　胶带链条传动型微耕机

开心一刻

今天在街上和一个妹子照面，我往左让，她往右让。我往右让，她就往左让。

来来回回几次，我就对她说：“我们这是缘分啊，要不留个电话？”

妹子冷笑一声：“缘分个屁！我们这是冤家路窄！”

100. 常用的微耕机产品有哪些?

答: 重庆市微耕机生产厂家较多，代表厂家有重庆合盛工业有限公司、重庆鑫源农机股份有限公司、重庆威马农业机械有限公司、重庆嘉陵－本田发动机有限公司、重庆航天巴山摩托车制造有限公司、重庆宏祥织造有限公司、重庆华世丹机械制造有限公司、重庆华伟联龙科技有限公司、重庆久高丰农业机械有限公司、重庆康朋机电设备制造有限公司、重庆捷耕机械有限公司、重庆科业动力机械制造有限公司、重庆融邦机电有限公司、重庆峻海机械制造有限公司、重庆耀虎动力机械有限公司等。常用的微耕机产品、主要配置及参数见表 12。

表 12 常用的微耕机产品及主要技术参数

产品型号	主要配置及参数	生产厂家	联系方式
1WG4.0–85FQ–ZC	全齿传动型，配套动力 4.0 千瓦，耕宽 0.85 米，耕深≥ 100 毫米，整机质量小于 70 千克	重庆合盛工业有限公司	023–65183337
1WG6.3TG	后置旋耕，工作平稳，振动小，配套相应机具能实现开沟、起垄、覆膜、剪草等作业功能。配套 6.3 千瓦风冷式柴油机，耕幅 65 厘米，可实现起垄垄高 30 米，垄宽 60 ～ 78 厘米，整机质量 150 千克	重庆合盛工业有限公司	023–65183337
1WG4.2–100FQ–ZC	整机结构质量 73 千克，耕宽 1 米，耕深≥ 100 毫米，生产率≥ 0.6 亩 / 小时，燃油消耗率≤ 40 千克 / 公顷	重庆鑫源农机股份有限公司	023–65733788
1WG6.3–110FC–Z	配套动力 6.3 千瓦，整机结构质量 130 千克，耕宽 1.1 米，耕深≥ 100 毫米	重庆威马农业机械有限公司	023–47633880
FJ500	整机质量 60 千克，耕宽 0.9 米，耕深≥ 100 毫米，生产率≥ 0.6 亩 / 小时	重庆嘉陵－本田发动机有限公司	023–62793100

生活小窍门

面包与饼干不宜一起存放。面包含水分较多，饼干则一般干而脆，两者如果存放在一起，就会使面包变硬，饼干也会因受潮失去酥脆感。

续表 12

产品型号	主要配置及参数	生产厂家	联系方式
SRG–740 （图 21）	发动机额定功率 2.2 千瓦，转速 4 500 转 / 分，耕宽 26 ～ 74 厘米，耕深 15 ～ 22 厘米，毛质量净质量：27/25 千克	金华市三人科技有限责任公司	0579–82269908
192 液压履带式多用微耕机 （图 22）	适用于果园、大棚、水旱田、山坡地、丘陵等地域，进行旋耕作业、锄草作业、开沟培土作业。外形尺寸 1 910 毫米 ×890 毫米 ×695 毫米，配套动力 6.6 ～ 10.3 千瓦，齿轮传动，作业速度 0.3 ～ 0.4 米 / 秒。工作效率 0.12 ～ 0.16 公顷 / 小时；旋耕（宽度 80 厘米，深度 10 ～ 20 厘米），除草（宽度 80 厘米，深度 10 ～ 20 厘米，开沟（宽度 30 厘米，深度 20 ～ 30 厘米	山西昌兴机械设备制造有限公司	023–68546209

图 21　金华市三人科技有限责任公司生产的 SRG–740 型微耕机

图 22　山西昌兴机械设备制造有限公司生产的履带式微耕机

开心一刻

女友突然跟我说：“我可能要感冒了。”

我：“为啥？”

她说：“因为我没衣服穿。”

101. 微耕机安全使用注意事项有哪些?

答:(1)初次使用微耕机前,应详细阅读使用说明书,明确安全操作规程和危险部件安全警示标志所提示的内容,了解微耕机的结构,熟悉其性能和操作方法。

(2)严禁提高发动机额定转速。

(3)严禁疲劳和饮酒的人、未经培训合格的人、孕妇、病人、未成年人操作微耕机。

(4)微耕机在棚内作业,应保证通风良好。

(5)操作微耕机时,应扎紧衣服、袖口,长发者还应戴防护帽,并戴护目镜和护耳罩。

(6)启动发动机前,应分离所有离合器,并挂空挡。

(7)做好微耕机作业前准备工作。按照使用说明书的要求加注燃油、机油,水冷发动机冷却水,并检查紧固件是否拧紧;微耕机作业前,应确认人员在安全距离外;微耕机启动前,应试运转,试运转应无异常声响和振动。

(8)微耕机作业中,如发生异常声响或振动应立即停机检查,不允许在机具运转时排除故障和障碍。

(9)使用倒挡时,应观察后面并小心缓慢操纵。

(10)微耕机下坡行走时,严禁空挡滑行。

(11)微耕机田间转移时应将耕刀卸下,装上行走轮。

生活小窍门

烧糖醋鱼块及其他需放醋的菜肴时,最好在即将起锅时再放醋,这样能充分保持醋味,若放得过早,醋就会在烹调过程中蒸发掉而使醋味大减。

102. 目前应用较多的履带耕作机有哪些？

答： 目前应用较多的履带耕作机代表厂家有湖南农夫机电有限公司（图 23）、星光农机股份有限公司（浙江）（图 24）、中联重机浙江有限公司（图 25）、双峰县湘源金穗收割机制造有限公司（图 26）、湖南中天龙舟农机有限公司（图 27）、重庆明华汽车零件有限公司（图 28）等。产品主要配置及参数见表 13。

表 13　履带耕作机主要机型及参数

产品型号	主要配置及参数	生产厂家	联系方式
NF–702	外形尺寸 3 400 毫米 ×1 400 毫米 ×2 150 毫米，整机质量 2 000 千克，配套发动机额定功率 52 千瓦，配套发动机额定转速 2 400 转 / 分，耕幅 2 米，液压悬挂系统型式：半分置式，悬挂装置类型：后置三点悬挂	湖南农夫机电有限公司	0735–2659088
1GLX–200（图 24）	额定功率 55 千瓦，耕幅 2 米，作业效率 3 ～ 5 亩 / 小时	星光农机股份有限公司（浙江）	0572–3966618
1GLZ–200/230	外形尺寸 3 600 毫米 ×2 250 毫米 ×2 600 毫米，整机质量 2 020 千克，配套动力 50 千瓦，耕幅 2 米，耕深 80 ～ 160 毫米，作业效率 3 ～ 5 亩 / 小时	中联重机浙江有限公司	0576–85193118 18605523786
1GZ–170	整机质量 1 200 千克，工作幅宽 170 厘米，配套动力 24 千瓦	双峰县湘源金穗收割机制造有限公司	0738–6883978
1GZ–180	整机质量 1 750 千克，配套动力 498 型柴油机，外形尺寸 3 200 毫米 ×1 840 毫米 ×2 500 毫米，耕幅 180 厘米，耕深 8 ～ 14 厘米	湖南中天龙舟农机有限公司	0730–5222560
1GL 系列	整机质量 606 千克，发动机功率 10.5 ～ 18.6 千瓦，耕幅 1 ～ 1.25 米（可调节），耕深 15 厘米以上，作业效率 1.2 ～ 2 亩 / 小时	重庆明华汽车零件有限公司	023–68170604

开心一刻

恋爱纪念日的那天，女友跟我提出了分手，我站在大雨中歇斯底里地问她：“为什么偏偏选在这个时候说分手？”

她幽幽地回道：“因为天气预报说今天有雨，我觉得比较适合渲染凄凉的氛围。”

图 23　湖南农夫机电有限公司
NF-702 型履带式旋耕机

图 24　星光农机股份有限公司（浙江）
1GLX-200 型履带式旋耕机

图 25　中联重机浙江有限公司
1GLZ-200/230 型履带式旋耕机

图 26　双峰县湘源金穗收割机制造有限公司
1GZ-170 型履带式旋耕机

生活小窍门

梨可防晒，常食梨能使肌肤保持弹性，不起皱纹。梨中含有丰富的维生素 E，对太阳光的暴晒能起到防护作用。

图 27　湖南中天龙舟农机有限公司 1GZ-180 型履带式旋耕机

图 28　重庆明华汽车零件有限公司的宝顶牌 1GL 系列履带乘坐式旋耕机

开心一刻

最讨厌那两匹“马”了！一个叫马云，专骗我老婆钱，一个叫马化腾，专骗我儿子钱。合着我是弼马温啊！干大半辈子都养“马”了！

103. 什么是水田耕作打浆机？主要机型有哪些？

答： 水田打浆耕作机是由拖拉机动力输出轴为动力驱动，利用刀轴带动刀片的旋转和机组前进所形成的复合运动，来完成水田搅浆、碎土、埋茬、平地等工序的整地机械。其作业效率高，作业质量好，地表秸秆覆盖率高，省油省工，一次进地可完成耕、耙、平几项工序，适合水田整地作业，能够满足水稻生产全过程机械化的要求，符合农业机械“因地制宜、经济有效、保障安全、保护环境”的发展原则。采用水田耕作打浆机作业，可以有效地将秸秆和稻茬旋埋于泥下，提高埋茬率，减少漂浮物。同时，通过秸秆还田，可以培肥地力，并减少因焚烧残茬、残草对大气的污染，保护人类生态环境。

图 29　1JLS-280 型水田耕作打浆机

图 29 为 1JLS-280 型水田耕作打浆机，其配套动力 36.8 ~ 40.4 千瓦，耕幅 2.8 米，耕深≥ 100 毫米，整机质量 370 千克，外形尺寸 3 米 ×1 米 ×1 米。

生活小窍门

各种染发剂在室温或炎热的天气中，均会失去部分功能或改变色泽。若放在冰箱中保存，可长期保持其原有的功能，不会变质。

104. 激光平地机的工作原理及特点是什么？

答： 激光平地机主要用于土地整治后的旱地或水田平整作业，激光平地机系统由激光发射器、激光接收器、激光控制器、液压控制阀组和平地铲构成。工作原理为激光发射器发出的旋转光束，在作业地块上方形成一个平面，此平面就是平地机作业时基准面。激光接收器安装在靠近平地铲铲刃的伸缩杆上，当接收器检测到激光信号后，不停地向控制箱发送信号。控制箱接收到高度变化的信号后，进行自动修正，修正后的电信号控制液压阀，以改变液压油输向油缸的流向与流量，自动控制平地铲的高度，使之保持达到定位的标高平面。

农田激光整平的好处：①节水。激光平地技术可使地面平整度达到正负误差 2 厘米，一般可节水 30%以上。②节地。用激光技术精确平地，配合相应措施，可减少田埂占地面积 3%～5%，使土地能够得到充分利用。③节肥。由于土地平整度提高，化肥分布均匀，减少化肥流失和脱肥现象，提高化肥利用率 20%。④增产。确保农作物的出苗率，每亩可增产 20%～30%，在增产的同时，也提高了作物的品质。⑤成本降低。在增加产量、效益的同时，可使农作物的生产成本下降。

开心一刻

亲戚们都劝我该找个对象了，说得好像我不想找似的……

105. 激光平地机的主要机型有哪些?

答:激光平地机代表机型有北京天宝伟业科技有限公司（图 30）、现代农装株洲联合收割机有限公司（图 31）等生产的平地机。产品主要配置及参数见表 14。

表 14　激光平地机主要机型及技术参数

产品型号	主要配置及参数	生产厂家	联系方式
1JPD-3000	规格 2～4 米。3 米激光平地机 1JPD-3000 主要性能参数：外形尺寸 3 600 毫米 ×3 100 毫米 ×3 200 毫米，结构质量 1 200 千克，宽幅 3 100 毫米，传动方式：连接动力输出轴，连接方式：牵引，配套动力 75～90 千瓦	北京天宝伟业科技有限公司	010-51665215
1PJ-3.0	外形尺寸 2 530 毫米 ×3 000 毫米 ×2 000 毫米，配套功率 11.4 千瓦，整机质量 850 千克，平地幅宽 3 米，精度≤ 30 毫米，工作速度 2.0～4.0 千米 / 小时，工作效率 3～3.75 亩 / 小时	现代农装株洲联合收割机有限公司	0731-22494307

图 30　北京天宝伟业科技有限公司 1JPD-3000 型旱地激光平地机

图 31　现代农装株洲联合收割机有限公司 1PJ-3.0 型水田激光平地机

生活小窍门

冷冻食品解冻法 1: 肉类 : 适宜在室温下自然解冻，在水中解冻会使营养流失；家禽 : 宜在水中解冻，但未去内脏的最好在室温下自然解冻。

106. 机械化育秧技术包括哪些技术？有哪些常见技术模式？

答： 机械化育秧技术包括种子烘干、筛选药物处理、工厂化育秧和催芽机械与设备等方面的技术。常见模式有 4 种（图 32 ～图 35）。

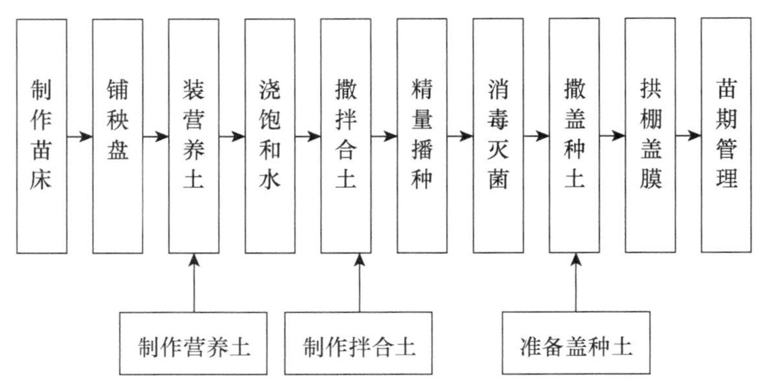

图 32　旱地育秧技术模式及工艺流程

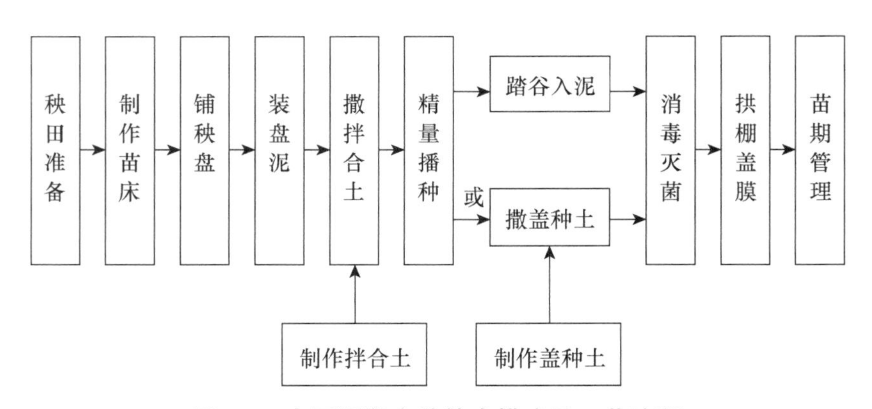

图 33　水田湿润育秧技术模式及工艺流程

开心一刻

单身到底有多孤单？只有单身的人才知道，钱到底有多重要？只有没钱的人才知道，身高到底有多重要？只有矮个子的人才知道，体形到底有多重要？只有肥胖的人才知道，长相到底有多重要？丑到自卑的人才知道。但这些都不是重点，重点是这些我全部都知道。

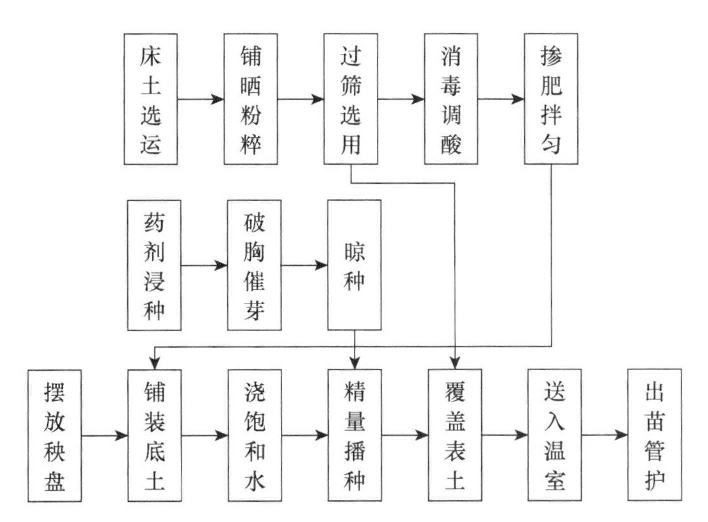

图 34　常规营养土工厂化育秧技术模式及工艺流程

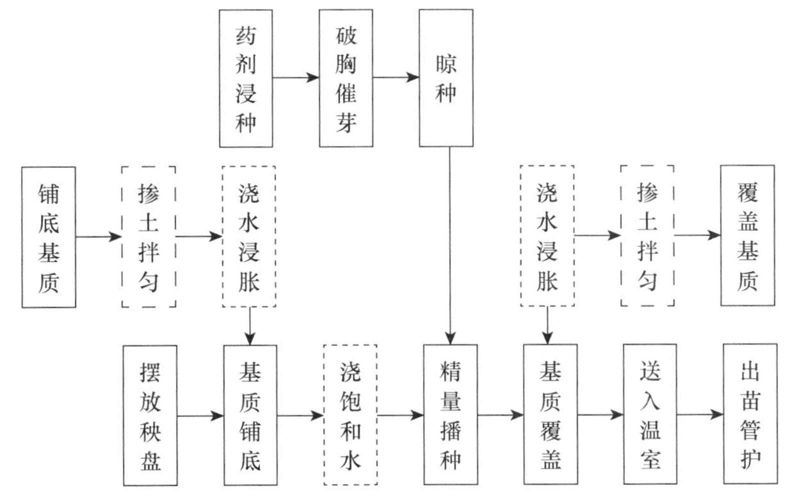

图 35　专用基质工厂化育秧技术模式及工艺流程

注："掺土拌匀"适用于需拌土的专用基质；"浇水浸涨"适用于压制成型的基质；"浇饱和水"适用于压制成型或含水较低的基质。

生活小窍门

彩电不能自行接地线，如果接地线，一旦电源插头接反时，会使机内地线与电源的火线接通而使机架等部件带电，这样会有触电的危险。

107. 常用秧盘播种成套设备有哪些?

答: 秧盘播种成套设备代表厂家有台州市一鸣机械设备有限公司、重庆凯锐农业发展有限责任公司等。

台州市一鸣机械设备有限公司的 YM–0819 型全自动水稻育秧播种流水线(图 36),适用常规稻和杂交稻的播种,7 寸与 9 寸两种规格秧盘可以通用。可以撒播,也可以行播;可与输送带组合,也可以和上土机、叠盘机配套。实现从铺土、播种、洒水、覆土全程自动化。主要技术参数:工作效率 6 000 盘 / 天,外形尺寸 4 080 毫米 ×595 毫米 ×1 200 毫米,整机质量 105 千克,铺土箱容积 52 升,播种箱容积 30 升,最大播种量 245 克 / 盘,最小播种量 40 克 / 盘,覆土箱容积 52 升,配套电压 220 伏,铺土动力 0.06 千瓦,覆土动力 0.06 千瓦,播种动力 0.12 千瓦,均匀率≥ 95%,空穴率≤ 3%,破碎率≤ 1%,床土量 2.4 ～ 4.0 升 / 盘,覆土量 0.5 ～ 1.5 升 / 盘,播种效率≥ 550 盘 / 小时。联系方式:0576–89226070。

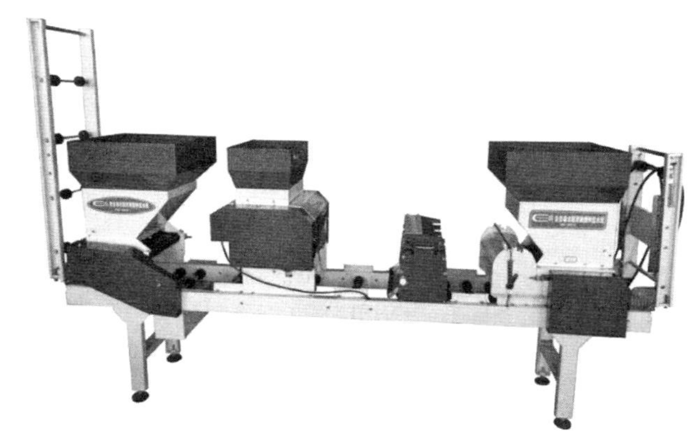

图 36　台州市一鸣机械设备有限公司 YM–0819 型全自动水稻育秧播种流水线

开心一刻

是不是有很多人和我一样,介绍的不想处,自己找又找不到,家里边又催。哎,活在当下我真羡慕以前认为万恶的刚生下来就定了娃娃亲的!

（2）重庆市农业科学院农业工程研究所、重庆凯锐农业发展有限责任公司研制的水稻全程工厂化育秧生产线，实现了水稻工厂化育秧机械化生产。生产线主要包括的机械装备：①泥土处理系统。集泥土粉碎、筛分，营养基质、壮秧剂添加，输送、搅拌等多功能于一体，育秧基质土各组分比例柔性调节，搅拌均匀；工作效率 4 ～ 6 吨 / 小时，生产效率高，节约劳动力成本。②浸种机。③催芽机。④浸种催芽一体机。温度、时间自由调节，热水自动循环喷淋，新风自动更换，程序化自动控制，破胸整齐均匀，工作效率 400 ～ 500 千克 / 次（3 ～ 4 小时）。⑤上土机。⑥上盘机。⑦多功能自动播种线。全程自动化程序控制，播种速度柔性调节；蔬菜播种、水稻播种自由转换。播种蔬菜工作效率 300 ～ 400 盘 / 小时，播种水稻工作效率 400 ～ 600 盘 / 小时。⑧叠盘机。⑨秧盘输送机。模块式组合，输送路线角度和长度自由搭配；运行平稳，效率高，节省劳动力。⑩立体育秧架。可实现育秧占地：机插秧大田 =1∶500 以上，空间利用率高，节约土地；可以实现补水、补肥、增温自动化，节约管理成本，容易实现工厂化集中育秧等。

生活小窍门

揭胶纸、胶带的妙法：贴在墙上的胶纸或胶带，如果生硬去揭，会损坏物件，可用蒸汽熨斗熨一下，就能很容易揭去了。

108. 手推播种器的用途是什么?

答: 重庆市稻源农机有限公司生产的水稻手推播种器是为推广水稻机械化育插秧技术而配套开发的育秧环节播种机具(图 37)。该产品是直接用于田间播种作业的生产工具,是发展山区、丘陵水稻软盘育秧、机械化插秧作业的好帮手,极大地解决了水稻机械化育插秧关键环节播种均匀性及播种效率问题。水稻手推播种器工作时为单向播种,可根据种子形状、千粒质量,适时调整播量,适用于水稻集中育秧的种粮大户、农民专业合作社。谷种装入量≥ 1.3 千克,每盘播种量 50 ~ 75 克,播种长度 1 200 毫米 ×280 毫米,播种效率 264 盘 / 小时。联系方式:冯冉杰 023-72278819、13983599819。

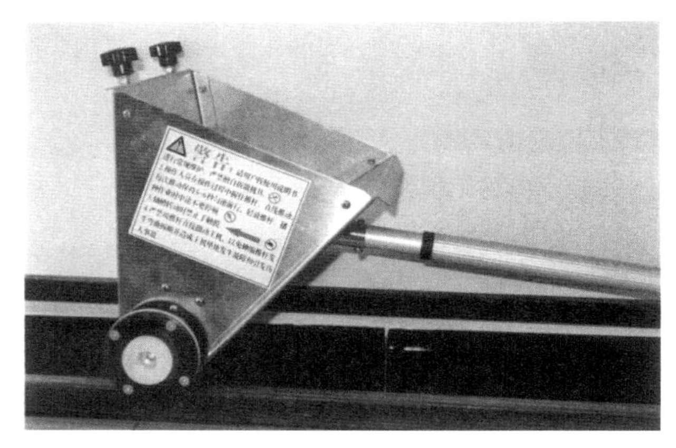

图 37 重庆市稻源农机有限公司的水稻手推播种器

开心一刻

讲一个人不好看,我们通常都说这个人"丑"。说这个人"丑爆了",我觉得可以这样说:┐丨一一。

109. 水稻机械化插秧技术的主要内容是什么?

答: 水稻机械化插秧技术是使用插秧机把适龄秧苗按农艺要求和规范移插到大田的技术。该技术是继水稻品种和栽培技术更新之后进一步提高水稻劳动生产率的又一次技术革命，具有栽插效率高、插秧质量好、减轻劳动强度、节本增效、高产稳产等优点。目前，世界上水稻机插秧技术已成熟，国内开发研制的具有世界先进技术的高性能插秧机，实现了浅栽、宽行窄株、定苗定穴栽插，并在全国范围内大面积应用。与人工插秧相比，水稻机插技术育苗较晚，苗量均匀，如果同时配合水稻防虫网育秧，可大大降低水稻病虫害的发生。需要注意：机插秧采用中小苗移栽，与常规手插秧比，其秧龄短，抗逆性较弱。采取前稳、中控、后促的肥水管理措施，前期要稳定，保证早返青、早分蘖，分蘖期注意提早控制高峰苗，中后期严格水层管理，促进大穗形成。

生活小窍门

皮鞋霉斑清除法：皮鞋放久了发霉时，可用软布蘸酒精加水（1 ： 1）溶液进行擦拭，然后放在通风处晾干。对发霉的皮包也可如此处理。

110. 水稻机插秧有哪些注意事项？

答：（1）秧苗准备。根据机插时间和进度安排起秧时间，要求随运随栽。秧盘起秧时，先拉断穿过盘底渗水孔的少量根系，连盘带秧一并提起，再平放，然后小心卷苗脱盘，提倡采用秧苗托盘及运秧架运秧。秧苗运至田头时应随即卸下平放，使秧苗自然舒展；做到随起随运随插，尽量减少秧块搬动次数，避免运送过程中损伤秧苗及造成秧块散乱。运到田间的待插秧苗，严防烈日照晒伤苗，应采取遮阴措施防止秧苗失水枯萎。

（2）机械准备。插秧前应先检查调试插秧机，调整插秧机的栽插株距、取秧量、深度，转动部件要加注润滑油，并进行 3 ～ 5 分钟的空运转，要求插秧机各运行部件转动灵活，无碰撞卡滞现象，以确保插秧机能够正常工作。装秧苗前须将秧箱移动到导轨的一端，再装秧苗，避免漏插。秧块要紧贴秧箱，不拱起，两片秧块接头处要对齐，不留间隙，必要时秧块与秧箱间要洒水润滑秧箱面板，使秧块下滑顺畅。在田间试插一段距离后再次确认调整是否合适。

（3）机插要求。根据水稻品种、栽插季节、秧盘选择适宜类型的插秧机，有条件的地区提倡采用高速插秧机作业，提高工效和栽插质量。单季稻以常规行距（30 厘米）插秧机为主，双季稻提倡采用窄行（25 厘米）插秧机。机插要求插苗均匀，深浅一致，一般漏插率≤ 5%，伤秧率≤ 4%，漂秧率≤ 3%，插秧深度 1 ～ 2 厘米，以浅栽为宜，提高低节位分蘖。

根据水稻品种、栽插季节、插秧机选择适宜种植密度。南方稻区单季杂交稻机插行距 30 厘米，株距 17 ～ 20 厘米，每穴 2 ～ 3 株，1.1 万～ 1.3 万穴 / 亩；单季常规稻行距 30 厘米，株距 11 ～ 16 厘米，每穴 3 ～ 5 株，1.4 万～ 1.9 万穴 / 亩。南方双季稻区机插提倡用窄行插秧机，常规稻株距 12 ～ 16 厘米，每穴 3 ～ 5 株，种植密度 1.7 万～ 2.2 万穴 / 亩；杂交稻株距 14 ～ 17 厘米，每穴 2 ～ 3 株，种植密度 1.6 万～ 2.0 万穴 / 亩。

开心一刻

男友说：“你去整容的话，两块钱就够了。”

我得意地摸着下巴问：“真的吗？”

他说：“是啊，坐公交去整容医院，大夫一看摇头说弄不了，你再坐公交回来。”

111. 南方丘陵地区常用的水稻插秧机有哪些?

答: 水稻插秧机是将水稻秧苗定植在水田中的种植机械，功能是提高插秧的工效和栽插质量，实现合理密植，有利于后续机械化作业。一般分为乘坐式和手扶式两种类型。目前南方丘陵山区常用的水稻插秧机代表厂家有久保田农业机械（苏州）有限公司（图 38）、洋马农机（中国）有限公司（图 39）、江苏东洋机械有限公司（图 40）等。乘坐式产品主要配置及参数见表 15。

表 15　常见乘坐式插秧机主要技术参数

产品型号	主要配置及参数	生产厂家	联系方式
2ZGQ-6(NSPU-68C)	结构质量 590 千克，最小离地间隙 430 毫米，标定功率 8.5 千瓦，作业速度 0 ～ 5.83 千米 / 小时，工作行数 6 行，行距 300 毫米，穴距 100、120、140、160、180、210 毫米，插秧深度 10 ～ 53 毫米（5 级），工作效率 3 ～ 6 亩 / 小时	久保田农业机械（苏州）有限公司	023-47546080
VP6	标定功率 7.7 千瓦，作业速度 0 ～ 5.26 千米 / 小时，工作行数 6 行，行距 300 毫米，穴距 120、140、160、180、210 毫米，插秧深度 15 ～ 44 毫米（6 挡 + 自动调节），工作效率 4 ～ 9 亩 / 小时	洋马农机（中国）有限公司	023-86992589
2ZGQ-6D(PD60D)	外形尺寸 3 000 毫米 ×2 080 毫米 ×2 145 毫米，结构质量 680 千克，配套发动机功率 15.6 千瓦，工作行数 6 行，行距 300 毫米，穴距 120 毫米、140 毫米、160 毫米、190 毫米、230 毫米、270 毫米，插秧深度 0 ～ 46 毫米，作业速度 0 ～ 0.417 千米 / 小时	江苏东洋机械有限公司	0515-86118004

生活小窍门

巧制肉馅：将要做馅的肉放入冰箱冷冻，待完全冻实后取出，用擦菜板擦肉，很容易就能把冻肉擦成细条，之后只需用刀剁几下就可以了。

图 38　久保田农业机械（苏州）有限公司 2ZGQ-6(NSPU-68C) 型高速插秧机

图 39　洋马农机（中国）有限公司 VP6 型高速插秧机

图 40　江苏东洋机械有限公司 2ZGQ-6D(PD60D) 型高速插秧机

下雨的天空突然多了一把伞，一个男孩说："会感冒的，一块儿吧！"

"太贵了，5 毛。"

"8 毛。"

"成交，伞得靠我这边。"

112. 水稻插秧机作业结束后如何维护保管?

答: 水稻插秧机作业结束后，进入空闲期，应认真做好入库维护保管，以延长机器使用寿命，为下一季的插秧作业做好准备。

一是外部保养。机插作业后，外部零件要及时冲洗干净，车轮等转动部件如有杂物应予以清除，各注油处要充分注油，损坏零部件要及时更换。

二是发动机保养。完全放出燃油箱及汽化器内的汽油，保持空气滤清器通畅，曲轴箱要及时更换清洁的机油；缓慢拉动反冲式启动器，并在有压缩感觉时停止。

三是液压部分保养。检查液压胶带的磨损程度，磨损严重的胶带要更换；液压油要充足、清洁；液压部分活动件要灵活，在各注油处注满油。

四是插植部分保养。插植传动箱、插植臂、侧边链条箱要按规定加注黄油或机油；确保插植臂、送秧星轮能正常运转；确保主离合器手柄和插植离合器手柄为“断开”、液压手柄为“下降”、燃油旋塞为“OFF”状态下保管。

五是行驶部分保养。要使变速杆调节可靠，行走轮运转正常，同时还要确保左右转向拉线已经注油。

插秧机全部保养结束后应罩上遮布，放在灰尘、潮气少，无直射阳光的场所，防止与肥料等腐蚀性物质接触。

生活小窍门

电吹风缓解肩周炎！用电吹风以适当距离对准患者肩部用热风吹约 10 分钟，每天两次。若先在患者肩部擦上药酒再吹，效果更佳。

113. 水稻钵苗机械化移栽技术是什么?

答: 水稻钵苗移栽是一种利用钵盘育秧的水稻移栽技术，是一种高效的水稻种植技术。水稻钵盘育秧充分保留了秧苗生长的营养土质、根系，因而成活快，而且增加产量。水稻钵苗移栽机是农业机械领域的一项新技术，体现了农机与农艺的完美融合，对水稻的机械化种植与建立现代农业有重要意义。该项技术具有“四省”，即省种、省水、省肥、省土，高产等特点，移栽过程不伤根、无缓苗期、分蘖多、增产增收，在同等条件下，秧苗移栽后直接生长，省去普通机插秧 7 ～ 10 天的缓苗时间，无缓苗期。在增加粮食产量上优势突出。

移栽机的移栽方式是旋转滑道式，秧苗和秧苗盘同时加到秧箱上，取秧方式是靠 14 个圆柱形顶杆将秧苗从秧苗盘中钵的底部顶出，放到传输带上（接苗器），传输带上有 14 个固定夹，刚好将被顶出来的 14 个钵苗准确夹持固定（夹持到钵体上），随着机械的前行，将秧苗输送给移栽部，通过移栽部旋转滑道机构的纵向传送爪将钵体秧苗栽植到田里，完成栽插过程。

同事今天说我不知道谦虚，“你知道‘谦虚’两个字怎么写吗？”他问。

我说不知道。他说我写给你看，只见他赫然写了“谦虑”！

114. 水稻移栽机的主要机型特点有哪些？

答： 2ZB-6A 型钵苗高速乘坐式整机技术特点：高速乘坐式、液压助力转向、无级变速、6 轮驱动钵苗移栽机。发动机功率为 9.6 千瓦（13 马力），风冷四冲程汽油发动机，转弯灵活、转弯半径小（图 41）。

插植部分 3 个部分。取秧：通过圆柱型 14 个顶杆将秧苗从钵的底部顶出放在输送台上。输送：输送台接收到秧苗后，将通过 14 个秧夹将钵固定，随着机器的前行，将秧苗连续输送给移栽部，移栽也就是栽插，随着机器的前行，秧苗进入移栽部；插秧是圆盘滑道与拨秧爪组成的移栽部，移栽部拨秧爪随着圆盘的转动将秧苗拨插在田里。

栽插规格：行距 33 厘米，株距 12.47 ～ 28. 2 厘米可调，可通过更换齿轮调节，每更换一组齿轮，可进行 3 个株距的调节，完全满足农艺要求。行距比普通插秧机宽 3 厘米，有利于通风透光，有利于作物的生长。

插植深度：栽植深度通过改变栽植深度调节杆的位置进行调整，可以选择 1 ～ 4 厘米 4 种不同栽植深度，装有秧苗报警装置，防止漏栽。

工作效率：0.3 ～ 0.47 公顷 / 小时。

用秧量：以栽插的株距规格而定，株距 14 厘米，用秧量 483 盘 / 公顷，即 32 盘 / 亩；株距 16 厘米，用秧量 422 盘 / 公顷，即 28 盘 / 亩；株距 18 厘米，用秧量 376 盘 / 公顷，即 25 盘 / 亩。

秧盘规格质量：横向 14，纵向 32 钵，448 钵 / 盘。钵口 16 毫米，钵底 13 毫米，钵深 25 毫米，钵的底部有自由开关的“Y”字形花瓣孔。秧盘采用聚丙烯树脂注塑成型，具有弹性好、软硬适中的优点，要保管好（室内存放，摆放整齐，不偏斜，防阳光暴晒），使用寿命可达 10 年以上。

移栽时，秧苗顶杆穿过“Y”字形花瓣孔，顶出钵体秧苗，因此，“Y”字形花瓣孔的软硬度、回弹性、平整度、抗老化、重复使用性直接关系移栽能否

生活小窍门

煮肉的时候，如果想使汤味鲜美，应该把肉放入冷水中慢慢地煮；如果想使肉味鲜美，则应该把肉放在热水里煮。

有效进行。

钵体苗的优势：水稻钵苗移栽技术适合钵体成苗叶龄 4.5 ～ 5.5 叶，苗高 12～25 厘米（育苗天数 30～35 天）之间，常规毯状育秧叶龄只有 3～3.5 叶，由于播种密度比较大，因而秧龄弹性小、苗弱，长势差，而钵体育苗机械移栽技术不受秧龄限制，具有弹性大、长势好、移栽时间跨度大等特点，弥补了毯状苗机插受叶龄、苗高和移栽时间限制。

图 41　2ZB-6A 型水稻钵苗移栽机

开心一刻

隔壁那桌的女生突然从蛋糕里吃到一枚戒指，瞬间脸颊绯红。

我男友见我期待地看着他，立即会意，叫来服务员，道：“服务员！为啥我们这桌没有？”

115. 水稻机械化直播的主要内容是什么？

答： 水稻机械化直播是一种高效轻简栽培方式，被美国等发达国家广泛采用。近年来，我国超过 30% 的水稻种植采用直播方式，但人工撒播仍占主要方式；人工撒播的稻种在田间无序分布，水稻生长疏密不均，通风透气采光差，易感染病虫害，易倒伏。为了解决人工撒播存在的问题，提高水稻直播机械化水平，通过多年的努力，我国水稻直播机械化技术，在技术发明、机具发明和农艺创新 3 方面取得了一批重大成果。

第一，突破了“三同步”水稻精量穴直播技术。包括同步开沟起垄、同步开沟起垄施肥和同步开沟起垄喷施水稻精量穴直播技术。同步开沟起垄水稻精量穴直播技术在田面同时开出播种沟和蓄水沟，播种沟位于两条蓄水沟之间的垄台上，采用穴播方式将水稻芽种播在播种沟中，实现了成行成穴有序生长，根系生长发达，并减少倒伏，可节水 30% 以上和减少甲烷排放。同步开沟起垄施肥水稻精量直播技术可节肥 30% 以上。同步开沟起垄喷施水稻精量穴直播技术可在播种时同步喷施除草剂。

第二，发明了适合水稻精量穴直播技术的机械式和气力式两大类 3 种排种器及 1 种同步深施肥装置。包括适合中等播量且播量可调的组合型孔式排种器，适合杂交稻或超级杂交稻精少播量的垂直圆盘气力式精量排种器，适合高速大播量精量旱直播的气吹集排式排种器，适合水田作业的两级螺旋式排肥器等核心关键部件。发明了水稻精量水穴直播机和水稻精量旱穴直播机两大类共 15 种机型，实现了行距可选、穴距可调和播量可控。

第三，探明了精量穴直播水稻产量形成机理和生理特性，发明了水稻精量穴直播高产栽培技术。包括浸种剂、稻种包衣和盲谷播种等全苗技术；不同配方的缓控释肥在水稻精量穴直播中的应用，发明了水稻生态专用肥；“播喷同步”+ 苗期除草的“一封一杀”防控技术。制定了适用不同地区、不同茬口和不同品种的水稻精量穴直播作业技术规程。

生活小窍门

宝石戒指如何清洗？可用棉棒在氧化镁和氨水混合物，或花露水、甘油中蘸湿，擦洗宝石和框架，然后用绒布擦亮即可。

116. 水稻机械化生产田间管理的主要内容有哪些？

答：（1）合理施肥。根据水稻目标产量及稻田土壤肥力，结合配方施肥要求，合理制定施肥量，培育高产群体。提倡增施有机肥、氮磷钾肥配施。一般有机肥料和磷肥用作基肥，在整地前可采用机械撒肥机等施肥机具施入，经耕（旋）耙施入土中。钾肥按基肥和穗肥各 50% 比例施用；氮肥按基肥 50%、分蘖肥 30%、穗肥 20% 比例施用；南方粳稻穗肥比例可提高到 40% ～ 50%。

（2）水分管理。采用浅湿干灌溉模式。机插后活棵返青期一般保持 1 ～ 3 厘米浅水；秸秆还田田块在栽后 2 个叶龄期内应有 2 ～ 3 次露田，以利还田秸秆在腐解过程中产生的有害气体释放；之后结合施分蘖肥建立 2 ～ 3 厘米浅水层。全田茎蘖数达到预期穗数 80% 左右时，采用稻田开沟机开沟，及时排水搁田；通过多次轻搁，使土壤沉实不陷脚，叶片挺拔，叶色显黄。拔节后浅水层间歇灌溉，促进根系生长，控制基部节间长度和株高，使株型挺拔、抗倒，改善受光姿态。开花结实期采用浅湿灌溉，保持植株较多的活根数及绿叶数，提高结实率与粒质量。

（3）病虫草害防治。草害防治：机插前 1 周结合整地，施除草剂进行封闭灭草，施药后保水 3 ～ 4 天。机插后 7 ～ 10 天内根据杂草种类结合追肥施除草剂，施药时水层 3 ～ 5 厘米，保水 3 ～ 4 天。有条件的地区在机插后 2 周内采用机械中耕除草，除草时要求保持水层 3 ～ 5 厘米。

病虫害防治：根据病虫测报，对症下药，及时控制病虫害发生。提倡高效、低毒和精准施药，减少污染。

开心一刻

和女友在饭店吃饭，她突然问：“啊！你怎么可以挖了鼻屎就抹在桌子下面呢？”

我：“呃，你怎么知道我抹了？”

她：“这是玻璃桌……”

117. 什么是植保机械?

答: 植保机械指用于防治危害植物的病、虫、杂草等的各类机械和工具的总称。通常指化学防治时使用的机械和工具，此外还包括利用热能、光能、电流、电磁波、超声波、射线等物理方法所使用的机械和设备。

植保机械的分类方法，一般按所用的动力可分为人力（手动）植保机械、畜力植保机械、小动力植保机械、拖拉机配套植保机械、自走式植保机械、航空植保机械。按照施用化学药剂的方法可分为喷雾机、喷粉机、土壤处理机、种子处理机、撒颗粒机等。

生活小窍门

芦笋可减肥！芦笋能提高人体的基础代谢，促进人体内热量的消耗，并有很强的脱水能力，因此，多吃新鲜芦笋能变得苗条。

118. 南方丘陵地区常用的水稻植保机械有哪些?

答: 常用的植保机械有电动喷雾机、机动喷雾喷粉机（含背负式机动喷雾喷粉机、背负式机动喷雾机、背负式机动喷粉机）、动力喷雾机（含担架式、推车式机动喷雾机）、弥雾机、低空植保无人机、杀虫灯（含灭蛾灯、诱虫灯）等。

开心一刻

女: “其实有很多时候，我内心很难过，却一直忍着不让自己哭出来，你知道为什么吗？”

男: “你怕你哭花了妆，吓着人。”

啪！脸疼……

119. 丘陵地区常用的电动喷雾机产品有哪些?

答: 常用的电动喷雾机的代表厂家有富士特有限公司(图 42)、湖南丰茂植保机械有限公司(图 43)等。产品主要配置及参数见表 16。

表 16 常用电动喷雾机技术参数

产品型号	主要配置及参数	生产厂家	联系方式
FST-18D	雾粒直径 30～90 微米,工作压力 0.15～0.4 兆帕,药箱容量 18 升,整机净质量 5.3 千克	富士特有限公司	0576-82890000
LB-20D	喷杆长 3.6 米,喷幅 4.3 米,喷杆可根据作物不同的生长期上下调节,整机质量 8.5 千克,药箱容积 20 升,流量 2 升 / 分	湖南丰茂植保机械有限公司	0731-89970181 15873196244

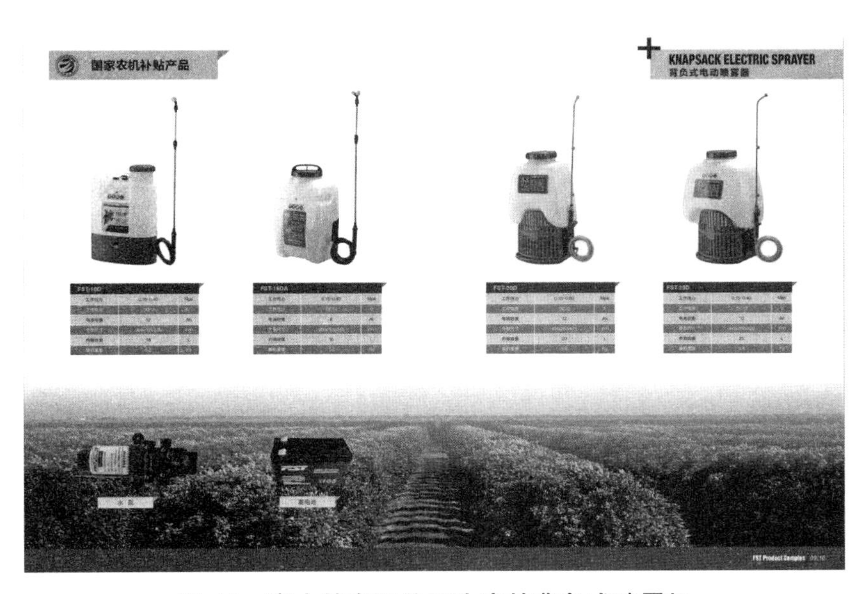

图 42 富士特有限公司生产的背负式喷雾机

生活小窍门

如何让蜡烛不“流泪”? 生日蜡烛用之前先放到冰箱的冷冻室里冷冻 24 小时,再插到蛋糕上,点燃后就没有烛油流下而弄脏蛋糕了。

图 43　湖南丰茂植保机械有限公司生产的 LB-20D 型电动低量喷杆喷雾机

女神嫌我是处女座，不同意跟我交往，我连忙解释：“网上那些都是瞎扯，其实处女座的人细心周到、有条理、追求完美、头脑清晰、谦虚、喜欢整洁、明辨是非、脚踏实地、处事小心谨慎……”

女神：“那要不我们交往试试吧。”

我：“等等，我刚才是不是优点只说了 9 个？你能不能别插嘴让我说完 10 个！”

120. 什么是动力喷雾机？常用的产品有哪些？

答：动力喷雾机是用发动机驱动将药液加压并经喷头将其分散为雾状的一种机器，是一种轻便、灵活、高效率的植保机械。适应于各种农作物和经济作物的病虫害防治，如水稻、小麦、果树、茶树、香蕉、葡萄、柑橘、荔枝等；亦可用于城市环保、作物蔬菜保护、大棚温室灭虫、化学除草、畜牧防疫等。采用压力喷雾方式，雾化效果好，施药针对性强，极大地提高了工作效率，降低了药液流失和浪费。

动力喷雾机代表厂家有湖南丰茂植保机械有限公司（图 44）、重庆宏美科技有限公司（图 45）、富士特有限公司（图 46）等。产品主要配置及参数见表 17。

表 17　常用动力喷雾机技术参数

产品型号	主要配置及参数	生产厂家	联系方式
3WZ-25	配置 4 个喷头，射程 15 ～ 17 米，整机质量 75 千克，标定功率 6.0 千瓦，液泵流量 60 ～ 80 升 / 分，工作压力 2 ～ 4 兆帕，吸水高度 3 米，喷枪流量 30 升 / 分	湖南丰茂植保机械有限公司	0731-89970181 15873196244
3WZ-22-1350	外形尺寸 740 毫米 ×340 毫米 ×390 毫米，整机质量 27 千克，功率 3.5 千瓦，流量 22 升 / 分	重庆宏美科技有限公司	023-68952793
FST-22H	外形尺寸 1 000 毫米 ×480 毫米 ×900 毫米，整机质量 46 千克，额定流量 15～22 升 / 分，喷枪水平射程≥ 10 米	富士特有限公司	0576-82890000

生活小窍门

夏天甲鱼易被蚊子叮咬而死亡，但如果将甲鱼养在冰箱冷藏的果盘盒内，既可防止蚊子叮咬，又可延长甲鱼的存活时间。

图 44　湖南丰茂植保机械有限公司生产的 3WZ-25 型手推式鹰形动力喷雾机

图 45　重庆宏美科技有限公司生产的 3WZ-22-1350 型动力喷雾机

图 46　富士特有限公司生产的 FST-22H 型动力喷雾机

下班回去的路上，一美女骑自行车把我撞了，她不好意思地看着我，说：对不起。我深情地走过去，问："有男朋友吗？"美女害羞地摇摇头。我上去就是一脚，没男朋友还敢撞我，看老子不削死你个瘪犊子……

121. 什么是弥雾机？代表产品有哪些？

答： 弥雾机是利用脉冲喷气原理设计制造的施药、施肥、杀虫灭菌的烟雾型机器。可以把药物和肥料制成烟雾或水雾状，具有极好的穿透性和弥漫性，附着性好，抗雨水冲刷能力强，操作方便，大幅度减少药物用量，工作效率高，杀虫灭菌效果好，利于环保等。

潍坊金亮机械有限公司生产的 6HYC-80K 型弥雾机（图 47），主要技术参数：外形尺寸 1 278 毫米 ×235 毫米 ×358 毫米，喷雾量 8 ～ 80 升 / 小时，药箱容积 15 升，油箱容积 1.5 升，使用 93# 以上纯汽油（不添加润滑油），点火电源 12 伏免维护电瓶，耗油 3.6 升 / 小时，工作环境温度 -10 ～ 35 摄氏度，空气湿度 30% ～ 80%。联系方式：陈开文 13709403808。

图 47　潍坊金亮机械有限公司生产的 6HYC-80K 型弥雾机

生活小窍门

冷冻食品解冻法 2：鱼类：宜在 5% 的 40 ～ 50℃食盐水中解冻；蛋品：可装在不透水的金属容器中，将容器浸在 20℃的水中迅速解冻。

122. 太阳能杀虫灯的原理是什么？有哪些代表产品？

答： 太阳能杀虫灯就是利用白天将太阳能转换成电能，利用光源对害虫的引诱力，将害虫引诱飞来在高压电网瞬间放电时将其杀死，降低病虫指数，防治虫害和虫媒病害。适用于山区、果园、茶园、苗圃、自然保护区、居住小区等场所，可有效杀死各类害虫。

杀虫灯代表厂家有鹤壁佳多科工贸股份有限公司（图 48），其产品主要配置及参数见表 18。

表 18　PS-15Ⅱ/光杀虫灯主要技术参数

产品型号	主要配置及参数	生产厂家	联系方式
PS-15Ⅱ/光	全天候、不怕雨水、防雷击、耐高温、防腐蚀、误触安全、雨天自动保护；光控：晚上自动开灯，白天自动关灯；控制面积 30 ～ 60 亩，撞击面积 0.2 米 ^{2}；功率 ≤ 35 瓦，工作电压：AC220 伏	鹤壁佳多科工贸有限责任公司	0392-3352315

图 48　PS-15Ⅱ/光杀虫灯

开心一刻

早上到包子铺买包子，卖包子的小二竟然直接用手在给我捡包子。

姐心里顿时就火了：“你咋不用夹子夹呢？”

逗比小二含情脉脉地看着我说：“没事，我不怕烫！谢谢关心……”

123. 喷雾器使用有哪些注意事项?

答:（1）作业前要检查喷雾器各零部件有无损坏，有无漏水，喷雾是否正常，先用清水进行试喷。

（2）背负式喷雾器的药液箱不能装得过满，以免弯腰时，药液从药箱口溢出，洒到施药人身上。施药时间也要选择正确，避免在中午阳光强烈时施药，因为这时农药易挥发，而操作人员出汗多，农药易通过毛孔渗入人体。

（3）喷施农药时，操作人员应站在上风位置，随时注意风向变化，及时改变作业的行走方式，尽量顺向隔行施药。

（4）喷药机具在工作过程中一旦发生故障，应立即停止工作，关闭阀门，进行检查修理。如果是喷雾器的管道或液泵发生故障，必须先降低管道中的压力，在打开压气药液箱时，应首先放出筒内的压缩空气，以防发生意外。

（5）为了保证使用时不出故障和延长喷雾器的使用寿命，每次使用完毕，要及时倒出桶内残留的药液，并用清水洗净倒干。

生活小窍门

茶叶与食糖、糖果不宜一起存放。茶叶易吸潮，而食糖、糖果却恰恰含水分多，这两类物品存放在一起，就会使茶叶因受潮而发霉或变味。

124. 如何清洗农用药械?

答:（1）农药类。①一般农药使用后，用清水反复清洗、倒置晾干即可。②对毒性大的农药，用后可用泥水反复清洗，倒置晾干。

（2）除草剂类。①清水清洗。麦田除草剂巨星(苯磺隆)，玉米田除草剂乙阿合，大豆、花生除草剂如盖草能，水稻田除草剂神锄、苯达松等，在打完后，需马上用清水清洗桶及各零部件数次，再将清水灌满喷雾机浸泡2～24小时，清洗2～3遍，便可放心使用。②泥水清洗。针对克王踪(俗称一扫光)遇土便可钝化原理，因而在打完后，只要马上用泥水将喷雾器清洗数遍，再用水洗净即可。③硫酸亚铁洗刷。除草剂中，唯有2，4-D丁酯最难清洗。在喷完后，需用0.5%的硫酸亚铁溶液充分洗刷，而后再进行安全测试方可再装其他除草剂使用。

女A：亲，这世道太乱了，我得教你怎么防色狼，保护好自己！你知道色狼有什么共同特征吗？

女B：知道，长得丑！

女A：谁说的，长得帅也可能是色狼啊！

女B：如果长得帅，就让他色好了！

125. 农业无人机航空植保的优势和存在的问题主要有哪些?

答:（1）无人机航空植保的优势如下。

①无人机航空植保能快速、高效地完成农作物病虫草害的防治，同时，受地理因素的制约小，无论在山区或平原、水田及旱地，以及不同的作物生长期，农药的喷洒均能良好完成。与地面机械田间作业相比，飞机作业还有降低作业成本、不会留下辙印和损坏农作物的特点。

②无人机作业效率高，在超低空作业时，飞行速度为 3 ～ 6 米 / 秒，喷幅可达 5 ～ 9 米，除去续航加药时间，1 小时作业面积可达 50 ～ 120 亩，其效率远远高于人工水平。

③无人机作业质量好，飞机飞行产生的下降气流吹动叶片，能使叶片正反面均能着药，防治效果相比人工与机械提高 15% ～ 35%，应对突发、暴发性的病虫害的防控效果好。

（2）无人机航空植保存在的问题。目前，无人机航空植保普遍存在价格高、续航弱，更缺行业标准等问题。在农药喷洒领域，农用植保无人机相比传统施药器械，成本高、维护复杂，需专业人员操作，特别是操作无人机需要持有“驾驶证”，而考取无人机“驾驶证”费用较高，这对农用无人机的推广普及造成了一定的影响。除此之外，农用无人机的使用也会造成更多的安全隐患，目前，国内外也出现不少由无人机引起的安全事故。

生活小窍门

洗涤面粉袋时不要在水中搓洗，可将面袋放在清水中泡 1 ～ 2 天，待发酵后，面粉会从面袋上自动脱落，这时再用清水漂洗，即可干净如初。

126. 什么是全喂入、半喂入收割机?

答： 按喂入方式分类可将联合收割机分为全喂入式和半喂入式。全喂入联合收割机是指割台切割下来的谷物全部进入滚筒脱粒的联合收割机。收割麦类作物的联合收割机大多采用这种喂入方式。其缺点是茎秆不完整，动力消耗大。半喂入联合收割机是指割台切割下来的作物仅穗头部进入脱粒滚筒脱粒的联合收割机。这种机型保持了茎秆的完整性，减少了脱粒、清选的功率消耗。目前南方水稻产区多使用这种喂入方式的联合收割机。但输送茎秆传动机构复杂，制造成本高。

全喂入联合收割机和半喂入联合收割机在结构上有明显的区别。第一，割台不同。这也是辨别全喂入和半喂入最直观有效的办法。全喂入在斗式的割台机架上可以看到巨大的拨禾轮和搅龙，作业时通过拨禾轮将作物向后拨向切割器，切割后的作物再通过搅龙输送到喂入口。半喂入的割台则是通过一系列的拨禾指和链条实现茎秆有序整齐地夹持输送。第二，脱粒滚筒和脱粒齿不同。全喂入的脱粒齿多采用钉齿式，脱粒滚筒行制有横轴、纵轴和横轴双滚筒3种。半喂入的脱粒齿则都采用弓齿式，脱粒滚筒采用轴向式。第三，半喂入联合收割机都配有切草机，脱粒后的秸秆可以选择切碎或平铺，以利于秸秆的综合利用。

开心一刻

女：亲爱的，你真的喜欢我吗?

男：真的喜欢。

女：那为什么喜欢我呢?

男：因为暂时还没有别的选择。

127. 南方丘陵地区常用的水稻收获机有哪些?

答: 南方丘陵山区常用的水稻收获机代表厂家有久保田农业机械（苏州）有限公司（图 49）、重庆鑫源农机股份有限公司（图 50）、广西开元机器制造有限责任公司（图 51）等。产品主要配置及参数见表 19。

表 19 常用水稻收获机及技术参数

产品型号	主要配置及参数	生产厂家	联系方式
PRO688Q	外形尺寸 4 880 毫米 ×2 255 毫米 ×2 550 毫米，整机质量 2 600 千克，发动机功率 50 千瓦，收割宽度 2 米，割茬高度范围 40 毫米以上，适应作物高度(全长)：550 ～ 1 700 毫米；倒伏适应性(度)：顺割低于 85 度，逆割低于 70 度；筛选方式振动筛，风选(3 级气流分选)；作业效率 3 ～ 8 亩 / 小时(随作物品种及条件而定)	久保田农业机械（苏州）有限公司	023-62572557
4LZ-0.3LA	最大功率 5.6 千瓦，外形尺寸 2 200 毫米 ×850 毫米 ×1 100 毫米，整机质量 180 千克；筛选方式风选、吸引，喂入量 0.3 千克 / 秒，收割行数 2 行；割茬高度 150 ～ 300 毫米，收割高度 650 ～ 1 200 毫米；排粮方式漏斗式（人工接粮）；倒伏适应性：逆倒≤ 65 度，顺倒≤ 75 度；总损失率≤ 3%，破损率≤ 1.5%，含杂率≤ 7%；最小离地间隙 118 毫米；作业效率 0.8 ～ 1.2 亩 / 小时；耗油量 20 千克 / 公顷；平均接地压力 11.85 千帕	重庆鑫源农机股份有限公司	023-65733788
4LBZ-110	配套功率 14.7 千瓦，外形尺寸 2 590 毫米 ×1 330 毫米 ×2 010 毫米，整机质量 950 千克，工作幅宽 1 110 毫米，工作行数 4 行，接粮方式人工装袋卸粮，喂入量 1.0 千克 / 秒，理论作业速度 1.6 ～ 2.8 千米 / 小时	广西开元机器制造有限责任公司	0775-3165967

生活小窍门

茶叶受潮不要晒！夏季茶叶容易受潮，若把受潮的茶叶放到太阳下晒就会走味。可用铁锅慢火炒至水气消失，晾干后密封保存，可保持其原味。

图 49　久保田农业机械（苏州）有限公司 4LZ-2.5（PRO688Q）型全喂入收割机

图 50　重庆鑫源农机股份有限公司 4LZ-0.3LA 型半喂入收割机

图 51　广西开元机器制造有限责任公司 4LBZ-110 型半喂入收割机

开心一刻

天凉了，我开心地跟闺蜜说：“又到了一年一季不穿罩罩也不用担心走光的季节了。”

闺蜜说：“是到了一次穿两个罩罩也不会被看出来的季节了！”

128. 水稻收获机械的操作技术要点有哪些?

答:(1)收获作业前，要对水稻收获机进行全面检查保养，保证机具技术状况良好。

(2)在新机或大修后的收获机磨合期间，作业负荷应减小，作业速度应放慢。

(3)一般情况下，水稻收获机械都应满幅作业，这样能保证机具发挥最大工作效率。若稻田排水较晚，较为泥泞、下陷严重时，会使机具行走困难、负荷增大，这时割幅可小些，让出部分动力来保证行走；若水稻长势好，株秆高、产量高，割幅可小些，以提高收获质量。

(4)割台高低主要影响割茬的高低。若割茬太高，半喂入收获机在遇到矮小秸秆时就会造成喂入脱粒困难，进而影响收获的作业效率和质量，对随后的田块耕翻质量也会有较大影响。在翌年插秧期如果稻茬不能腐烂，就会影响插秧质量，造成减产。因此，割茬尽量选择5～10厘米，小于5厘米时，切割器容易“吃土”，加速切割器的磨损。切割器的维护和安装要求很严格，切割器“吃土”的后果就是直接影响生产作业进度。根据收割要求，可直接将秸秆切碎并均匀抛撒于田间做秸秆还田处理；如需保留稻草可铺放在田间，再行收回。

(5)在使用期间进行常规技术保养是必不可少的，只有做好了保养才能使机械正常顺利运行。特别是对于发动机、切割器和夹持链等工作部件和风机等转动件，要做好保养和检查维护，及时发现故障并排除。对于各个输送通道，要定期清除杂物，使其畅通无阻，确保机械顺利作业。

(6)掌握正确的行走路线才能使作业顺利进行，增加有效工作时间，通常情况下是先把地块的4个边界收获干净，逐渐缩小包围圈，使四边有足够的空间，这样便于其他运输车辆进地作业。遇到较大地块时，在收获完地块四边之

生活小窍门

牛仔裤穿时间长了就会褪色。可以把新买来的牛仔裤放入浓盐水中浸泡12小时后，再用清水洗净，以后再洗涤时就不会褪色了。

后，也可以在地块的中间收获出一条通道，把地块分为两部分或多个部分，这样就避免了横向距离过长，增加机械作业的连续性，提高机械效率。这种“四边收获法”也叫反时针向心回转收割法，最后剩余窄条时可选用双边收割法。

（7）对于倒伏水稻的收获，在收获机指示盘上有收获倒伏水稻的指示按钮，将机具上的“倒伏”按钮按下，指示灯变亮，就可以进行收获作业了。全喂入收获机要避免机具顺着水稻倒伏的方向进行作业，可采用逆割方法（半喂入收获机则相反），即收获机前进方向与水稻倒伏方向相反；还可采用侧割方法，即收获机前进方向与水稻倒伏方向呈 45 度方向。在倒伏特别严重的情况下，只能采用人工辅助或人工直接收获的方法。

（8）收获后要及时把籽粒从田间运出，因为刚收获的籽粒含水率比较高，田间地面比较潮湿，最好随收随运。运出后，有条件的可以采用烘干设备进行烘干，没有烘干设备的，要有足够大的晾晒场进行晾晒。

（9）在收获机械作业结束后，要及时进行清理和保养。有些地区作业条件较为恶劣，作业时挂带的残土和杂物较多，又因收获机械多为钣金件，耐腐蚀性较差，如果长时间不进行清理就会产生腐蚀，造成不必要的损失。输送装置的各个排杂口都要打开清理干净；移动件和转动件要加注黄油封闭，防止锈蚀。切割器一定要清理干净，并涂抹黄油，还要防止碰撞。机器保养维护完毕后，应放置于通风干燥的机库中保存。

开心一刻

女朋友抬起脚踢我的时候鞋带散了，我一生气，蹲下来嘀咕：哼，今天才不给你系蝴蝶结了呢！

129. 稻谷干燥机械作业质量标准有哪些?

答:（1）作业条件。稻谷的含杂率不大于3%，其中茎秆（长度≤50毫米）含量不超过0.2%，含水率不均匀度不大于3%。

稻谷中不应混有泥土、沙石、砖瓦块及其他物质；不应含有霉变、污染的籽粒；稻谷种子的发芽率应符合农艺要求。

（2）作业质量要求。早籼、籼糯含水率≤13.5%；早粳含水率≤14.0%；晚籼含水率≤14.0%；晚粳含水率≤15.5%。

爆腰率增值≤3.0%，破损率增值≤1.0%；干燥种子时种子发芽率不得降低；分批干燥含水率不均匀度≤2.0%；连续干燥含水率不均匀度≤1.0%；焦煳粒、爆花粒应为0；色泽、气味正常；直接加热时，3，4－苯并芘增值≤5微克/千克；无油污染。

生活小窍门

丝瓜治慢性喉炎。用丝瓜绞汁或将丝瓜藤切断，让其汁自然滴出，放入碗内，上锅蒸熟，再加适量冰糖饮用，就能有效治疗慢性喉炎。

130. 粮食烘干机有哪些类型？各有哪些特点？

答： 粮食烘干机是对粮食进行烘干以便于储存的机械。根据粮食的含水量等特性，粮食烘干机可分为横流、混流、顺流、逆流及顺逆流、混逆流、顺混流等形式。

（1）横流烘干机。横流粮食烘干机是我国最先引进的一种机型，多为圆柱型筛孔式或方塔型筛孔式结构，目前国内仍有很多厂家生产。横流粮食烘干机优点是制造工艺简单，安装方便，成本低，生产率高。缺点是谷物干燥均匀性差，单位热耗偏高，一机烘干多种谷物受限，烘后部分粮食品质较难达到要求，内外筛孔需经常清理等。但小型的循环式烘干机可以避免上述的一些不足。

（2）混流烘干机。混流烘干机多为三角或五角盒交错（叉）排列组成的塔式结构。与横流相比其优点：①热风供给均匀，烘后粮食含水率较均匀。②单位热耗低 5%~15%。③相同条件下所需风机动力小，干燥介质单位消耗量也小。④烘干谷物品种广，既能烘粮，又能烘种。⑤便于清理，不易混种。缺点：①结构复杂，相同生产率条件下制造成本略高。②烘干机 4 个角处的一小部分谷物降水偏慢。

（3）顺流烘干机。顺流烘干机多为漏斗式进气道与角状盒排气道相结合的塔式结构，它不同于混流烘干机由一个主风管供热风，而是由多个（级）热风管供给不同或部分相同的热风。其优点：①使用热风温度高，一般一级高温段温度可达 150~250 摄氏度。②单位热耗低，能保证烘后粮食品质。③ 3 级顺流以上的烘干机具有降大水分的优势，并能获得较高的生产率。④连续烘干时一次降水幅度大，一般可达 10%~15%。⑤最适合烘干大水分的粮食作物和种子。缺点：①结构比较复杂，制造成本接近或略高于混流烘干机。②粮层厚度大，所需高压风机功率大，价格高。

开心一刻

“和暗恋的女生吵架，她很久没有理我了。”

“那你去道歉啊！”

“算了，已经十年了。”

（4）顺逆流、混逆流和顺混流烘干机。纯逆流烘干机生产和使用的很少，多数与其他气流的烘干机配合使用，即用顺流或混流烘干机的冷却段，形成顺逆流和混逆流烘干机。逆流冷却的优点是使自然冷风能与谷物充分接触，可增加冷却速度，适当降低冷却段高度。顺逆流、混逆流和顺混流烘干机分别利用了各自的优点，以达到高温快速烘干，提高烘干能力，不增加单位热耗，保证谷物品质和含水率均匀。

生活小窍门

有的人吃药总是把药片掰开吃，以为药片小了利于吞咽。其实药片掰开后变成尖的，反而不利于下咽，还易划伤食道，所以药片不要掰开吃。

131. 常用的粮食烘干机有哪些?

答: 粮食烘干机代表厂家有台州市一鸣机械设备有限公司(图 52)、上海三久机械有限公司(图 53)、雷沃重工股份有限公司(图 54)、重庆万穗机械有限公司(图 55)等。产品主要配置及参数见表 20。

表 20 常用烘干机技术参数

产品型号	主要配置及参数	生产厂家	联系方式
5HS-120BC、5HS-100BC、5HS200-200D 系列	5HS-100BC 主要参数:外形尺寸 3 900 毫米 ×2 000 毫米 ×7 850 毫米,整机质量 2100 千克,单位耗热量≤ 5 800 千焦 / 千克水,干燥能力≥ 5.0 吨 / 小时,干燥不均匀度≤ 1%,降水速度 0.5% ~ 1.0%/ 小时,加热方式直接加热,使用燃料 0# 柴油,配套总动力 7.4 千瓦,热风温度 45 ~ 60 摄氏度,电源三相四线 380 伏	台州市一鸣机械设备有限公司	0576-89226070
NP 系列	NEW PRO-120H 机型参数:外形尺寸 3 609 毫米 × 2 660 毫米 ×9 602 毫米;最大处理量:稻谷 12 000 千克 / 批,小麦 14 550 千克 / 批;结构形式:直接加热低温循环式,烘干方式:直接热风,燃烧机型式:枪型双喷嘴,双风门自动控制,喷雾燃烧;最大燃烧量:17.5 升 / 小时;使用燃料:煤油或符合国家标准的 0 号至 -50 号轻柴油(依据外气温选择能完全雾化燃烧之适用牌号);燃烧机点火方式:高压自动点火,总动力:6.35 千瓦;电压:三相 380 伏 /50 赫兹;入谷时间约 60 分钟,出谷时间约 58 分钟,减干率:0.5% ~ 1.0%/ 小时;自动水分仪型式:电脑在线控制;安全装置:热继电器、风压开关、满量警报、定时开关、燃烧机熄火(电眼)、控制保险丝、异常过热	上海三久机械有限公司	021-62211839
5H 系列	5H-5 型粮食、油菜籽烘干机主要技术参数:批式循环量(稻谷)5 吨,日处理量(稻谷)15 吨;总功率 6 千瓦;整机质量 2 500 千克;外形尺寸 3 500 毫米 ×1 700 毫米 ×7 200 毫米;燃烧消耗量(柴)≤ 25 千克 / 小时;适合种植面积(稻谷)≤ 1 000 亩	重庆市万穗机械有限公司	023-62800315

开心一刻

记得一个夏天下了好大的雨,我花八块钱买了把伞,同班一美女主动说:我和你共用一把伞吧。

我答应了,由于雨很大,美女老是往我怀里挤,我也往她身上挤。

然后她更用力地往我怀里挤,我就更用力地挤她,然后我就怒了:老子的伞,你挤什么啊?

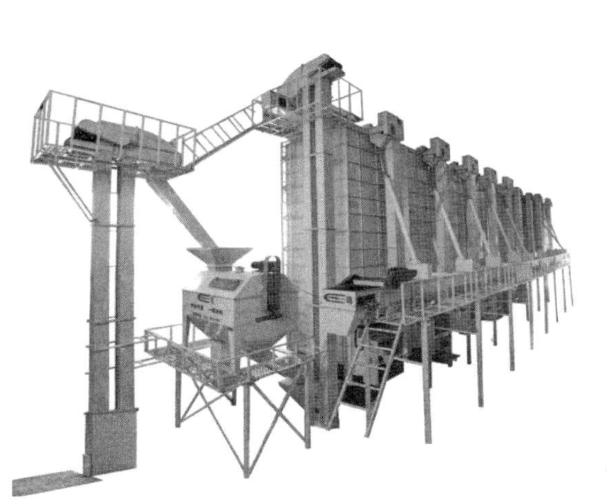

图 52　台州市一鸣机械设备有限公司
5HS-100BC 型粮食烘干机

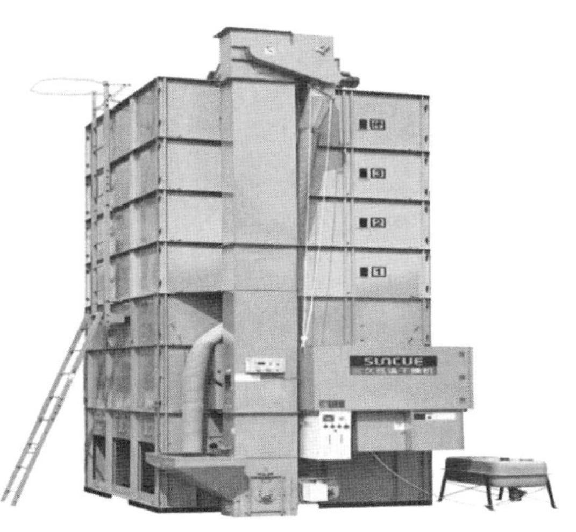

图 53　上海三久机械有限公司
NEWPRO-120H 型粮食烘干机

图 54　雷沃重工股份有限公司的
5HXW0150 型低温循环谷物烘干机

图 55　重庆市万穗机械有限公司的
5H-5 型粮食、油菜籽烘干机

生活小窍门

指甲油长久不脱落法：涂指甲油之前，先用棉花蘸点醋把指甲擦干净，等醋干后再涂指甲油，这样指甲油就不容易脱落了。

132. 选择烘干机应考虑哪些因素?

答:（1）烘干方式。不同的粮食品种可以选用不同的烘干机，以水稻为主的可选择顺逆流、混流、混逆流型式的低温烘干机。不同的粮食有不同的干燥工艺，根据烘干粮食数量的多少，也可选择不同型式的烘干工艺和烘干机。如粮食品种多、数量少或粮食分散存放，应选用小型分批（循环）式烘干机或小型移动式烘干机。如品种单一、数量大、烘干期短，应选用大型连续式烘干机为宜。

（2）设备规格。烘干机型号大小的配置，是根据当地的实际情况，以及对烘干机的生产率和降水幅度这两个重要指标的要求来综合分析确定的。粮食集中的产区，烘干季节内粮食处理量大，可根据实际情况选择大型高温、高效、快速烘干机。

（3）生产能力。烘干机的配备宜大不宜小，因为多数情况下在收获季节遇上雨季时，才需要发挥烘干机的作用，生产率小不能解决问题。固定式烘干机的服务半径宜小不宜大，以减少运输距离，降低成本，提高效益。移动式烘干机可用于农村产粮不集中地区和南方小产粮区，最好一机多用，不但适用于粮与粮种，还适用于一些经济作物，服务半径应大些，才能发挥其作用。

（4）热源。选择烘干机时必需考虑当地的能源资源，以做到合理利用，降低成本。

（5）附属设备。烘干机要完成好烘干作业，必须配备一些附属设备，如上下料位器（或溢流管等）、满仓料位器、自动停机及堵塞报警装置等。

女：请问你是做什么工作的?

男：慈善业。

女：天哪，慈善家啊，那一定很有钱啊！说说你的工作地点在哪儿，有空我好找你聊。

男：嗯，就是工作地点不是太固定的，有时在天桥，有时在马路，不过我还是喜欢在车站附近……

133. 常用粮食烘干机操作注意事项有哪些?

答:（1）使用的电源电压应在允许范围内。

（2）使用燃油设备时，在启动燃烧器前先检查燃油箱是否有油，油路有否漏油(主要检查过滤阀、油管、燃烧器等)。

（3）所用燃油必须符合设备要求，当燃烧器工作时，勿给油箱加油。

（4）启动干燥机后，先检查空运转声音是否正常（提升机、送风机、上下部搅龙等处)。

（5）干燥工作时要检查燃烧是否正常，有无异味。

（6）不同品种的粮食更替干燥时，要将残留在设施内的粮食清扫干净，防止混淆。

（7）做好机具设施的维护。机具有许多电器件、运动件，要定期做好维护与保养工作，配备必要的安全防护设备。

（8）定期清扫干燥机的干燥部网板，不让网板小孔堵塞，以免影响干燥机的干燥效果。

（9）检查、清扫干燥机时，应先切断电源，避免发生人身安全事故。

（10）干燥机的操作人员需经专门培训，专人负责。按照操作规程使用干燥机。

（11）粮食产地干燥地点的经营规模要与当地实际需求相适应，选用的机型要适合干燥的粮食种类，设点位置要便于运输，尤其要考虑雨天运输的方便。

（12）谷物干燥机一般安装在室内，要通风良好并有足够的作业场地，保证在阴雨天、夜间都能正常作业；机体庞大无法在室内安装的机型(如塔式干燥机)，也应尽量选择在通风良好、比较干燥的场所。

生活小窍门

巧切松花蛋：用刀切松花蛋，蛋黄会粘在刀上，可用丝线将松花蛋割开，既均匀又不粘蛋黄。将刀在热水中烫一下再切，也能切得整齐漂亮。

（三）油菜机械化生产技术

134. 油菜机械化生产技术主要有哪些?

答:（1）油菜耕整地、开沟机械化技术。
（2）油菜种植机械化技术。
（3）油菜施肥、植保机械化技术。
（4）油菜收获机械化技术。
（5）油菜籽烘干机械化技术。

开心一刻

第一天。和她猜拳我输了。她笑道：输的人罚洗碗……
第二天。和她猜拳我赢了。她怒道：竟敢赢我。罚你洗碗……
第三天。她问我爱她吗？我点头。她笑道：爱我就替我洗碗吧……
第四天。她问我爱她吗？我摇头。她怒道：竟然不爱我。罚你洗碗……
第五天吃完饭。她看了我一眼。我便默默地去洗碗了……
第六天吃完饭。她还没看我。我就主动去洗碗了……
第七天。她还没吃完饭。我就吼道：快点吃。我还等着洗碗呢……
好习惯就是这样培养出来的……

135. 什么是“稻－油”轮作机械化轻简生产技术?

答：以重庆为例，海拔200～900米的浅丘平坝和中丘低山区，在前茬水稻稻田放水机收后（一般在8月5～25日完成水稻收获），抢在9月20日至10月20日的阴晴天或者下雨前，采用免耕或者浅耕机械直播油菜种子，实现“稻－油”轮作机械化轻简生产。由于油菜收获期在5月1～15日，水稻栽插亦在5月1～20日前同期进行，油菜收获与水稻栽插时间间隔短。应做好茬口衔接，通过机械化作业抢农时，充分利用冬闲田，提高复种指数，在劳动强度不大的情况下，实现增收目的。该技术模式的核心是播种轻简、增窝加密、以数量换产量、以效率换效益。

生活小窍门

不能用茶叶煮鸡蛋！因为茶叶中除含有生物碱外，还有多种酸化物质，这些化合物与鸡蛋中的铁元素结合，对胃有刺激作用，不利于消化吸收。

136.“稻 – 油”轮作机械化轻简生产技术要点有哪些？

答：（1）播前准备。①轻简整地。在前茬水稻散籽勾头时开沟排水，水稻机收时留桩高度不大于 20 厘米。视田块情况可用拖拉机带旋耕机或者微耕机进行浅旋，也可免耕，直接使用开沟机作厢。主沟及边沟沟宽 25 ～ 40 厘米，深 30 ～ 40 厘米；厢面按 3 ～ 5 米用开沟机一次性开沟成型，厢沟宽 20 ～ 25 厘米，沟深 15 ～ 25 厘米；开沟所起碎土均匀抛撒于厢面上。保持厢面高低一致，沟沟相连，排水通畅。视稻田情况，油菜直播前 10 ～ 15 天，浅旋灭茬或用化学除草。②品种选择。尽可能选择耐迟播、发芽力强、生育期短、抗倒伏、抗裂角、株型紧凑、分枝少、适合机械化作业要求的油菜品种。同时油菜种子应精选处理，含水率小于 9%，纯度不低于 95%（杂交一代 90% 左右），净度不低于 97%，发芽率 90% 以上。播前应晒种 4 ～ 6 小时，以提高发芽率。

（2）轻简播种。采用油菜直播机或者多功能电动撒播机播种，播种量 150 ～ 200 克 / 亩，油菜出苗株数控制在 2.5 万～ 3.0 万株 / 亩，应尽量均匀一致。机械直播宽行距 60 厘米，窄行距 30 厘米，窝距 20 厘米，每窝播 5 ～ 8 粒种子。播种深度 5 ～ 25 毫米，漏播率≤ 2%。

（3）合理施肥。原则是控氮增磷钾，早施苗肥，促苗压草，培育矮壮苗。即油菜 3 ～ 4 叶定苗时用尿素提苗（过密的可拔掉一些）；在油菜 7 ～ 8 叶（约 12 月上旬），重施开盘肥，亩用复合肥 30 千克、加尿素 8 ～ 10 千克、氯化钾 10 千克进行撒施；在 12 月下旬苔高 15 厘米和始花期时各喷施一次喷硼砂溶液（100 克硼砂兑水 50 千克溶解，亩喷 75 ～ 100 千克溶液），以晴天下午喷施为好。

（4）病虫防治。油菜苗期主要防治蚜虫、菜青虫，蕾薹期和盛花期重点防治霜霉病、菌核病等；可采用机动喷雾喷粉机、电动喷雾机、手动喷雾器等机具进行植保机械化作业。

开心一刻

女朋友在街边给我买了个烤红薯，我问她：“要是我以后我和卖红薯的一样没出息，你还会陪在我身边吗？”她淡淡地回答：“那个卖红薯的就是我前男友。”

（5）机械收获。直播油菜或株型紧凑适中的撒播油菜，在全田 90% 以上荚果自然脱水、荚果外观颜色几乎全部呈黄色或褐色，应抓住晴天或者阴天抢时进行联合机收。也可采用分段收获方式，即在全田 70% ～ 80% 油菜荚果外观颜色呈黄绿或淡黄，种皮由绿色转为红褐色时，采用割晒机或人工进行割晒作业，并将割倒的油菜就地晾晒后熟 5 ～ 7 天，趁晴天或阴天用配有捡拾器的收获机进行捡拾、脱粒及清选作业，亦可使用油菜脱粒机进行脱粒。收获后应及时做好菜籽烘干处理与保存。联合收获作业一般能保证总损失率小于 8%、含杂率小于 6% 的要求；分段收获作业质量一般能保证总损失率小于 6.5%、含杂率小于 5% 的要求。

（6）菜籽处理。联合收获后的油菜籽含水率高，应及时晾晒，有条件的地区应采用烘干机及时烘干，以防霉变。分段收获的菜籽含水率要低一些，田间晾晒充分，含水率低于 10% 的油菜籽，可以暂时不机械化烘干，长期存放应将油菜籽含水率降至 8% 以下。

（7）秸秆还田。油菜收获后，应立即灌水，使用秸秆粉碎灭茬机将油菜秸秆粉碎并辅以施用秸秆腐熟剂再旋耕还田；也可使用具有相同功能的复式机具，如动力大于 51.5 千瓦的灭茬旋耕机进行作业。经耕整后，田块表面应无过量残茬，符合水稻机插秧大田整治标准。

生活小窍门

瓜果的清洗：食用前，先将瓜果在盐水中浸泡 20 ～ 30 分钟，可去除瓜果表皮残存的农药或寄生虫卵，且盐水还有杀灭某些病菌的作用。

137. 开沟机由哪些部分组成？主要用途有哪些？

答： 开沟机是一种高效实用的新型链条式开沟装置，主要由动力系统、减速系统、链条传动系统和分土系统组成。柴油机经过胶带将动力传递到离合器后，驱动行走变速箱、传动轴、后桥等实现链条式开沟机向前或向后的直线运动。

开沟机主要用于种植油菜、马铃薯、蔬菜等作物以及果园地的开沟排水，一般采用抛土式开沟方式，可在黏土及硬土壤直接开沟，不用事先耕耘，较好解决了传统开沟依靠人工、劳动强度大、效率低的问题。

开心一刻

路上一情侣吵架，那女的直接动手，掐、捏、扭都用上了。

看那男的表情那个难受啊。

只见那男的一甩手，生气道："你等我回去练肌肉！"

"练肌肉又能怎样?

那男的愤愤地回答："我让你捏不动。"

138. 目前应用较多的开沟机产品有哪些?

答: 开沟机代表厂家有江苏清淮机械有限公司、重庆捷耕机械有限公司等。

“清旋”牌 1KJ 系列圆盘开沟机配套 36.8 ～ 58.8 千瓦（50 ～ 80 马力）轮式拖拉机，广泛应用于畦作地区旱地作物的开沟作畦，特别是油菜、马铃薯等秋季作物田的开沟作畦。联系方式：0517-89866298。其主要技术参数见表 21。

表 21　1KJ 系列圆盘开沟机技术参数

名称		单圆盘开沟机		双圆盘开沟机
型号		1KJ–35	1KJ–35K(加宽型)	1KJ–35A
配套动力 / 千瓦		36.7 ～ 51.5	36.7 ～ 51.5	36.7 ～ 51.5
动力输出轴转速 /（转 / 分）		720	720	720
刀盘转速 /（转 / 分）		228	228	228
刀盘线速度 /（米 / 秒）		11.7	11.7	11.7
生产率 /（米 / 小时）		2 000 ～ 3 500	2 000 ～ 3 500	2 000 ～ 3 500
沟深 / 厘米		30 ～ 40	30 ～ 40	30 ～ 35
沟底宽 / 厘米		10 ～ 13	12 ～ 14	12 ～ 14
沟面宽 / 厘米	矩形	12 ～ 13	/	/
	梯形	18 ～ 20	28 ～ 38	28 ～ 38
刀盘犁刀数（把）		18（主 12 辅 6）	18（主 12 辅 6）	16（左右各 8）
外形尺寸 / 毫米		1 500 × 700 × 1 400	1 500 × 770 × 1 400	1 100 × 850 × 1 300
整机质量 / 千克		290	295	305
传动方式		单级齿轮传动		中间齿轮传动
连接方式		后置式三点悬挂		后置式三点悬挂
适用范围：适用于种植油菜、马铃薯、蔬菜等作物的土地开沟作畦				

生活小窍门

高压锅烹调火候：高压锅烹调时间从限压阀首次出气算起。鸡 1 千克加水 2 千克，18 分钟可脱骨；排骨 1 千克加水 2 千克，20 分钟可脱骨。

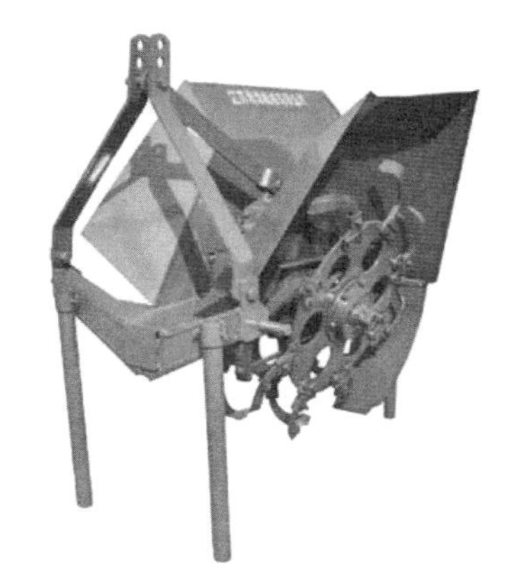

图 56 “清旋”牌 1KJ 系列圆盘开沟机

重庆捷耕机械有限公司生产的3TG6.3型开沟机（图57），配套动力6.3千瓦，开沟深度25～40厘米，开沟宽度20～40厘米，刀具转速350～500转/分，作业效率800米/小时。联系方式：023-68321688。

图 57 重庆捷耕机械有限公司生产的开沟机

开心一刻

约了暗恋的女孩来我家里做客，她抱怨："你怎么水都不给我倒一杯？"

我一拍脑袋："你看我这记性！不好意思啊，蒙汗药给忘车里了。"

139. 南方丘陵地区常用的油菜播种机主要有哪些?

答: 南方丘陵山区常用的油菜播种机主要有撒播机和免耕播种机两种。

（1）油菜机械化撒播。指采用背负式喷雾喷粉机直接撒播油菜、高粱种子的一种轻简化栽培方式。撒播油菜、高粱简单易行，不受田块大小、土壤、天气等的制约，播种效率高，一人一天可播 20 ～ 30 亩，且通过控制用种量能合理密植，具有较好的省工节本增效作用，有效解决丘陵山区规模化种植油菜生产育苗移栽用工成本高，人工撒播出苗不均匀，油菜直播机械受田块、土壤等因素制约的问题。油菜、高粱机械化撒播机代表产品有山东华盛中天机械集团股份有限公司生产的喷雾撒播机（图 58），襄阳市东方绿园植保器械有限公司生产的多功能电动撒播机（图 59）。

图 58　山东华盛中天公司生产的喷雾喷粉机

图 59　襄阳市东方绿园植保器械公司生产的多功能电动撒肥机

生活小窍门

巧选茶叶：看匀度，将茶叶倒入茶盘里，手拿茶盘向一定方向旋转数圈，使不同形状的茶叶分出层次，中段茶越多，表明匀度越好。

（2）油菜免耕播种机。在未耕地或有作物秸秆残茬覆盖地，一次性完成开沟、旋耕、施肥、气吸式精量播种，在南方丘陵山区适用于稻 – 油轮作制度下留茬板田的油菜精量联合播种。油菜免耕播种主要是为解决农村劳动力不足及人力成本高的问题，扩大农业种植面积及机械化水平。油菜免耕播种机代表厂家有武汉黄鹤拖拉机制造有限公司（图 60）、湖南鹏翔星通重工机械有限责任公司（图 61）等。产品主要配置及参数见表 22。

表 22　油菜免耕播种机主要技术参数

产品型号	主要配置及参数	生产厂家	联系方式
2BFQ–6C	配套动力 ≥ 33 千瓦，作业幅宽 2 米，行数 6 行，行距 330 ～ 350 毫米，生产率 6.3 ～ 10.8 亩 / 小时	武汉黄鹤拖拉机制造有限公司	027–84757162
2BYD–6	配套动力 ≥ 33 千瓦，作业幅宽 2 米，行数 6 行，沟宽 240 毫米，沟深 ≤ 200 毫米（可调），行距 330 ～ 350 毫米，生产率 4.5 ～ 7 亩 / 小时	湖南鹏翔星通重工机械有限责任公司	0731–83201888

图 60　武汉黄鹤拖拉机制造有限公司 2BFQ–6C 型油菜免耕播种机

图 61　湖南鹏翔星通重工机械有限责任公司 2BYD–6 型油菜免耕播种机

开心一刻

以为遇到心动的人会说好多甜言蜜语，可是真的碰上了，却连话都说不出来，导致她哭着问我：大哥，您说话啊！到底是劫财还是劫色？

140. 油菜联合收获机主要有哪些代表产品?

答: 油菜联合收获机一般由稻麦联合收获机增配油菜割台而成。代表厂家有久保田农业机械（苏州）有限公司（图 62）、星光农机股份有限公司（图 63）等，久保田农业机械（苏州）有限公司的油菜籽收割机主要是688Q。星光农机股份有限公司的油菜收获机主要配置及参数见表 23。

表 23　星光农机股份有限公司的油菜收获机主要技术参数

产品型号	主要配置及参数	生产厂家	联系方式
4LZY-2.0S	工作状态外形尺寸 5 000 毫米 ×2 865 毫米 ×2 605 毫米，结构型式全喂入履带自走式，喂入量 7.2 吨 / 小时，割台工作幅宽 2 000 毫米，配套发动机额定功率 55 千瓦，整机质量 2 530 千克，脱粒滚筒数量 2 个，纯工作生产率 3 ～ 6 亩 / 小时，接粮方式人工接粮（可选配集粮箱），燃油消耗量 18 ～ 30 千克 / 公顷	星光农机股份有限公司	0572-3966618

图 62　安装立式割刀和延长割台装置的久保田 688Q 型油菜收割机

图 63　星光农机股份有限公司的 4LZY-2.0S 型油菜联合收割机

生活小窍门

洋葱防衰老。洋葱对人体的结缔组织和关节有益。洋葱不仅能提供人体需要的许多养分，还含有微量元素硒，因此，多食洋葱能够预防衰老。

141. 常用的秸秆粉碎还田机有哪些?

答: 秸秆粉碎还田机主要适宜旱地、浅泥脚水田的油菜秸秆、稻麦秸秆、绿肥等粉碎、灭茬、翻耕埋地作业，机手乘坐式操作，是一种埋草与碎土旋耕为一体的新型秸秆还田耕作机具，是改良土壤、培肥地力、改变土壤板结、减少化肥投入、实现农业稳产增收的新型农用机具；同时有利于机插秧等后续农业生产，是实现重庆市“稻－油”连作生产的主要配套农业机械。秸秆粉碎还田机代表厂家有山东英格索兰机械有限公司（图 64）、马斯奇奥（青岛）农业机械有限公司（图 65）等。产品主要配置及参数见表 24。

表 24　常用秸秆粉碎还田机技术参数

产品型号	主要配置及参数	生产厂家	联系方式
1GKN 系列	规格有 2 米、2.5 米、2.7 米、3 米、4 米。2 米灭茬旋耕机 1GKN-200 主要性能参数：外形尺寸 950 毫米 ×2 130 毫米 ×1 250 毫米，结构质量 430 千克，幅宽 2 000 毫米，耕深 10 ～ 20 毫米；传动方式：中间齿轮转动；连接方式：三点悬挂；标定功率≥ 52 千瓦	山东英格索兰机械有限公司	0539-7190187
TORNADO230 型	配套动力 73.5 千瓦以上拖拉机，作业幅宽 2.3 米，机器总宽度 2.5 米，刀片数量 48 套，机器质量 910 千克	马斯奇奥（青岛）农业机械有限公司	023-47546080

开心一刻

男：我发现你有一个优点！

女：哦，是什么？

男：你夸我一句我告诉你。

女：你真帅！

男：我就说我没有看错吧，你这个人最大的优点就是爱说实话。

图 64　山东英格索兰机械有限公司 1GKN-200 型灭茬旋耕机

图 65　马斯奇奥（青岛）农业机械有限公司 TORNADO230 型秸秆粉碎机

生活小窍门

巧除家电缝隙的灰尘：家用电器的缝隙里常常会积藏很多灰尘，且用布不易擦净，可用废旧的毛笔用来清除缝隙里的灰尘，非常方便。

142. 秸秆还田机具常见故障与排除方法有哪些?

答: 作物秸秆直接粉碎还田具有提高劳动效率，减轻农民的劳动强度，节约工时投入，增加土壤有机质含量，减少水土流失，增加蓄水纳墒能力，消灭病虫害，提高粮食产量等优点。在秸秆还田机的使用过程中，经常会遇到一些故障，作为操作者应了解秸秆还田机的操作规程和使用特点，遇到故障及时排除，带病作业不仅会影响作业质量，还会缩短机具寿命。

（1）粉碎质量差。前进的速度过快，一般选用拖拉机慢Ⅲ挡；机具离地过高，应调整地轮支臂孔位，或调整上拉杆的长度；刀轴转速低，一般刀轴转速应在 1 800 ～ 2 000 转 / 分，可通过调整胶带轮的配比来调整；机具工作一段时间后粉碎效果差，应该及时张紧或更换三角带及刀片。

（2）刀轴轴承温度升高。缺油或油失效，应及时加注黄油；三角带太紧，更换适当长度的三角带；轴承有损坏，应及时更换；传动轴发生扭曲，重新加工传动轴再装配。

（3）机器强烈振动。刀片脱落，应及时增补刀片；紧固螺栓松动，应及时拧紧；轴承有损坏，及时更换并注意加油。

（4）变速箱有杂音，温度升高。齿轮间隙过大，应通过添加或去掉纸垫来调整间隙；齿轮磨损，及时更换；齿轮缺油或加油过多，应及时添加或放油；Ⅱ轴两个轴承装配过紧，应拧松Ⅱ轴螺母，调整好间隙。

（5）三角带磨损严重。三角带长度不一致，应及时更换，同组长度差≤ 5 毫米；张紧度不一样，应调整张紧轮支臂与侧板垂直；主、被动胶带轮不在一条直线上，应在主动轮内侧加调整垫片，或将变速箱底座螺栓松开，调整Ⅱ轴与侧板垂直。

开心一刻

都说女生用筷子拿得越远嫁得越远，一个女汉子从小就有远嫁国外的梦想，所以她一直用两双筷子接起来吃饭。最后……最后她嫁给卖油条的了……

（四）马铃薯机械化生产技术

143. 马铃薯全程机械化技术模式是什么？

答： 主要技术模式：高垄双行覆膜机播机收。技术路径：机耕（深松）+ 机播 + 机械覆土引苗 + 机防 + 机械杀秧 + 机收。

（1）机械选型。

机耕动力选择久保田 51.5 千瓦拖拉机；配套机具为 4 ～ 5 铧犁及 2.3 米旋耕机；作业效率：翻耕 5.7 亩 / 小时，旋耕 4.32 亩 / 小时。

机播动力选择 22.1 千瓦 304（或 354）拖拉机；配套机具为 2MB–1/2 型双行播种机；作业效率达 2.71 亩 / 小时。

晚疫病机防配套机型为 3WZ–25 型背负式机动喷雾器；作业效率达 3.75 亩 / 小时。

机械杀秧动力选择 22.1 千瓦 304（或 354）拖拉机；配套机具为 1JH–110 型杀秧机；作业效率达 3 亩 / 小时。

机械收获动力选择 22.1 千瓦 304（或 354）拖拉机；配套机具为 4U–83 型收获机；作业效率达 2.4 亩 / 小时。

（2）配套技术。

品种选择。选择早熟品种如“费乌瑞它”脱毒种薯，中晚熟品种如“鄂马铃薯 5 号”等脱毒种薯；整薯 35 ～ 50 克播种。

机播密度。早熟品种行株距 1 米 ×0.33 米，密度 4 000 株 / 亩；中晚熟品种行株距 1.2 米 ×0.395 米，密度 2 800 株 / 亩。

机播施肥量。亩施总养分含量 30%（13–8–9）、有机质含量≥ 20%、有机无机缓释复混肥 100 千克。

机械覆土起垄、覆膜。机械起垄 20 厘米，亩用塑料芯常规膜 10 千克。

生活小窍门

首饰收藏与保养的窍门：轻拿轻放，避免碰撞与摩擦；避免受高温和酸、碱溶液接触；经常检查，防止宝石脱落；及时取下收藏和清洗保存。

苗期田管及晚疫病防治。及时破膜引苗，追施苗肥尿素 15 ～ 20 千克 / 亩；按预警系统指导防治，保护剂选用 75% 代森锰锌水分散粒剂；治疗剂选用 72% 霜脲 · 锰锌可湿性粉剂、银法利等药剂。

机械杀秧收获。植株 70% 叶片落黄时择土壤墒情及时杀秧，土壤晾晒 2 ～ 3 天后机械收获。

开心一刻

“女神，我们交往吧！”

“你有驾照吗？”

“何止驾照，我还有教师证、律师证、会计证，啥证没有啊。”

“这么厉害，你做什么的呀？”

“我办假证的。”

144. 什么是“稻－薯”连作机械化轻简生产技术？

答： 该技术适用于海拔200～800米的浅丘平坝和中丘低山区，在前茬水稻稻田放水机收后，抢在8月下旬至9月中旬的阴晴天或者下雨前，采用免耕或者浅耕机械直播马铃薯种子并覆盖稻草，实现“稻－薯”连作的机械化轻松、简略生产，从而较大地降低劳动力成本，提高马铃薯生产效益。该技术模式的核心是轻简播种、就地就近稻草覆盖、拨草收获，增加收益。

生活小窍门

牛奶渍鱼格外香！把收拾好的鱼放到牛奶里泡一下，取出后裹一层干面粉，再入热油锅中炸制，其味道格外鲜美。

145.“稻－薯”连作机械化轻简生产技术要点有哪些？

答：（1）认真规划，精心准备。规划选择稻田土壤为沙壤土或轻质壤土，且灌排方便、土壤肥沃、通透性良好的地块，在前茬水稻散籽勾头时开沟排水，水稻机收时留桩高度越小越好；在机收后及时疏通厢沟背沟，按照 2 ～ 3 亩稻草覆盖 1 亩马铃薯进行准备。

（2）选用良种，催芽消毒。选择早熟、抗病、丰产性好、商品率高的优良品种，如费乌瑞它、中薯 3 号、早大白、渝薯 1 号等脱毒种薯。对未打破休眠期的种薯需要进行种薯催芽处理，对已打破休眠期的出芽小整薯或经过浸种消毒拌药灰后的出芽种薯切块，可以直接用于播种。

（3）播种施肥、合理密植。在 8 月下旬至 9 月上中旬，抓住水稻收获后田间湿度大的有利时机抢湿早播。播种时一般掌握日平均气温稳定在 25 摄氏度以下为好。海拔 500 米以上中低山地区，可在水稻收获的当天或第二天稻草未干时进行抢时播种，同时，亩用 45% 含量的“硫基型”复合肥 30 ～ 35 千克均匀撒施于厢面上，并视稻田病虫情况亩用 5% 辛硫磷颗粒 0.5 ～ 1.0 千克（或 90% 敌百虫晶体 0.2 ～ 0.25 千克）加 10 ～ 15 千克细土混匀兑成毒土，撒施于地表防治地下害虫。按 2 ～ 2.2 米开厢，实行免耕直播，亩播 6 000 ～ 7 000 窝（行距 35 厘米，窝距 25 厘米），要求种薯与表土紧密接触。

（4）开厢盖草、保湿出芽。播种后，预留厢沟宽 40 ～ 50 厘米，在厢面上覆盖稻草 10 ～ 12 厘米厚（即用 2 ～ 3 亩稻田的稻草覆盖 1 亩马铃薯），要求稻草湿润，按草尖对草尖、与厢垂直摆放并均匀覆盖于整个厢面，做到稻草覆盖层不漏光、不现泥，以防产生青紫马铃薯。在预留出的厢沟位置，使用轻型开沟机进行一次性开沟，要求沟宽 20 ～ 25 厘米，沟深 15 ～ 20 厘米。开沟机所旋起碎土均匀抛撒于厢面稻草上以花泥镇压。若遇连续干旱，可早晚浇水抗旱保湿，以免烧芽烂种；若遇连绵秋雨，应及时疏通排水沟渠，以防涝降渍

害，保证马铃薯正常出苗。

（5）精细管理、防治病虫。部分盖草过厚、过乱导致盘芽的，要及时人工引苗出草。在幼苗出土（草）后，施尿素 5 ～ 8 千克 / 亩提苗，促全苗、壮苗快发。若地势低洼，排水不良的薯田，要清沟排水，防止田中积水。要按照农艺要求，及早防治马铃薯晚疫病、青枯病和星瓢虫等病害。

（6）适时收获、高产增效。当马铃薯植株大部分茎叶由绿转黄，并逐渐枯萎时，马铃薯即为成熟，选择阴晴天适时收获。一般稻草覆盖的马铃薯块 70% 以上在土面上，拨开稻草即可拣收。也可进行分期采收，即将稻草拨开采收已长大的薯块，再将稻草盖好小薯块继续生长，这样既能及时上市，又能保障较高的产量，提高总体经济效益。

（7）秸秆还田、整地栽秧。马铃薯采收后，应立即灌水，使用秸秆粉碎灭茬机将马铃薯及稻草秸秆粉碎并辅以施用秸秆腐熟剂再旋耕还田；也可使用具有相同功能的复式机具作业。耕整后，田块表面应无过量的残茬，符合水稻机插秧大田整治规范要求。

生活小窍门

鉴别珍珠的窍门：将珍珠放在阴暗处，闪闪发光的是上等珍珠；珍珠表面的清洁度和颜色决定珍珠的价值；珍珠越大、越圆越有价值。

146. 什么是马铃薯播种机？常用的马铃薯播种机产品有哪些？

答： 马铃薯播种机是将块状的种子利用播种系统有序地种植在地下的一种种植机具。马铃薯种植机可种植土豆等根茎类作物，并可同小型拖拉机配套使用，集开沟、施肥、播种和覆土为一体，可一次完成施肥、播种等多项作业。马铃薯播种机代表厂家有乐陵市天成工程机械有限公司（图 66）、青岛洪珠农业机械有限公司（图 67）、青岛璞盛机械有限公司等。产品主要配置及参数见表 25。

表 25　常用马铃薯播种机技术参数

产品型号	主要配置及参数	生产厂家	联系方式
2CM–2 型	配套动力 60 ～ 73.5 千瓦；工作幅宽 1 400 ～ 1 800 毫米；工作行数 2 行；行距 900 毫米；株距 170 ～ 440 毫米；种薯幼苗损伤率 ≤ 1.5%；漏种指数 ≤ 10%；作业效率 9 ～ 14 亩 / 小时	乐陵市天成工程机械有限公司	0534–6295778
2CM–2 型	与 25.7 ～ 36.7 千瓦的四轮拖拉机配套作业；工作幅宽 1 200 ～ 1 700 毫米；工作行数 2 行；行距 600 ～ 850 毫米；株距 200 ～ 350 毫米；作业效率 ≥ 3.75 亩 / 小时	青岛洪珠农业机械有限公司	18863900667

17 岁花季少女误入歧途加入扒手集团，公交车上行窃笑出声引人注目被抓。警察审讯后得知其只因轻信网友告诉她：爱笑的女孩运气不会太差。

图 66　乐陵市天成工程机械有限公司的 2CM-2 型马铃薯播种机

图 67　青岛洪珠农业机械有限公司的 2CM-2 型马铃薯播种机

生活小窍门

大枣巧去皮：将干的大枣用清水浸泡 3 小时，然后放入锅中煮沸，待大枣完全泡开发胖时，将其捞起剥皮，很容易就能剥掉。

147. 马铃薯机械收获作业的技术要求有哪些?

答:（1）及时收获。马铃薯块茎成熟的标志是植株茎叶大部分由绿转黄，并逐渐枯萎，匍匐茎干缩，易与块茎分离，块茎表面形成较厚的木栓层，块茎质量停止增加，但在气候太热，不能进一步生长或为保种薯质量，在茎叶未转黄时也能收获。生长期较短的晚熟品种，霜期来临时茎叶仍为绿色，霜后要及时收获。没有正常成熟的，即茎叶为绿色的块茎表皮很薄，收获时容易损伤。

（2）收获前要割秧。除去茎叶的马铃薯成熟得比较快，它的外皮变硬，水分减少，可减少收获时的损伤，同时，也可减少收获机作业过程中易出现的缠绕、壅土和分离不清等现象，以利于机械化收获。

（3）马铃薯收获机械在收获过程中应尽可能减少块茎的丢失和损伤，同时使薯块与土壤、杂草、石块彻底分离，在地面上成条铺放，以利于人工捡拾。掘起的泥土量最少而又没有过多的伤薯和漏挖现象，即减小作业阻力。挖掘深度一般为 10 ～ 20 厘米，垄作轻质的土壤应深些，平作硬质的土壤应浅些，同时还要考虑主机的配套功率。

（4）质量要求。一是减少对茎块的损伤，包括皮伤、切割、擦伤和破裂，要求允许轻度损伤小于产量的 6%，严重损伤小于 3%；二是避免直射阳光的高温引起的日烧病和黑心病，块茎挖掘到地面后应及时捡拾；三是块茎和土壤分离好，在易抖落的土壤里，块茎的含杂率不能超过 10%；四是收获干净，丢失率≤ 5%。

早上上班，等公交等了半小时还没来，忍无可忍使出绝招！果然，刚点上一根烟才抽了一口，就远远望见公交来了……

148. 马铃薯收获机械主要有哪些？

答：（1）马铃薯杀秧机。主要用于马铃薯收获前的秧秆粉碎，以保证马铃薯的机械化收获。适应重庆丘陵山区的马铃薯杀秧机代表厂家有青岛洪珠农业机械有限公司等，该公司生产的马铃薯杀秧机可与 11.0 ～ 88.2 千瓦（15 ～ 120 马力）四轮拖拉机配套使用，一次性完成马铃薯秧苗的清理工作。其中 1JH-100 型马铃薯杀秧机（图 68）的主要技术参数：喂入量 20 千克 / 秒，割幅 70 ～ 110 厘米，总损失率 0.5%，质量 260 千克。联系方式：杨佰荣，电话 13864864953。

图 68　青岛洪珠农业机械有限公司的 1JH-100 型马铃薯杀秧机

（2）马铃薯收获机。马铃薯收获机代表厂家有青岛洪珠农业机械有限公司（图 69）、青岛璞盛机械有限公司（图 70）、重庆威马动力机械有限公司等。产品主要配置及参数见表 26。

生活小窍门

巧选茶叶：看茶叶松紧，紧而重实的质量好，粗而松弛、细而碎的质量差；看净度，茶叶中有较多茶梗、叶柄、茶籽及杂质的质量差。

表 26　马铃薯收获机械及主要技术参数

产品型号	主要配置及参数	生产厂家	联系方式
4U–83	整机尺寸 1 450 毫米 ×1 150 毫米 ×900 毫米，结构质量 230 千克，配套形式 3 点后悬挂，配套动力 14.7 ～ 25.7 千瓦四轮拖拉机，工作效率 0.23 公顷 / 小时，驱动轴转速 360 转 / 分，工作深度 20 ～ 30 厘米，收获宽度 60 ～ 85 厘米，垄距 90 ～ 120 厘米	青岛洪珠农业机械有限公司	13864864953
4U–85	外形尺寸 1 980 毫米 ×1 230 毫米 ×900 毫米，结构质量 260 千克，配套形式 3 点悬挂式，配套动力 22.1 ～ 29.4 千瓦轮式拖拉机，工作效率≥ 0.2 公顷 / 小时，深度调节范围 10 ～ 20 厘米，作业幅宽 90 厘米，挖掘铲型式平铲式，工作行数为单垄单行 / 单垄双行，适应行（垄）距 80 ～ 120 厘米，输送清选分离装置为格栅筛式输送链	青岛璞盛机械有限公司	18562517831

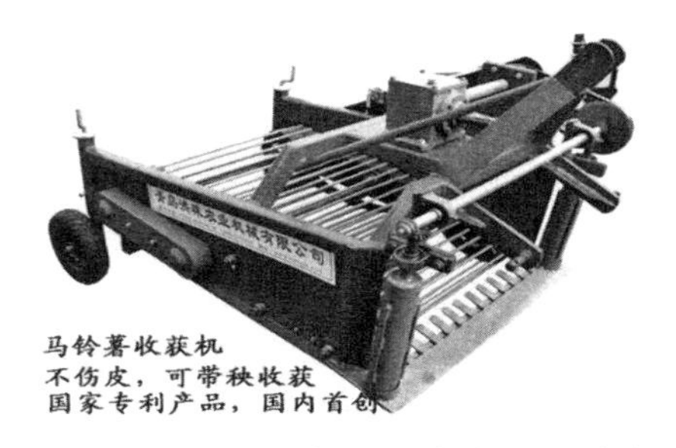

图 69　青岛洪珠农业机械有限公司的 4U–83 型马铃薯收获机

图 70　青岛璞盛机械有限公司的 4U–85 型马铃薯收获机

在火车站候车室一个姑娘在喂她男朋友吃榴莲，一口一口，旁若无人，弄得候车室里都是榴莲味。我实在是看不过去了，走过去对那姑娘说：这是公共场所，请你考虑大家的感受，能不能也喂我一口？

149. 甘薯生产机械化技术模式主要有哪些?

答：（1）与小功率动力配套的微小型机具作业模式。该类机具主要配套5.1千瓦以上的具有旋耕、起垄、收获功能的多功能微耕机及小型搬运机、渣浆分离一体机，主要适用于坡度较大、机耕道路较窄或较差，田、土块较小的地区，该模式下的机具适应性强，机具费用投入少，较适用于小型甘薯种植户。作业模式路线见图71。

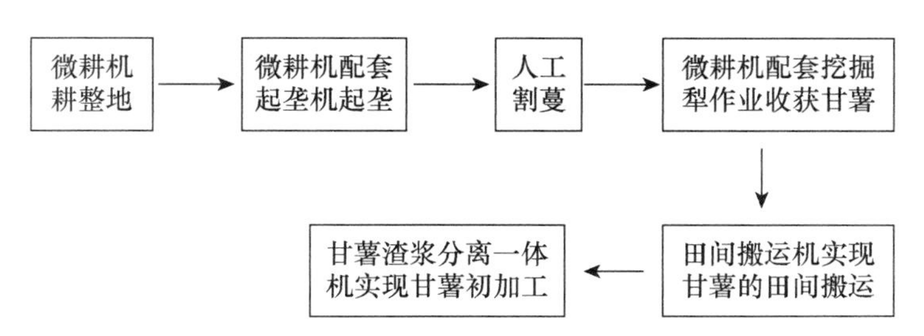

图71　与小功率动力配套的微小型机具作业模式

（2）与中型动力配套的拖拉机机具作业模式。该作业模式可由一台拖拉机相继完成耕整地、单行或双行起垄、切蔓、收获等环节的作业，经济性较高，适宜在平坝区或缓坡等中小型地块的沙壤、壤土、轻质黏土作业，具有作业适应性广、机械化配套程度高、适宜中小田块作业等特点。该模式更适合于规模化经营的甘薯种植大户，是今后重庆丘陵山区甘薯生产机械化的发展方向。作业模式路线见图72。

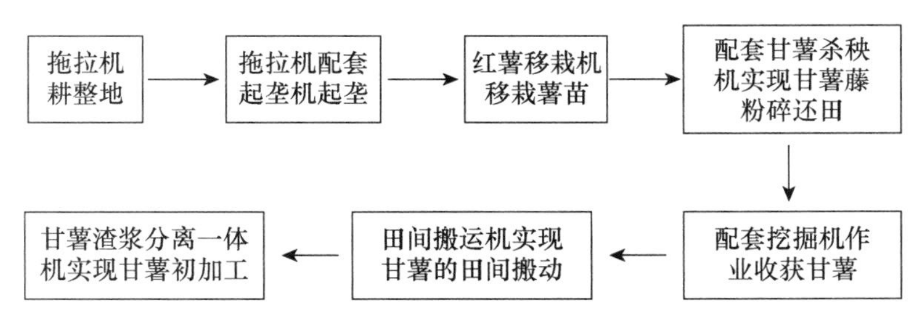

图72　与中型动力配套的拖拉机机具作业模式

生活小窍门

空腹不宜吃柿子。如果空腹吃大量未加工或未去皮的柿子，而胃里的游离酸含量又较高时，就会凝结成块，形成柿石，引起肚子疼、呕吐等。

（五）玉米机械化生产技术

150. 什么是玉米机械化生产技术？其技术要点是什么？

答： 玉米机械化生产技术是指玉米生产环节中，耕整地、播种、施肥、植保、中耕、收获、脱粒都使用机械作业，重点以播、耕、收为重点。

玉米生产全程机械化高产高效技术包括播前整地、播种、灌溉、中耕、植保、收获等环节。其中播前耕地、灌溉、中耕、植保可采用通用机械作业，技术要点如下。

（1）选地整地。应选择土质肥沃，灌、排水良好的地块。在地势平坦的地方，可按照保护性耕作技术要点和操作规程实施免耕播种，或利用圆盘耙、旋耕机等机具实施浅耙或浅旋。适用深松技术的地方可采用深松技术，一般深松深度 25 ～ 28 厘米。在山区小片田地，可使用微耕机耕整。

（2）播种。①选种。为适应玉米机械化生产，应尽量选择耐密植品种，并在播种前进行种子精选，去除破损粒、病粒和杂粒，提高种子质量，有条件的还可用药剂拌种，对防治地下害虫、苗期害虫和玉米丝黑穗病的效果好。②机播、直播玉米主要采用的是玉米精少量播种机械，建议使用集播种、施肥、喷洒除草剂等多道工序一次完成的播种机。播种时应根据土壤墒情及气候状况确定播深，适宜播深 3 ～ 5 厘米。玉米行距的调节主要考虑当地种植规格和管理需要，还要考虑玉米联合收获机的适应行距要求，如一般的悬挂式玉米联合收获机所要求的种植行距为 55 ～ 77 厘米（规范垄距 60 ～ 65 厘米最佳）。还可采用免耕直播技术，在小麦收割后的田间，用玉米直播机直接播种，行距 60 厘米、株距 15.2 ～ 28.8 厘米，播种量 22.5 ～ 37.5 千克 / 公顷，深度 3 ～ 5 厘米，可保证苗齐、苗全，实现节本增效。

（3）中耕追肥。根据地表杂草及土壤墒情适时中耕，第一次中耕在玉米齐

开心一刻

今天看了一篇文章，题目是：刚烧开的水不能喝，喝水致命的十大习惯。我没读过什么书，看完只想补充一点最关键的也是作者落下的一点，刚烧开的水不能喝的原因是：烫嘴。

苗作物显行后进行，一般中耕 2 遍，主要目的是松土、保墒、除草、追肥、开沟、培土。第一遍中耕以不拉沟、不埋苗为宜，护苗带 10 ～ 12 厘米，为此，必须严格控制车速，一般为慢速。第二、第三遍中耕护苗带依次加宽，一般为 12 ～ 14 厘米，中耕深度依次加深。第一遍 12 ～ 14 厘米，第二遍 14 ～ 16 厘米，第三遍 16 ～ 18 厘米。中耕施肥可采用分层施肥技术，施肥量 675 ～ 900 千克 / 公顷，施肥深度一般为 10 ～ 25 厘米，种床和肥床最小水平垂直间距大于 5 厘米，播后盖严压实。中耕机具一般为微耕机或多行中耕机、中耕追肥机。

（4）玉米病虫草机械化防控技术。玉米病虫草机械化防控技术是以机动喷雾机喷施药剂为核心内容的机械化技术。目前，植保机具种类较多，可根据情况选用背负式机动喷雾机、动力喷雾机、喷杆式喷雾机、风送式喷雾机、农用飞机或无人植保机。在玉米播种后芽前喷施乙草胺防治草害；对早播田块在苗期（5 叶期左右）喷施久效磷等内吸剂防治灰飞虱、蚜虫，控制病毒病的危害；在玉米生长中后期施三唑酮、乐施本等农药，防治玉米大小斑病和玉米螟等病虫害。

（5）收获机械化。目前应用较多的玉米联合收获机械有摘穗型和摘穗脱粒型两种。摘穗型分悬挂式玉米联合收割机和自走式玉米联合收获机两种，可一次完成摘穗、集穗、自卸、秸秆还田作业。摘穗脱粒型玉米收割机是在小麦联合收割机的基础上加装玉米收割、脱粒部件，实现全喂入收割玉米，一次性完成脱粒、清选、集装、自卸、粉碎秸秆等作业。

生活小窍门

巧洗铁锅油垢：炒菜锅用久了，锅上积存的油垢很难清除掉，如果将新鲜的梨皮放在锅里加水煮一会儿，油垢就很容易清除了。

151. 玉米机械化生产技术应注意哪些事项?

答：（1）农艺和农机协同。当前，玉米收获机械化发展缓慢，有产品技术、制造和使用上的原因，但在很大程度上受到品种和栽培制度的制约。品种选用、种植密度和株行距配置要与选用的机械相配套。

（2）适期收获计划作业。玉米收获尽量在籽粒成熟后间隔 3 ～ 5 天再进行收获作业，这样玉米的籽粒更加饱满，果穗的含水率低，有利于剥皮作业。收获前 10 ～ 15 天，应对玉米的倒伏程度、种植密度和行距、果穗的下垂度、最低结穗高度等情况，做好田间调查，并提前制定作业计划。提前 3 ～ 5 天，对田块中的沟渠、垄台予以平整，并将水井、电杆拉线等不明显障碍安装标志，以利于安全作业。作业前应进行试收获，调整机具，达到农艺要求后，方可投入正式作业；作业前，适当调整摘穗辊（或摘穗板）间隙，以减少籽粒破碎。作业中，注意果穗升运过程中的流畅性，以免卡住、堵塞；随时观察果穗箱的充满程度，及时倾卸果穗，以免溢出或卸粮时发生卡堵现象。正确调整秸秆还田机的作业高度，以保证留茬高度小于 10 厘米，以免还田刀具打土、损坏；如安装除茬机时，应确保除茬刀具的入土深度，保持除茬深浅一致，以保证作业质量。

开心一刻

同学说婚礼缺少伴郎伴娘，请我去，没想到我去了吸引了所有人的眼光，都怪给我的衣服，黑色西装挺合身的，就是里面的婚纱有点小。

152. 什么是玉米播种机？主要有哪些机型？

答： 玉米播种机是以作物玉米种子为播种对象的种植机械。玉米播种机代表厂家有河北农哈哈机械集团有限公司（图 73）、河南省台前县金园农业机械有限公司（图 74）、重庆卓格豪斯机械有限公司等，产品主要配置及参数见表 27。

表 27　玉米播种机主要产品及技术参数

产品型号	主要配置及参数	生产厂家	联系方式
2BYFSF 系列仿形勺轮玉米播种机	有 2、3、4 行规格播种机，其中 2BYFSF–4 主要配置参数：外形尺寸 1 550 毫米 × 2 240 毫米 ×980 毫米，机具质量 330 千克，配套动力 18.38 ～ 29.4 千瓦，行距 550 ～ 686 毫米，理论株距 120、165、180、225、250、310 毫米，开沟深度 60 ～ 80 毫米，播种深度 30 ～ 50 毫米，播种量 22.5 ～ 37.5 千克 / 公顷，化肥箱容积 160 升，种子箱容积 8.5×4 升	河北农哈哈机械集团有限公司	0311–83527472
金园宝 2BMY–2 玉米施肥精准播种机	外形尺寸 1 250 毫米 ×1 300 毫米 ×970 毫米，1 600 毫米 ×1 300 毫米 ×970 毫米，播幅 500 ～ 900 毫米，整机质量 115/176 千克，配套动力 11 ～ 22 千瓦，工作效率 0.2 ～ 0.27/0.27 ～ 0.33 公顷 / 小时，作业行数 2/3 行	河南省台前县金园农业机械有限公司	0393–5322888

生活小窍门

瓶子上的塑料瓶盖有时因拧得太紧而打不开，此时可将整个瓶子放入冰箱中（冬季可放在室外）冷冻一会儿，然后再拧，很容易就能拧开。

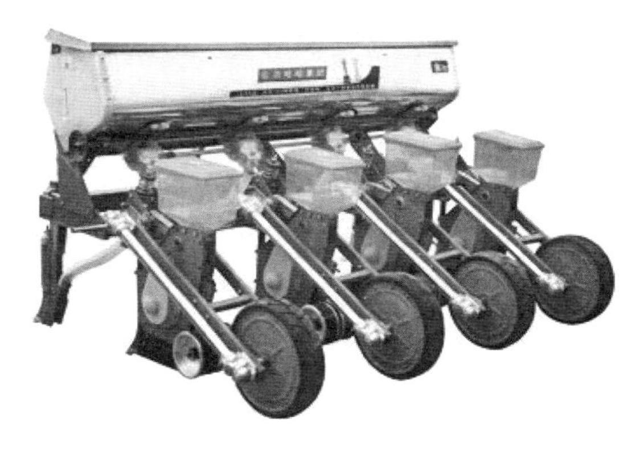

图 73　河北农哈哈机械集团有限公司的 2BYFSF-4 型仿形勺轮玉米播种机

图 74　河南金园农业机械有限公司的 2BMY-3 型玉米施肥精准播种机

“请问你听说过安利吗？”妹子起身就走了，连看都不带看我一眼，地铁实在是太挤了，为了找一个座位我容易嘛我。

153. 什么是玉米收获机？主要有哪些机型？

答： 玉米收获机械是指在玉米成熟时用机械一次完成玉米摘穗、堆集、茎秆一次还田等多项作业的农机具（图 75、图 76）。玉米收获机产品主要配置及参数见表 28。

表 28　玉米收获机主要产品及参数

产品型号	主要配置及参数	生产厂家
4YZP-2 型玉米收获机	配套动力 45 千瓦，外形尺寸 5 660 毫米 ×1 660 毫米 ×2 630 毫米，质量 3 060 千克，适应行距 500~700 毫米，割台幅宽 1 350 毫米，生产率 0.27 ～ 0.4 公顷 / 小时，籽粒总损失率≤ 3%	山东省五征集团有限公司
4YW-2 型玉米收获机	结构型式：悬挂式 + 前置铡切还田，外形尺寸 4.9 米 ×1.5 米 ×2.6 米，结构质量 690 千克，配套动力 22.1 ～ 25.7 千瓦拖拉机，工作行 (割道) 数 2 行，工作幅宽 1 050 毫米，摘穗机构型式：卧式螺旋筋，秸秆还田机构型式：侧挂式，铡切还田；粮箱容积 1.2 米 ^{3}	山东省高密市益丰机械有限公司

图 75　4YZP-2 型玉米收获机

图 76　4YW-2 型玉米收获机

生活小窍门

在衣领和袖口处均匀地涂上一些牙膏，用毛刷轻轻刷洗，再用清水漂净，即可除去污渍。

154. 什么是机械化免耕播种？有什么特点？

答： 机械化免耕播种就是指不进行土壤耕翻，直接使用免耕播种机械进行耙茬播和原垄播的播种，使用机械代替原来的人工播种、施肥、耕地等步骤一步完成，具体应用于玉米、小麦、大豆、土豆、大蒜等适合大范围种植的经济作物。免耕播种机主要包括玉米播种机、小麦播种机、大豆播种机、大蒜播种机、土豆播种机等机械，主要是为解决农村劳动力不足及人力成本的问题，扩大农业种植面积及机械化水平。

免耕播种特点：

（1）一般为半手工和半机械状态，可配合其他农用机械如拖拉机等使用，实现掘土、耕地、播种一体化。

（2）行距、株距可调，能达到不用间苗、剃苗的理想效果，能够更好地适应不同的地形和不同的地区。

（3）多为自主创新产品，企业自己研发改进。

（4）对于种子要求相比人工高，要求种子（玉米、小麦、大豆等）的大小均匀，并保证发芽率。

（5）免耕播种机可以配合免耕播种技术使用。

开心一刻

我是一个“人”才，但是我要再“二”一点，就成了天才！

（六）甘蔗机械化生产技术

155. 我国如何推进甘蔗生产机械化?

答： 我国蔗区生产条件差异很大，地形复杂、地块面积小、立地条件差，经营方式多样。因此，应根据不同的自然条件和经营方式，采用不同的机械化生产模式和技术路线。在大面积缓坡地地区，以大中型拖拉机、联合收获机作业为主，通过试验示范，逐步推进大型高效全程机械化；在丘陵坡地地区，以中小型拖拉机、联合收获机作业为主，实行轻简栽培，逐步推进联合收获和分段式机械化收获作业；在山区坡耕地，主要发展微小型耕种收机械化作业，重点解决甘蔗砍运等问题。

生活小窍门

只要在新房间内放一碗醋，两三天后，新房的油漆味就会很快消失。

156. 丘陵山区适合什么样的甘蔗生产机械化技术?

答: 丘陵山区的甘蔗适合小规模部分机械化模式和微小型半机械化模式。

（1）小规模部分机械化模式。适合坡度 6 ～ 15 度、地块较小（20 ～ 50 米）的丘陵地带。整地采用旋耕机旋耕或铧式犁耕地、小型轻耙碎土平整地；种植采用手扶拖拉机配开沟机，进行开沟施肥、人工摆种覆土盖膜，开沟深度 30 ～ 35 厘米；中耕培土采用手扶拖拉机配中耕施肥机，进行除草、松土、培土、施肥作业；植保采用小动力植保机，按照农艺要求选择药品喷施；灌溉采用小型移动式喷灌机械，进行喷灌或用固定式滴灌系统进行滴灌作业；收获采用 14.7 ～ 36.8 千瓦收割机、割铺机，进行整秆砍倒、剥叶机剥叶、人工或小型装载机收集装车、运输作业等分段机械化收获作业。

（2）微小型半机械化模式。适合坡度 15 ～ 25 度的窄小坡耕地块。整地采用微耕机或畜力犁地、碎土平整地；种植采用微耕机配开沟机开沟，人工施肥摆种覆土盖膜；中耕培土采用微耕机中耕除草、松土、培土，机械或人工施肥；植保采用背负式小动力植保机或简易手动机具，按照农艺要求选择药品喷施；灌溉用小型移动式喷灌机械，进行喷灌或用固定式滴灌系统进行滴灌作业；收获用 2.2 ～ 3.7 千瓦或人力手推式微型甘蔗割铺机，进行砍倒、剥叶机或人工剥叶、人工收集装车等作业，部分地区加装索道运输系统。

开心一刻

公司开会，老板：“我希望每天把你们叫醒的不是闹钟，而是梦想！”

我喃喃自语：“我希望把我叫醒的是老婆……”

（七）高效节水灌溉机械化技术

157. 什么是喷灌技术？其要点有哪些？

答： 喷灌技术是指利用专门的设备将水加压，或利用水的自然落差将有压水通过压力管道送到田间，再经喷头喷射到空中散成细小的水滴，均匀地散布在农田里，达到灌溉目的的技术。喷灌适用于灌溉所有的旱作物，如谷物、蔬菜、果树等，既适用于平原也适用于丘陵山区；除了灌溉作用，还可用于喷洒肥料与农药、防冻霜和防干热风等。机械化喷灌技术地形适应性强，灌溉均匀，灌溉水利用系数高，尤其适合于透水性强的土壤。现阶段适合在我国大面积推广的主要有固定式、半固定式和机组移动式 3 种喷灌形式。

与地面灌溉相比，大田作物喷灌一般可省水 30% ～ 50%，灌水均匀度可达 80%～ 90%，在透水性强、保水能力差的土壤上，节水效果更为明显，可达 70% 以上。采用喷灌技术，与沟灌等简单灌溉方式相比，可使作物增产 10% ～ 30%。其使用要点如下：

（1）喷灌系统形式的选择应根据当地的地形、作物、经济及机械设备条件，考虑各种形式喷灌系统的优缺点，选定适当的喷灌系统。在喷灌次数多、经济价值高的作物或地形坡度大的丘陵山区，可优先考虑采用固定形式；大田作物喷灌次数少，宜采用移动形式和半固定形式；在有自然落差的地方，尽量选用自压式喷灌系统，以降低机械设备的投资和运行费用。

（2）确定喷洒方式和喷头组合形式。喷头的喷洒方式有全圆喷洒和扇形喷洒两种。喷头布置形式可选择正方形、正三角形、矩形和等腰三角形 4 种。

（3）选择喷头首先要考虑喷头的水力性能是否适合喷灌作物和土壤特点，其次要根据农业要求、现有机械设备条件以及喷头型号综合考虑确定。在山丘斜坡地，喷灌系统内的压力是随地形高低而变化的，在最高处压力最小，应选

生活小窍门

毛衣袖口或领口失去了弹性，可将袖口或衣领在热水中浸泡 20 分钟，晾干后即可恢复弹性。

用低压喷头；中间选用中压喷头；最低处压力最大，选用高压喷头。如果压力过高，还需装置减压器，降低管内压力。

（4）管网布置也称管网规划，应根据实施喷灌的实际地形、水源等条件，提出几种可能规划的方案，然后进行技术经济比较，择优选定。管网布置应遵循 6 点原则：一是应使管道总长度最短、管径小、造价低，有利于水管防护。二是应考虑各用水单位的需要，方便管理，有利于组织轮灌和迅速分散流量。三是支管一般应与作物种植方向一致，丘陵坡地的支管一般应沿等高线布置，在可能的条件下，宜使支管垂直主风向。四是管的纵剖面应力求平顺，减少折点。五是支管上各喷头的工作压力要求接近一致，或在允许的差值范围内。六是供水泵站应尽量布置在喷灌系统的中心地点，以减少输水的水头损失。

注意事项：在风大情况下，喷洒会不均匀，蒸发损失增大。为充分发挥喷灌的节水增产作用，应优先应用于经济价值较高且连片种植、集中管理的作物；地形起伏大、土壤透水性强、采用地面灌溉困难的地方；水源有足够自然落差适合修建自压喷灌的地方；灌溉季节风小的地区。

适宜区域：北方干旱或半干旱地区以及南方季节性缺水地区。

开心一刻

晚上跟一个少妇聊天，聊到兴起，对方说他的前男友“高大帅气、威武多金、年少有为”。

我：那你们怎么分手了？

她：谁说我们分手了，我前男友是我现在的老公。

……能不能好好聊天了。

158. 什么是滴灌？其技术要点有哪些？

答：（1）技术概况。微灌技术分为滴灌和微喷灌技术两类。滴灌是一种通过安装在毛细管上的滴头，把水一滴滴均匀而又缓慢地滴入植物根区附近土壤的局部灌溉技术。它能借助土壤毛细管力的作用，使水分在土壤中渗入和扩散，供植物根系吸收和利用。滴入作物根部附近的水，使作物主要根区的土壤经常保持最优含水状况，且透气性强，利于植物生长。滴灌不仅具有较高的节水增产效果，而且可以结合施肥，能够提高肥效 1 倍以上，是目前干旱缺水地区最有效的节水灌溉方式，可使水的利用率提高到 95% 以上。

（2）增产增效情况。①提高劳动生产率和灌溉保证率。管理定额提高 2 ～ 3 倍；水量一定，应用滴灌技术的灌溉面积是常规灌溉的 1.5 倍左右。②提高肥料利用率。运用滴灌随水施肥，不仅实现了水肥一体化管理，而且氮肥利用率提高 30% 以上，磷肥利用率提高 18% 以上。③提高土地利用率。膜下滴灌系统采用管道输水，田间不需修斗、毛渠及田埂，节约了土地，土地利用率提高 5% ～ 7%。④抑制杂草生长。滴灌水通过过滤器进入管道传输到田间，杜绝了渠道输水过程中草种的传播，同时因滴灌属局部灌溉，作物行间始终比较干燥，有效抑制了杂草种子的萌发和生长。⑤有利于高产优质。滴灌技术可及时对缺墒土壤补给水分，使作物出苗整齐集中，促苗早发，作物生长健壮，有利于作物的高产优质。⑥提高经济效益。滴灌较常规灌溉增加纯收入：棉花 5 280 元 / 公顷，加工番茄 10 713 元 / 公顷，小麦 2 970 元 / 公顷，玉米 6 000 元 / 公顷。

（3）技术要点。①水质达到农业灌溉用水水质标准，专用过滤器过滤后达到滴灌工程水质标准。输水管网材质选用农用 U–PVC, 或 PE 管材，工作压力达到滴灌系统工作压力要求。②工程设计执行国家《微灌工程设计规范》。

注意事项：灌水器堵塞是当前滴灌应用中最主要的问题，因此，一般用

生活小窍门

把生黑斑的铝制品泡在醋水混合液中，10 分钟后取出清洗，便会光洁如新。

水应经过过滤，必要时还需经过沉淀和化学处理。此外，滴灌可能引起盐分积累。当在含盐量高的土壤进行滴灌或是利用咸水滴灌时，盐分会积累在湿润区的边缘，若遇到小雨，这些盐分可能会被冲到作物根区而引起盐害。在没有充分冲洗条件的地方或是秋季无充足降雨的地方，不要在高含盐量的土壤进行滴灌或利用咸水滴灌。滴灌还可能限制根系的发展。由于滴灌只湿润部分土壤，加之作物的根系有向水性，这样就会引起作物根系集中向湿润区生长。另外，在没有灌溉就没有农业的地区（如我国西北干旱地区）采用滴灌时，应正确地布置灌水器。

老板，我不会砍价，我只会砍人，价钱你说多少吧?

159. 什么是微喷灌？其技术要点有哪些？

答：（1）技术概述。微喷灌技术是介于喷灌与滴灌之间的一种节水灌溉技术。采用低压管道将水送到作物根部附近，通过微喷头将水喷洒在土壤表面或作物上面进行灌溉。它兼具喷灌和滴灌的优点，又克服了两者的主要缺点。喷灌是全面灌溉，湿润整个灌溉面积，而微喷一般只湿润作物周围局部面积；在灌水器出水方式上，滴灌以水滴状湿润局部面积土壤，而微喷是以雨滴喷洒，湿润局部面积土壤，微喷还可以提高空气湿度，起到调节田间小气候的作用；微喷头的孔径较大，比滴灌抗堵塞能力强。因是低压运行，且大多是局部灌溉，故比喷灌更为节水；雾灌喷头孔径较滴灌灌水器大，比滴灌抗堵塞，供水快。用于一些经济作物，增产、节水效果十分显著。

（2）增产增效情况。据调查，使用微喷灌可使蔬菜等作物增产15%左右，与漫灌相比，可节约用水50%～80%。

（3）技术要点。①水质符合《农田灌溉水质标准》要求，但水中含有细砂，需采取过滤措施方可满足微灌要求。主干管和分干管选用PVC塑料管材，支管和毛管选用PE塑料管材。②工程设计执行国家《微灌工程设计规范》，根据所灌溉作物及自然条件设计计算灌水量、灌水周期、水泵及动力等。

（4）注意事项。

①喷头的堵塞是当前微喷灌应用中最主要的问题，堵塞后会出现有些地喷不出水的现象。因此，微喷灌对水质要求较严，一般均应经过过滤，必要时还需经过沉淀和化学处理。②铺设多孔微喷管的地面应平整，山区或坡地应按等高线铺设。微喷管铺设在地面上要平直，避免阻碍物，喷水孔口朝上，并适当固定。③灌溉水源要求清洁干净，一般设置60目的丝网进行过滤。定期打开微喷管尾部接头，冲洗管道，避免堵塞。④供水压力和流量应符合要求，一般流量变差应小于10%，压力偏差小于20%。否则应采取分流或增压措施，如通过增减微喷管的数量进行调整。

生活小窍门

将新买的牛仔裤放入浓盐中浸泡12小时，再用清水洗净，以后再洗涤时就不易褪色。

160. 什么是渗灌技术？其技术要点有哪些？

答： 渗灌技术是通过埋在地表下的管网和渗灌灌水器对植物根部进行灌溉，水在土壤中缓慢地湿润和扩散湿润部分土体，属于局部灌溉。这种灌水方式能克服地面毛管易于老化的缺点，防止毛管的人为损坏或丢失，方便田间耕作，主要适用于果树灌溉和设施农业作物灌溉。目前工程上的做法是将灌溉水通过低压渗灌管管壁上的微孔（裂纹、发泡孔）由内向外呈发汗状渗出，随即通过管壁周围土壤颗粒，颗粒间孔隙吸水作用向土体扩散，给作物根系供水，一次连续性实现对作物灌溉的全过程。渗灌水进入土壤后，仅湿润作物根系层，地面没有水分，故蒸发量更少，比其他灌水方式更节水。

增产增效情况：①节水。渗灌比沟灌节水80%以上，比滴灌节水30%以上，灌溉水利用率可达95%以上，节水节能效果显著，肥料利用率提高30%以上。②降本。渗灌相对湿度比膜下低10%以上，比畦灌降低30%以上，降低病虫害的发生，农药的使用次数和使用量减少，农药投入降低，农产品质量提高。节省用工、用电，增产增效。③增产。同地面灌溉相比，在保护地应用渗灌技术，可有效提高温室大棚内温度2～3摄氏度，提高地温1～2摄氏度。同时，渗灌有助于土壤团粒结构的保持，有效解决传统灌溉造成的土壤板结问题；与畦灌相比，产品提早7～10天上市，坐果率提高20%，结果期延长15天以上，增产30%～50%。

技术要点：

（1）挖槽。按作物栽培的垄向要求，一般渗灌管间距与作物行距相同，长度同垄长。确定好渗灌管间距后划线，按放好的线开挖土槽，深度750毫米左右。然后对沟底进行平整，并踏实，同时，开挖埋设输水支管的土槽。

（2）铺管。将渗灌管（毛管）铺在挖好的土槽内，其上的出水孔要朝上，管要平直，保持水平，且找准水平与垂直位置；调整好方向与位置后，应将其

开心一刻

今天等公交的时候，看着眼前车来车往，疾驰而过的各种名车，内心有点失落，又激动不已，大奔，宝马，路虎，法拉利……

心中暗暗发誓！我还年轻，只要我够努力，总有一天，我会把全部的车标都记住。

先固定，以防在回填土掩埋过程中发生渗灌管位置移动或渗灌管自身扭曲而使出水口转向下侧。铺管后，将渗灌管（毛管）与输水支管用专用接头相连。

（3）防堵处理。由于渗灌管埋在地下，直接接触土壤，在灌水过程中，特别是当灌水结束时土壤中的水分倒流回渗灌管，这样就会把土壤颗粒等杂物带入到出水口或渗灌管内而引起堵塞，进而降低灌水质量。为此，当将渗灌管铺好后，要在其上的出水口处，覆盖 2 ～ 3 厘米的锯末或稻壳作为防护层。

（4）回土。盖好保护层后，开始覆土，应注意防止渗灌移位和变形，动作要轻、尽量不用大的土块。等回填至土槽 1/2 深处时，可以适当踏实；然后填平，再踏实；再覆土并使之略高出地面，以保证在以后的耕作与灌水过程中，土壤进一步下沉而使地面保持平整。

生活小窍门

选购羽绒服时，可将羽绒服放在桌子上，用手拍打，蓬松度越高说明绒质越好，含绒量也越多。

161. 渗灌技术注意事项有哪些?

答:（1）管道埋设深度。主要取决于土壤性质、耕作情况及作物种类。适宜的埋设深度，应能使灌溉水借毛管作用使计划湿润层得到充分湿润，特别是表层也达到足够的湿润，且深层渗漏最小。一般黏质土埋深大，沙质土较小。同时，埋设深度要深于深耕深度，且不致被农机具行走而压断，应在冻层以下。

（2）管道间距。管道间距应使两条管道的湿润曲线重合一部分，主要取决于土壤性质和供水情况。土壤颗粒越细，供水水头越大，灌水湿润范围越大，间距可大一些。反之，间距宜小些。有压管道间距可达5～8米，无压管道间距一般为1～3米。

（3）管道长度与坡度。有压管道的适宜长度，应按管道首尾两端土壤湿润均匀，而且渗漏损失较小作为确定依据。目前我国采用的管道长度一般为20～50米。管道坡度与管道长度及地面坡度有关，一般为0.001～0.005度。

（4）管道渗水量。管道适宜的单位长度渗水量与土壤性质有关，对重壤土以9～10升/（小时·米）为宜，中、轻壤土以12～16升/（小时·米）为宜，沙壤土以16～20升/（小时·米）为宜。

（5）土壤性能。渗灌湿润表层土壤较差，对幼苗生长不利；在底土透水强的土壤上，容易产生深层渗漏，损失水量多。

适宜区域：北方干旱或半干旱地区以及南方季节性缺水地区。

开心一刻

职员：“别的公司冬有烤火费，夏有降温钱，咱这儿却既无防寒福利，又无降温表示。”

经理：“这是好兆头嘛！”

职员：“这能说明什么呢？”

经理：“本公司四季如春！”

（八）保护性耕作技术

162. 什么是保护性耕作？技术要点有哪些？

答： 保护性耕作又叫作保护性农业，是在地表有作物秸秆或根茬覆盖情况下，采用免耕或少耕方式播种，并通过轮作减少杂草病虫害的一项先进农业技术。

保护性耕作的主要目的：一是改善土壤结构，提高土壤肥力，增加土壤蓄水、保水能力，增强土壤抗旱能力，提高粮食产量。二是增强土壤抗侵蚀能力，减少土壤风蚀、水蚀，保护生态环境。三是减少作业环节，降低生产成本，提高农业生产经济效益。保护性耕作的基本特征是不翻耕土地，地表有秸秆或根茬覆盖，采用轮作等方式防控杂草病虫害。

南方水旱连作区的主要问题：一年多熟，水旱连作，无休闲期；作业工序多，生产成本高；秸秆量大且焚烧严重；土壤有机质下降；高温高湿，旱涝兼有，病虫草害严重。

（1）关键环节的技术要点：

水稻收获旱作物播种。水稻收获后，秸秆粉碎，抛撒均匀，覆盖地表；或秸秆捡拾后，留茬覆盖。油菜、小麦采用免耕或少耕方式播种，同时开出“三沟”（厢沟、腰沟、围沟），便于抗旱排涝。

旱作物收获水稻种植。小麦、油菜收获后，秸秆或留茬覆盖，水田适度耕整，埋压秸秆。水稻秧苗采用插秧机栽插，或水稻芽种采用直播机带状直播。

田间管理期。根据作物生长实际，进行追肥、除草、喷药、排灌，或油菜间苗等。

收获期。水稻收获时，对秸秆进行粉碎处理，秸秆长度应较短，符合国家有关规定，且抛撒均匀。油菜、小麦收获时，可不粉碎秸秆。

生活小窍门

金首饰表面发旧，用鹿皮（或其他柔软的皮）蘸少许牙膏轻轻擦拭，即可光亮如新。

（2）推荐技术模式

油（麦）– 稻水旱连作。油菜（小麦）收获后，水田适度整地，埋压秸秆或杂草，水稻机械插秧或机械直播；水稻收获后，灭草，油菜（小麦）少免耕播种。

肥 – 稻水旱连作。水稻收获后，秸秆覆盖还田，免耕播种绿肥；绿肥收获后，适度耕整，埋压绿肥或杂草等；水稻机械插秧或机械直播。

开心一刻

上午给一哥们打电话，他正在开会。

我跟他说：“你方便的时候给我回个电话。”

结果我等了一天，晚上快睡觉的时候，接到他的电话。

我开玩笑说：“哟，哥们，你最近很忙嘛，现在才有时间回电。”

他说：“我现在才方便……”

163. 农作物秸秆综合利用技术及其特点是什么?

答：农作物秸秆可用作肥料、饲料、生活燃料及工业生产原料，是一种宝贵的可再生资源。农作物秸秆用作肥料有直接利用和加工利用两种方式。直接利用一般用秸秆机械化粉碎直接还田，加工利用主要是利用秸秆堆制有机肥料。农作物秸秆作为饲料除了直接饲喂外，还有青贮、黄贮、微贮等方法，利用窖、池或塑料袋等，都可以实现集中规模化加工。近几年利用专门的机械设备或秸秆饲料生产线，把秸秆加工成颗粒或块状干饲料发展较快。秸秆的燃料利用主要有生产沼气、秸秆气化和用秸秆作为生物质进行发电3种方式。农作物秸秆还可用作培养基栽培食用菌、造纸，生产纤维密度板、植物地膜、餐饮具、包装材料、育苗钵等，以及用秸秆制造酒精、淀粉等化工原料。技术要点：

（1）农作物秸秆收获还田机械化技术。水稻秸秆还田是在使用联合收割机收获水稻后，使用拖拉机配带驱动圆盘犁、水田旋耕耙或埋草旋耕机进行作业，均匀撒放田里。小麦秸秆收获还田是在使用联合收割机收获的同时，使用安装在联合收割机上专门装置粉碎秸秆，抛撒于地表。玉米秸秆还田，一是应用玉米联合收获技术，在收获玉米果穗的同时实现秸秆粉碎还田；二是应用玉米青贮收获技术，在玉米摘除果穗后或连带果穗直接进行田间收获粉碎后用作青贮饲料，实现过腹还田；三是在人工摘除玉米果穗后，应用秸秆还田机械将秸秆粉碎还田。

（2）农作物秸秆饲料加工机械化技术。该技术的应用以玉米秸秆的青贮加工为主，有塑料袋青贮和窖式青贮两种，即将蜡熟期玉米通过青贮收获机械一次性完成摘穗、秸秆切碎、收集，或人工收获后将青玉米秸秆铡碎至1～2厘米长，含水量一般为67%～75%，装入塑料袋或窖中，压实排除空气以防霉菌繁殖，然后密封保存，40～50天即可饲喂。

生活小窍门

要去除烤炉内的污物，请在炉子还温热的时候把盐撒在上面，冷却后用湿海绵擦拭即可。

（3）农作物秸秆气化技术。将玉米芯、棉柴、玉米秸、麦秸等干秸秆粉碎后作为原料，经过气化设备（气化炉）热解、氧化和还原反应转换成可燃气体，经净化、除尘、冷却、储存加压，再输送给用户，作燃料或生产动力。

（4）农作物秸秆颗粒饲料加工成套技术。以玉米秸、稻草、麦秸、葵花秆、高粱秆之类的农作物秸秆等低值粗饲料，加转化剂后压缩，利用压缩时产生的温度和压力，使秸秆氨化、碱化、熟化，使秸秆木质素彻底变性，提高其营养成分，制成品质一致的颗粒状饲料，成为反刍动物的基础食粮。加工处理后的农作物秸秆粗蛋白含量从2%～3%提高到8%～12%，消化率从30%～45%提高到60%～65%。该技术适用于公司加农户模式，能工厂化生产、商品化流通，生产成本低。

（5）农作物秸秆有机肥生产技术。利用大型铡草机将秸秆粉碎，用水把秸秆浸透，分层在秸秆上撒上畜禽粪便和腐解剂，堆制过程中用机械均匀翻动，再堆成半圆体进一步腐熟，数日后晒干粉碎，由秸秆有机肥造粒机加工制成颗粒状肥料，再装袋运输和销售。

（6）农作物秸秆栽培食用菌技术。利用秸秆作为基料栽培食用菌，剩余的蘑菇糠是优质有机肥可还田。

（7）农作物秸秆工业用品加工技术。以玉米秸、麦秸等各种秸秆为原材料，利用高压模压机械设备，辗磨处理后的秸秆纤维与树脂混合物在金属模具中加压成型，制成各种高质量低密度、中密度和高密度的纤维板材制品，具有广泛的应用范围。

（8）秸秆收加储运机械化技术。秸秆综合利用的第一车间是在田间，农作物秸秆田间机械化收集、加工、储藏、运输是秸秆综合利用运行过程工艺路线的关键环节。重点推广农作物秸秆田间机械化捡拾、打捆、储藏、运输等技术，重点解决农业生产的季节性与秸秆综合利用连续性之间的矛盾。

话说有个人因为太胖，买票的时候航空公司表示你必须买两张票。

他想了一下，既然两个位置连起来宽一点坐起来也挺爽。

最终上飞机的时候，航空公司的确给了他两个位置，一个在7排一个在9排。

164. 水田秸秆机械化还田技术的要点有哪些?

答: 机械化秸秆还田是采用将收获后的稻草切碎翻埋、整秆翻埋还田或整秆压扁还田。可一次完成多道工序，具有便捷、快速、低成本、大面积培肥地力的优势，不仅争抢了农时，而且减少了环境污染，增强了地力，提高了粮食产量，是一项较为成熟的技术。

技术要点：

（1）工艺流程。稻茬田灌水浸泡—旋耕或耙地—埋草作业（两遍）—机械或人工简单整平—后续栽种作物。

（2）水田秸秆还田的主要模式及使用机具。秸秆还田机械化技术有几种模式：一是稻草切碎还田；二是团絮状稻草还田；三是整根稻草还田。第一种又分为带有切草装置的半喂入联合收割机或割前脱联合收割机机械收割，切碎的稻草均匀撒放田里；或将人工收割后稻草集中切碎，再由人工均匀撒放田里，然后由旋耕机进行埋草整地作业。第二种是由全喂入联合收割机收获后，将田里的成条堆放的团絮状稻草搅散，用驱动圆盘犁、1GBS-65 型水田旋耕耙或埋草驱动耙进行埋草整地作业。第三种是由半喂入联合收割机收割后均匀排放的整根稻草，或是人工收割后，将整根稻草直接均匀撒放田里，再用 1GBS-65 型水田旋耕耙或埋草驱动耙进行埋草整地作业。

（3）操作规程。水稻秸秆还田时，秸秆抛撒田中后应先泡水 1 ～ 2 天，水深以 3 ～ 5 厘米为宜，补施氮肥后立即旋耕或耙地，使切碎稻秆埋入耕层内。若进行深耕翻埋时，耕深应不小于 23 厘米。作业后不应出现成团残草，每平方米残草量应低于 100 克。当稻草切碎还田采用旋耕机或驱动耙在水田进行埋草作业时，需用慢速和中速按纵向和横向作业两遍。当整秆稻草还田采用旋耕耙进行埋草作业时，需用慢速和中速作业 3 遍，第一遍用慢速，耕深应小于 5 厘米，再按一般旋耕要求调深耕深，纵向和横向作业两遍。

生活小窍门

室内植物，例如菊花、常春藤、吊兰，是天然的空气清新剂。

（4）机械耕整作业田块条件和作业质量要求。

①旱耕型。

前作留茬田田面基本平整，高度差 3 ～ 5 厘米，前茬早稻稻茬高度 15 厘米以下，且无秸秆等杂物。如果不是机械旱直播，允许留茬高度在 25 厘米以下，且可以有少量杂草或机械收获的抛撒秸秆。

机械直播前不进行灌溉，土壤含水率在 30%以下。

利用原有的畦、沟，直接旋耕播种，旱浅旋深度 3 ～ 5 厘米，种子覆土厚度 0.5 ～ 1.5 厘米，表土层细平，全田高度差 3 厘米左右。

播种后及时清理畦沟和横头沟，疏通内外沟的连接点，确保灌排水畅通。

插秧时，田面采用平畦，开明沟，沟宽 11 ～ 18 厘米，明沟间距即畦宽应是插秧机幅宽的倍数。

②水耕型。

前作留茬田田面基本平整，高度差 3 ～ 10 厘米，允许前茬留茬高度在 25 厘米以下，且可有杂草或机械收获的抛撒秸秆，但要抛撒均匀，总量 300 千克 / 亩左右。水田耕整地机械化技术作业要求可简单归纳为 5 个字：平、光、实、适、清。

平：田面平整，全田高低差不超过 3 厘米，插秧或直播后达到寸水棵棵到。

光：田面整洁，达到无杂草、无杂物、无浮渣等。

实：田块沉实，已埋秸秆、留茬无成堆现象，土层上细下粗，细而不糊，上烂下实，机械作业时不陷机、不壅泥。

适：表土硬软适中。用锥形穿透针测定，标准深度 8 ～ 10 厘米。

清：泥浆沉实达到泥水分清，沉实而不板结，水清而不浑浊。

开心一刻

营业员：“好消息！好消息！新到的畅销书，买一本送一本。”

一顾客买后大骂：“骗人，一本是原书，一本是勘误。”

165. 免耕或少耕播种技术的含义、实施要点及注意事项是什么？

答： 少耕免耕法是相对于传统耕作法而言，主要是以不使用铧式犁耕翻和尽量减少耕作次数为主要特征，从尽量减少耕作次数发展到一定年限内免除耕作。

少耕免耕覆盖由于不翻动土层，尽量减少耕作次数，从而减少土壤水分蒸发和水土流失，提高蓄水和保墒能力。不翻动土层，相对降低了土壤透气条件和好气性微生物的活动，减缓有机质分解速度，增加有机质积累，起改土培肥作用。减少耕作次数，降低机具对土壤结构的破坏作用，土壤有机质含量提高，土壤水稳性团聚体含量增加，改善土壤结构。不翻动土层，又有地面覆盖和撒施除草剂，下层杂草种子得不到发芽条件，杂草逐年减少。地面覆盖防止风蚀、水蚀。总之，少耕、免耕法运用生物、化学和土壤自然物理特性规律，能为农作物创造良好的土壤环境，达到稳产高产的目的。另外，少耕免耕减少耕作次数，省时、省力，有利于复种，可抢墒抢时播种，节约能源，降低成本，提高效益。其次，少耕免耕由于减少了耕作次数或一次完成多项作业，减少机具下地次数，从而减轻了对土壤的压实。

技术实施要点及注意事项：

（1）少耕技术。少耕是一种改变传统土壤作业方式的耕作方式。少耕以重型耙或旋耕机为手段进行表土作业，改变了传统耕翻作业方式，减少了土壤搅动量，可以减少土壤流失程度。在玉米一年一作保护性耕作技术中采用少耕技术。

（2）免耕播种技术。免耕播种技术是免耕技术和播种技术的复合。免耕就是除播种外不再进行其他任何土壤耕作，尽量减少作业次数，只在播种时用免耕播种机一次完成破茬、开沟、施肥、播种、覆土、镇压等作业，玉米和小麦

多采用免耕播种技术。

①玉米免耕播种技术要点：

一般春玉米播量控制在 22.5~30 千克 / 公顷，夏玉米控制在 22.5 ～ 37.5 千克 / 公顷，半精量播种双籽率≥ 90%；播种深度一般控制在 3 ～ 5 厘米，沙土和旱情较重的情况下，播深可适当增加 1 ～ 2 厘米；施肥深度一般 8 ～ 10 厘米，要求肥料施在种子下方 3 ～ 5 厘米处。

②小麦免耕播种技术要点：

播种量应视播种时间、土壤墒情具体而定，半精量播种一般播量控制在 150 ～ 300 千克 / 公顷；播深一般 2 ～ 4 厘米，要求籽粒散落均匀，覆盖严密；施肥深度 5 ～ 8 厘米，要求肥料施在种子下方 3 ～ 5 厘米。

实施要点：少耕免耕、播种、复式作业；免耕法对除草剂要求较高，需要除草剂连续起作用；地面覆盖是免耕的重要组成，免耕法增产的主要原因是秸秆覆盖而不是免耕。

注意事项：对排水不良的黏性土壤则不宜用免耕法；合理轮作，尽量避免连续两年种同一种作物，这样既可合理利用土壤养分，又可抑制杂草和病虫害的发生。

开心一刻

围棋爱好者说：“在所有体育项目中，围棋比赛里的运动员是最舒服的，因为他们只要渴了，就能喝水。”

游泳爱好者：“不对，游泳运动员可以喝水。”

围棋爱好者：“那是洗澡水。”

166. 农机深松技术原理是什么？实施效果如何？

答： 农机深松技术是保护性耕作技术的重要内容，指利用深松机械作业，不翻转土层，保持原有土壤层次，局部松动耕层土壤和耕层下面土壤的一种耕作技术。深松深度一般 25 ～ 40 厘米，以能打破犁底层为基准。农机深松可以增强土壤渗透能力，促使作物根系下扎，形成水、肥、气、热通道，使土壤深层养分与耕作层实现良性互动。作物根系腐烂后又形成新的孔隙，进一步改善土壤通透性，作物根系逐年发展，对未松动部分的土壤产生作用，实现自然熟化土壤、培肥地力、节本、增效，实现农业生产可持续发展。

农机深松作业具有非常显著的效果。一是促进土壤蓄水保墒，增强抗旱防涝能力。据吉林省试点县测试，深松达到 30 厘米的地块比未深松的地块每公顷可多蓄水 400 米^{3}左右，相当于建立了一个“土壤水库”。深松地块伏旱期间平均含水量比未深松的地块提高 7 个百分点，作物耐旱时间延长 10 天左右。二是促进农作物根系下扎，提高抗倒伏能力。深松为作物生长创造了良好的土壤环境，改善了作物根系的生长条件，促进根系粗壮、下扎较深、分布优化，充分吸收土壤的水分和养分，促进作物生产发育。三是促进农作物生产，提高粮食产量。吉林省深松地块玉米秸秆叶片、株高、茎粗数均增加，空秆率降低，平均增产达 10%。黑龙江省 2010 年深松浅翻地块的产量比耙茬地块高 1 200 ～ 1 500 千克 / 公顷。

生活小窍门

切洋葱等蔬菜时，可将其去皮放入冰箱冷冻室存放数小时后再切，就不会刺眼流泪了。

167. 丘陵地区深松作业技术模式主要有哪些?

答: 丘陵山区深松作业技术模式主要有标准化果园作业模式、非标准化果园作业模式、油菜及浅根系作物作业模式和普通大棚及山地茶园作业模式 4 种。

（1）标准化果园。选用 66.1 千瓦以上拖拉机，牵引作业幅宽 2 ～ 2.5 米的独立深松机（挂接 3 片翼型深松铲单排均布），在植株行间进行深松作业，深松深度 30 厘米以上。深松作业后，按农艺要求，沿深松切口一次性施入沼渣沼液有机肥 75 ～ 120 吨 / 公顷，改良土壤结构和理化性质。再使用作业幅宽 2 ～ 2.5 米的旋耕机沿深松作业线路进行旋耕作业，旋耕深度 10 ～ 15 厘米，将深松作业后的土块细碎，利于土壤排湿、透气，促进根系对养分的吸收。

（2）非标准化果园。选用 36.7 千瓦以上拖拉机，挂接便于在非标准果园推广应用的专用深松机（幅宽按作物行距进行调整），深松机上安装两片翼型深松铲，两片深松铲之间的间距可调整，可以根据非标准果园果树的生长年限和行距调整深松间距。作业时，沿植株冠幅内侧 10 厘米进行深松作业，深松深度 30 厘米以上，深松作业后，按农艺要求，沿深松切口一次性施入沼渣沼液有机肥 45 ～ 75 吨 / 公顷。

（3）油菜及浅根系作物。选用 66.1 ～ 99.5 千瓦拖拉机，牵引幅宽 2 ～ 3 米的联合深松机（挂接 3 ～ 6 片翼型深松铲，两排均布），对地块进行全面深松，深松深度 25 ～ 35 厘米，深松后可以根据农艺要求浇灌 75 吨 / 公顷左右的沼渣沼液有机肥。再使用作业幅宽 2 ～ 3 米的旋耕机沿深松作业线路进行旋耕作业，旋耕深度 15 ～ 20 厘米，将深松作业后的土块细碎，使土壤松软平整达到待播状态。

（4）普通大棚及山地茶园。选用配备 6.5 千瓦以上动力驱动的微型深松机具，深松机上安装两片特制凿式深松铲，铲间距≥ 40 厘米，在植株行间进行深松作业（大棚深松作业应在作物种植厢面进行），深松深度≥ 20 厘米，两片深松铲之间的间距可调整。

开心一刻

老师：“有口皆碑，怎样解释？”

学生：“有口皆杯的意思，是说：凡杯，都有口，如酒杯、茶杯等。”

168. 深松机具的类型及深松铲的形式有哪些?

答: 常用的深松机具主要分为两种。一种是只能进行深松作业的机具，如带翼铲的深松机、振动深松机等；另一种是可以联合作业的机具，如深松旋耕机、振动深松播种机等。

深松铲是深松机的主要工作部件，其形式直接关系到深松作业质量的好坏。常用的深松铲有 3 种形式，具体要求如下。第一种是凿形深松铲，其前端为平头，宽度 40 ～ 60 毫米；第二种是箭形（鸭掌）深松铲，其前端为尖形，尾部宽度不低于 100 毫米；第三种是双翼深松铲，两侧带翼，尾部宽度 150 ～ 200 毫米。箭型（鸭掌）深松铲、双翼深松铲深松效果较好；如果是凿形深松铲，应在深松铲柄上安装翼铲，并使两侧翼铲的有效宽度不小于 150 毫米，以确保深松效果良好。

生活小窍门

车船行驶途中，将鲜姜片随时放在鼻孔下面闻，使辛辣味吸入鼻中，可以防晕车。

169. 单一作业深松机、振动深松机、全方位深松机、深松旋耕联合作业机有何特点?

答： 单一作业的深松机，结构简单，使用方便，深松效果好，对配套动力要求不高，但需增加一遍旋耕作业才能进行播种，不利于争抢农时。适宜经济条件一般、地块较小、大型拖拉机缺乏的地区使用。

振动深松机采用振动式深松铲，具有松土性能好，上实下虚、地表平整，底部“鼠道”便于储水排涝，工作阻力小、动力消耗低、配套动力要求不高等特点，但机具结构较为复杂，维修、保养部位较多。

全方位深松机深松效果最好，犁底层打破彻底，但动力消耗大，需要大功率拖拉机配套，东北地区应用较多，南方丘陵地区应用较少。

深松旋耕机可实现一机多用，既可单独深松作业或旋耕整地作业，又可进行深松旋耕联合作业，工作效率高，但需要大型拖拉机配套使用。适宜经济条件较好的地区使用，为主要推广机型。

语文老师看完一个学生的作文后，对他说：“看着你的作文，怎么老让人打瞌睡呢？”

他眨巴着眼睛说：“那是我一边打着哈欠，一边写的呀！”

170. 目前南方应用较多的深松机有哪些?

答: 目前南方应用较多的深松机代表厂家有马斯奇奥（青岛）农业机械有限公司（图 77）、西安永晨机械设备有限公司（图 78）、河南豪丰机械制造有限公司（图 79）、山东大华机械有限公司（图 80）等。产品主要配置及参数见表 29。

表 29　深松机产品及参数

产品型号	主要配置及参数	生产厂家	联系方式
马斯奇奥 TERREMOTO 型中耕式深松机	深松深度 25 ～ 45 厘米	马斯奇奥（青岛）农机制造有限公司	023-47546080
1S-1800 型深松机	外形尺寸 1 600 毫米 ×1 500 毫米 ×1 150 毫米，结构质量 320 千克，工作铲数 5 个，工作幅宽 180 厘米，铲间距 360 毫米，深松深度 30 ～ 35 厘米，生产率 0.72 ～ 1.44 公顷 / 小时，配套动力（拖拉机）36.8 ～ 58.8 千瓦，连接方式后三点悬挂	西安永晨机械设备有限公司	029-85295019
1S-200 型深松机	外形尺寸 1 500 毫米 ×2 020 毫米 ×1 400 毫米，结构质量 420 千克，深松行数 4 行，工作幅宽 200 厘米，配套动力 44.1 ～ 58.8 千瓦，工作效率 0.4 ～ 0.6 公顷 / 小时，连接方式后三点悬挂	河南豪丰机械制造有限公司	0374-5695193
1SZL-200 型深松机	配套动力 ≥ 73.5 千瓦，作业幅宽 2 米，结构质量 990 千克，工作铲数 4 个，铲间距 50 厘米、58 厘米、62 厘米，深松深度 25 ～ 70 厘米，整地深度 ≥ 8 厘米	山东大华机械有限公司	0537-3484818

生活小窍门

家用电器的缝隙里常常会积藏很多灰尘，可将废旧的毛笔用来清除，非常方便。

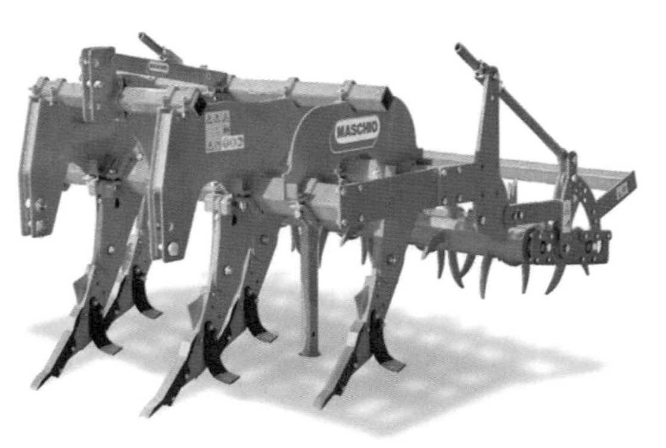

图 77　马斯奇奥 TERREMOTO 型中耕式深松机

图 78　西安永晨机械设备有限公司 1S–1800 型深松机

图 79　河南豪丰机械制造有限公司 1S–200 型深松机

图 80　山东大华机械有限公司 1SZL–200 型深松机

老师表扬了小强的作文，说这篇作文在体材方面特别好，要同学们向他学习。

明明听了不服气地说：“这有什么了不起，准是他爸爸教他的！”

老师问：“小强的爸爸是干什么的？”

明明大声回答：“裁缝！”

171. 机械化深松作业的原则是什么?

答:（1）深松作业应该根据土壤的墒情、耕层质地情况具体确定，一般情况下，耕层深厚，耕层内无树根、石头等硬质物质的地块宜深些，否则宜浅些。

（2）作业季节土壤含水量较高、比较黏重的地块不宜进行深松作业，尤其不宜采用全方位深松作业，以防止下年出现坚硬板结的垡条而无法进行耕作。

（3）深松深度可根据不同目的、不同土壤质地来确定，一般用于果园渍涝地排水、施肥的，应选用 30 ～ 40 厘米的松土深度。对于一般土壤，以打破犁底层、增加蓄水保墒能力为目的的，可根据土壤耕层状况选择 25 ～ 35 厘米的松土深度。

（4）深松应提倡以秋季的全方位深松为主，以夏季的局部深松为辅的原则。果园宜采用独立深松，粮油、蔬菜等浅根系作物土地免耕性深松，机械化深松熟土宜采用联合深松。

（5）作业时在主机能够正常牵引的挡位上尽可能大油门提高车速，以便获得理想的深松作业质量。

生活小窍门

将晒干的残茶叶，在卫生间燃烧熏烟，能除去污秽处的恶臭。

172. 果园为什么需要开展深松作业?

答: 对于新开辟的果园，随着树龄增大，如不及时扩大熟化土壤的范围，果园土壤将越来越瘦薄，有机质含量越来越少，会阻碍根系生长，常造成果树树冠小、枝量少、树势弱、产量低，有形成“小老树”的危险。成年果园，经多年耕作，下层土壤变得紧实，土壤的水、肥、气、热条件日趋恶化，如不及时加深耕作层及更新复壮根系，果树树势减弱，产量就要下降。果园实施深松作业后，打破了土壤犁底层，深松深度一般要求 30 ～ 40 厘米，一般 2 ～ 3 年进行一次。深松能够显著降低 20 ～ 40 厘米深度的土层土壤容积密度，提高土壤蓄水、排水和通气性能，促进微生物活动，加速土壤有机物矿化分解，提高有效养分供应。

果园深松同时还能够有效切断果树老根，培育出深广密的根群，提高根系吸水吸肥能力，促进果树的快速生长和结果。

土壤有机质含量反映了地力水平，是作物生长与保证产量的基础。果园深松后，按农艺要求，采用水肥渣循环利用集成设备，沿深松处一次性施入有机肥沼渣沼液。沼渣沼液是有机物质的分解残余物，含有丰富的果树生长所需的养分，在土壤中易于分解，具有疏松土壤的作用，是最为理想的绿色肥料，能够改良土壤结构和理化性质，满足果树生长发育各阶段的营养需要。

我有一个哥是医学博士，过年回家，我弟一直站他后面，然后我就问我弟：“你为啥站后面呢？”

他说我这不体验一下博士后的感觉嘛。

（九）设施农业种植养殖技术

173. 现代温室可采用哪些覆盖材料?

答:（1）玻璃。

一般采用 4 毫米厚，只在多雹区采用 5 毫米厚；玻璃温室其开间一般为 4 米或 4.5 米，檐高一般在 3.5 ～ 4.5 米。玻璃，尤其是浮法玻璃及专用园艺玻璃，其透光率可达 90% 以上，而且不会随时间衰减，正常使用其寿命可达 20 年以上。耐腐蚀性最好，防尘性能和排冷凝水滴的性能也优于其他材料。但普通玻璃其抗冲击能力差、质量大、尺寸小；需用更多檩条，故成本高、阴影多；玻璃碎后易伤人，不好修补；导热系数较大，故夏季降温困难、冬季采暖耗热大，造成生产成本大幅上升，因而不得不加大厚度和用中空玻璃，或加多层覆盖。

（2）塑料。

单位面积价格是玻璃的几分之一甚至十几分之一，质量是玻璃的十几分之一，因而骨架和整个温室的一次性投资大大降低；但耐久年限比玻璃低得多，特别是塑料薄膜平均 1~2 年换一次，使用管理费用高而不便。

塑料分为塑料薄膜聚乙烯 PE、聚氯乙烯 PVC 以及聚醋酸乙烯 EVA 和聚酯 PET 薄膜；硬质塑料片；板 PVC 和 PE 膜片；有机玻璃 PMMA 板、聚酯玻璃钢 FRP 板、有机玻璃钢 FRA 板和聚碳酸酯 PC 板等。

生活小窍门

在墨汁中加少量肥皂水（或茶水），搅拌均匀，用这样的墨汁写出的字迹可保持色迹不变。

174. 现代温室设施中主要有哪些设备?

答: 现代温室设施内使用的主要装备包括物理植保技术装备或其他喷雾植保机械、物理增产技术装备、风机湿帘降温系统等。其中，物理植保技术装备包括温室电除雾防病促生系统、土壤连作障碍电处理机、臭氧病虫害防治、色光双诱电杀虫灯、防虫网；物理增产技术装备包括利用空间电场生物效应制造的空间电场光合作用促进系统、烟气净化二氧化碳气肥机、补光灯等。寒冷地区的温室设施外使用的机械装备有草苫(保温被)卷帘机、卷膜器等。

开心一刻

儿子:“爸，我要出去跟朋友们玩儿。”

爸爸:“你是在问我还是在告诉我?”

儿子:“我……我是在跟你要钱。”

175. 农业设施中如何实现机械化耕整地?

答： 在设施大棚或温室中，可以使用大棚王拖拉机或者中小型拖拉机、手扶拖拉机，配套旋耕机、犁、开沟机、起垄机以及深松刀具等农机具，进行旋耕、翻耕、开沟、起垄以及深松等作业。

生活小窍门

CD 片不小心刮伤，只要用油性笔涂在刮痕上即可，不论什么颜色的油性笔都可以。

176. 大棚王拖拉机有什么特点？常用的大棚王拖拉机有哪些？

答：大棚王系列拖拉机是专门为大棚种植和园林管理设计的。采用双缸或 3 缸、4 缸柴油机、直联式两轮驱动；装有牙嵌式差速锁、单边制动系统和标准单、双速动力输出。其特点是小巧玲珑，结构紧凑、转弯半径小，动力足（一般动力为 29.4 千瓦左右），具有较高的工作效率和工作质量。配备不同的农具，可以适用于蔬菜、花卉大棚和园林的耕地、施肥、碎土、喷雾等田间管理，并具有普通拖拉机的其他功能，是大棚种植和园林管理理想的动力机械。

目前常用的大棚王拖拉机有雷沃重工 M345L-E 型拖拉机（图 81）、悍沃 404 型大棚王拖拉机（图 82）以及潍坊 TY 系列大棚王拖拉机（图 83）等。

图 81　雷沃重工 M345L-E 型拖拉机

图 82　悍沃 404 型大棚王拖拉机

图 83　潍坊 TY 系列大棚王拖拉机

开心一刻

老爸坐在沙发上看报纸，看着看着“扑哧”一声，笑了起来，说道：“现在的报纸上净胡说。”

我问：“说啥了？”

老爸：“说喝剩的啤酒能浇花。”

我：“有什么不对吗？”

老爸嘿嘿一笑道：“酒还能有剩的吗？”

177. 农业设施中如何实现机械化田间管理?

答: 设施农业在田间管理过程中可采用背负式植保机进行灌溉、施肥等作业;亦可在设施大棚(温室)中安装自动化水肥系统进行浇灌、喷灌、微喷灌或滴灌等作业。需要中耕培土的可用大棚拖拉机配套中耕培土机进行作业。

生活小窍门

价钱卷标很难撕掉,可用吹风机吹热一下再撕,会很轻松地撕下来,不留一点痕迹。

178. 大棚滴灌设备如何正确安装使用?

答:（1）选择合适的滴灌机械。①通过计算或按设计要求，选择合适的水泵；通过计算设计出合理的供水管径和管长，以达到较高的均匀度；供水管道应选择具有抗老化性能的塑料管材。②灌水器是关键部件，要选择出水均匀、抗堵塞能力强、安装使用方便的灌水器。③选择的过滤器，应为 120 目或 150 目，并具有耐腐蚀、易冲洗等优点。

（2）正确安装滴灌机械。①供水管道的安装要采用双向分水方式，力求两侧布置均衡。②首部枢纽在安装过程中，必须在过滤器的前后各装 1 块压力表，1 个阀门，目的是为了观察过滤器前后的压差及便于调节流量和压力，同时便于过滤器的清洗。

（3）正确使用滴灌机械。①系统工作压力应控制在规定的标准范围内。②过滤器是保证系统正常工作的关键部件，要经常清洗。若发现滤网破损，要及时更换。③灌水器易损坏，应小心铺放，细心管理，不用时要轻轻卷起，切忌踩压或在地上拖动。④加强管理，防止杂物进入灌水器或供水管内。若发现有杂物进入，应及时打开堵塞头冲洗干净。⑤冬季大棚内温度过低时，要采取相应措施，防止冻裂塑料件、供水管及灌水器等。⑥滴灌时，要缓缓开启阀门，逐渐增加流量，以排净空气，减小对灌水器的冲击压力，延长其使用寿命。

高考前，老师说做不出来的题不要纠缠太久，直接跳过去。

考试中，我发现自己跳了一题又一题，根本停不下来。

179. 农业设施中如何实现机械化运输和贮藏?

答: 通过在设施大棚中安装运输轨道或使用田园运输车、三轮车，或者使用拖拉机配套载货斗等方式，可实现机械化运输作业。通过建设冷库或冻库，可使作物在收获后进行较长时间的贮藏并保鲜。

生活小窍门

新鲜蛋用灯光照，空头很小，蛋内完全透亮，呈橘红色，蛋内无黑点，无红影。

180. 什么是无土栽培?

答: 无土栽培是指不用天然土壤而用基质或仅育苗时用基质，在定植以后用营养液进行灌溉的栽培方法（图 84）。由于无土栽培可人工创造良好的根际环境以取代土壤环境，有效防止土壤连作病害及土壤盐分积累造成的生理障碍，充分满足作物对矿质营养、水分、气体等环境条件的需要，栽培用的基本材料又可以循环利用，因此具有省水、省肥、省工、高产优质等特点。

a. 圆管水培

b. 立柱式水培

图 84　无土栽培

开心一刻

“高考终于结束了，前所未有的空虚感扑面而来，我原打算去尽情放纵，但现在却只想安静地待在家里放空自己。”

“不准请假！”

“好的，老板！”

181. 什么是植物工厂？

答： 植物工厂是指通过设施内高精度环境控制实现农作物周年连续生产的高效农业系统，是利用计算机对植物生长的温度、湿度、光照、CO_2浓度以及营养液等环境条件进行自动控制，使设施内植物生长不受或很少受自然条件制约的省力型生产（图 85）。植物工厂完全摆脱大田生产条件下自然条件和气候的制约，应用现代先进设备，完全由人工控制环境条件，全年均衡供应农产品，是一种高度专业化、现代化的设施农业。

图 85　植物工厂

生活小窍门

洗完脸后，用手指沾些细盐在鼻头两侧轻轻摩擦，用清水冲净，黑头粉刺就会清除干净。

182. 设施养殖中主要有哪些设备?

答: 主要是家禽和畜牧的饲养设备。如自动化养鸡设备，能实现行车喂料系统、捡蛋系统、输送带式清粪系统自动化控制，能大幅度提高劳动生产率，提高经济效益；如养猪成套设备，包括单体栏、分娩栏、保育栏、肥育大栏及其配套设施等；如养牛设备，包括牛舍及其配套设施、挤奶设备等。

开心一刻

高考前：“妈，饿了！”

老妈：“饭早做好了，赶紧吃去吧！”

高考后：“妈，饿了！”

老妈：“等会儿做饭。”

半小时后：“妈，饿死了！”

老妈：“饿死了还会说话！”

183. 什么是设施农业物联网技术?

答: 指用大量的传感器节点构成监控网络，通过各种传感器采集信息，及时发现问题，准确地确定发生问题的位置，并且及时将问题反馈到操作室或者通过自动控制系统自主调节相关环境因素从而解决问题。这样设施农业将逐渐地从以人力为中心、依赖于孤立机械的生产模式，转向以信息和软件为中心的生产模式，从而大量使用各种自动化、智能化、远程控制的生产设备。

生活小窍门

新做好的头发只要睡前在枕头上铺一条质地光滑的丝巾，就可以防止头发变形。

184. 设施农业可以涉及哪些产业？

答：设施农业涉及以下产业。

（1）园艺作物生产和畜禽水产养殖。主要包括蔬菜、瓜果、花卉、中药材等植物类农作物的生产；或猪、牛等牲畜，鸡、鸭等家禽，鱼类等水产品及其产物如鸡蛋、牛奶等的生产。

（2）农业观光旅游。通过修建设施农业观光园、植物展览馆或大棚蔬菜、瓜果采摘园等方式实现农业观光旅游。

（3）生态餐厅。生态餐厅又叫温室餐厅、阳光餐厅、休闲餐厅、天然餐厅等。这些餐厅是由种植温室繁衍而来，它们共同的特点是餐厅内种植或装饰有植物、花草，以及建造有各种景观。以设施调控技术、农艺栽培及管理技术来维护餐厅的优美环境，全方位立体展现绿色、优美、宜人的就餐环境。

开心一刻

学校里面一共有4个食堂，但是无论使用任何方法，实在没法分出哪个食堂做的东西更难吃一些。

（十）蔬菜机械化生产技术

185. 大棚蔬菜种植机械化生产技术有哪些技术要点?

答：其主要技术要点有以下几个。

（1）大棚两端结构改造。将大棚两端固定结构，改装成中间两扇推拉门和两侧可拆卸活动门。推拉门便于工作人员进出作业，卸下两侧可拆卸活动门和推拉门便于机械作业。

（2）机械深耕。25.7 千瓦大棚王拖拉机配套旋耕机完成设施深耕作业，作业深度 15 ～ 25 厘米，耕宽 1.3 米，生产率 0.13 ～ 0.2 公顷 / 小时。打破犁底层，利于贮水保墒。

（3）机械起垄。25.7 千瓦大棚王拖拉机配套液压升降起垄作业机具。控制垄型，起垄高度、宽度可调，垄高 10 ～ 15 厘米，垄底宽 90 ～ 110 厘米，垄顶宽 70 ～ 90 厘米，生产率 0.2 ～ 0.27 公顷 / 小时。

（4）机械铺膜移栽。25.7 千瓦大棚王拖拉机配套铺膜移栽机，完成蔬菜铺膜移栽作业。一次完成起垄、铺滴管带、铺膜、打眼、移栽、浇水多项作业，符合蔬菜生产农艺要求。行数 2 行，行距 40 厘米，株距 25 ～ 40 厘米可调，栽植深度 5 ～ 12 厘米可调，生产率 0.067 公顷 / 小时。

生活小窍门

用干枯的松针叶铺在花盆底，可以解决花盆积水问题。

186. 蔬菜种植机械主要有哪些?

答: 蔬菜可以通过撒播或者移栽的方式进行种植。撒播蔬菜可以使用背负式撒播机或牵引式撒播机，移栽蔬菜可以使用蔬菜移栽机。常见的蔬菜移栽机有久保田 2ZS-1C 型蔬菜移栽机（图 86）、洋马 PF2R 型两行乘坐式全自动移栽机等（图 87）。

图 86 久保田 2ZS-1C 型蔬菜移栽机

图 87 洋马 PF2R 型两行乘坐式全自动移栽机

开心一刻

高考完了我就对我爸说：别人家孩子高考父母都去看看，给钱带吃的，我高考你们都不去。

我爸说：谁说没去，我去了，还带着西瓜、冷饮，天太热，大门又不让进，所以我就自己把西瓜吃了、冷饮喝了回来了。

我……

187. 蔬菜收获机械主要有哪些?

答: 蔬菜收获机械是收割、采摘或挖掘蔬菜食用部分的机械，根据收取蔬菜部位的不同，可分为根菜类收获机、果菜类收获机和叶菜类收获机等类型（图88至图91）。根菜类收获机主要是收获胡萝卜、萝卜等根菜的机械，有挖掘式和联合作业式两种类型；果菜类收获机包括番茄、黄瓜、甜椒等各种类型的收获机；叶菜类收获机包括甘蓝、菠菜等收获机。

图 88　山东华龙农业装备有限公司 4GZ 系列蔬菜收获机

图 89　山东华兴机械股份有限公司 4SH-60 型蔬菜收获机

生活小窍门

将残茶叶浸入水中数天后，浇在植物根部，可促进植物生长。

图 90　久保田 CH-201C 型胡萝卜收获机

图 91　新疆机械研究院的牧神 4JZ-3600 型自走式辣椒收获机

开心一刻

每天睡觉前我都问儿子："妈妈好吗？"

儿子答："好。"

我又问："妈妈哪儿好呢？"

儿子就会习惯性地回答："妈妈长得好看。"

然后我心满意足地给儿子讲故事。

一天晚上，我又这么问的时候，老公在旁边嘟囔："总这么问，会影响儿子的审美。"

（十一）果园机械化生产技术

188. 机械化果园有什么特点?

答: 机械化果园是指全部或主要生产环节都能够依靠机械设备作业，实现高效生产的果园。为满足农业机械，特别是大、中型农业机械在果园中能够顺利通行和作业，机械化果园不宜建设在坡度较大的地方，且果园中的果树需要按照定植行距种植。同时，机械化果园中的生产道、机耕道以及外部公路要能够互联互通，保证农业机械进出自如。此外，在保证果树能够正常生长、果园能够正常排水利水的情况下，应该尽量少开和浅开厢沟。

生活小窍门

炖肉时用陈皮，香味浓郁；吃牛羊肉加白芷，可除膻增鲜；自制香肠用肉桂，味道鲜美。

189. 林果业机械具体分类有哪些？

答： 林果业机械指专门用于林业、果业生产的机械，主要包括挖坑机、果树修剪机、植树机、割灌机、除草机等。

（1）挖坑机。挖坑机是近几年出现的，以拖拉机、挖掘机为动力源，配以液压系统来实现土坑挖掘的机械设备。该设备一般由动力系统（拖拉机或挖掘机）、液压系统、机械钻挖系统 3 部分组成。

（2）果树修剪机。主要采用电源动力对果树进行剪枝和打叶，方便携带、操作简单、节省力气。

（3）植树机。栽植苗木的营林机械，一般由机架、苗箱、牵引或悬挂装置、开沟或挖坑器、植苗机构、递苗装置、覆土压实装置、传动机构、起落机构等组成。作业时，开沟器在林地上开出植树沟或穴，用人工或植苗机构按一定株距将树苗投放到沟（穴）中，然后由覆土压实装置将苗木根部土壤覆盖压实。

（4）割灌机。营林机械的一种，用于林地清理、幼林抚育、次生林改造和森林抚育采伐等割除灌木、杂草，修枝、伐小径木、割竹等作业。

（5）除草机。割草机（lawn mower）又称除草机、剪草机、草坪修剪机等，是一种用于修剪草坪、植被等的机械工具，由刀盘、发动机、行走轮、行走机构、刀片、扶手、控制部分组成。刀盘装在行走轮上，刀盘上装有发动机，发动机的输出轴上装有刀片，刀片利用发动机的高速旋转在速度方面提高很多，节省了除草工人的作业时间，减少了大量的人力资源。

开心一刻

据说女生常常会担心两件事情，一件事情是她的娘家亲戚在那几天提前来看她，另一件就是她娘家亲戚过了日子迟迟不来。而相比之下，令人憎恨的是，期末考试总是如期而至。

190. 果园生产机械化技术及配套机具主要有哪些?

答:（1）耕、整地机械化技术，配套机具为轮式拖拉机或履带式拖拉机。

（2）开沟作业机械化技术，配套机具为开沟施肥覆土作业机。

（3）柑橘果园除草机械化技术，配套机具为除草机。

（4）柑橘果树植保机械化技术，配套机具为自走式喷雾机、动力喷雾机、弥雾机、基于超声传感果园对靶喷雾机。

（5）修剪机械化技术，配套机具为手动修剪机或电动、液压修剪机。

（6）柑橘果园转运机械化技术，配套机具为履带式转运机或轮式（爬山虎）转运机、轨道式搬运机。

（7）机械化深松与培肥技术，配套机具为深松机，移动式或固定式管网相结合的沼渣沼液浇灌系统。

生活小窍门

豆浆不可与药物同饮，会破坏豆浆的营养成分，如四环素等抗生类药物等。

191. 果园拖拉机主要有哪些?

答: 潍坊昊田农业装备有限公司的大棚王系列拖拉机 300/304/350/354/400/404/500/504/554/600/604（图 92），是专门为大棚种植和园林管理设计的，采用双缸、3 缸、4 缸柴油机，直联式两轮驱动或者四轮驱动；装有牙嵌式差速锁、单边制动系统和标准单、双速动力输出。其特点是小巧玲珑，结构紧凑、转弯半径小。在普通大棚内犁耕和旋耕时，不用拔桩、不留死角，耕深和旋碎速度比普通单缸小四轮田园管理机都有较大提高，具有较高的工作效率和工作质量。配备不同的农具，可以适用于蔬菜、花卉大棚和园林的耕地、施肥、碎土等田间管理，并具有普通拖拉机的其他功能，是大棚种植和园林管理理想的动力机械。代理商：重庆财久农机有限公司。联系方式：023-68546209、13983140393。

图 92　潍坊昊田农业装备有限公司的大棚王系列拖拉机

石家庄保东农业机械有限公司生产的 TG-280 型低矮果园管理机（图 93），

开心一刻

这个期末的时候，我收到高中好友的一封来信，上面只写了八个字，但字字珠玑："期末危机，见面详谈。"

配置旋耕机可以实现旋耕作业，另外可配置锄草轮、施肥机、开沟机、拖斗、单铧犁等农具，适宜果园作业。外形尺寸 2 300 毫米 ×1 300 毫米 ×950 毫米，整机质量 700 千克，配套动力 14.7 千瓦，配套旋耕机宽度 1.35 米或者 1.25 米，配套旋耕机质量 150 千克，前轮轮距 1 米，后轮轮距 1.1 米，农具联接方式三点悬挂式。代理商：重庆财久农机有限公司。联系方式：023-68546209、13983140393。

图 93　石家庄保东农业机械有限公司的 TG-280 型果园管理机

生活小窍门

煎荷包蛋时，在蛋的周围滴几滴热水，煎好的蛋特别鲜美。

192. 果园除草机械主要有哪些?

答:（1）轮式割草机。筑水农机(常州)有限公司的 MH60V2 型轮式割草机（图 94），主要用于柑橘果树树冠周围生长杂草的除草作业，实现柑橘果园杂草绿肥的粉碎。该机整机结构尺寸较小，高度较低，可以在果树低于 40 厘米的区域穿行。最大功率 5.9 千瓦，外形尺寸 1 900 毫米 ×805 毫米 ×870 毫米，割刀割宽 650 毫米，割高 0 ～ 80 毫米，最小回转半径 1 070 毫米，爬坡能力 15 度，走行速度：前进 1.0/2.0/3.3 千米 / 小时、后退 0.9 千米 / 小时。联系方式：0519-89180222。

图 94　筑水农机(常州)有限公司的 MH60V2 型轮式割草机

（2）后悬挂圆盘割草机。石家庄鑫农机械有限公司生产的 9G 系列果园后悬挂圆盘割草机（图 95），规格割幅 1.2 米、1.3 米、1.5 米、1.6 米、1.8 米、2 米或定制割幅（割幅 1.2 米以下，或割幅 1.8 米以上），主要适用于果园（葡萄、梨、桃、柑橘）果树之间生草粉碎为有机肥。该系列果园后悬挂双圆盘割草机，配套动力 8.82 ～ 25.73 千瓦拖拉机，割幅 1.8 米以下，作业效率

开心一刻

自杀的方法有很多种，为什么非要选择累死呢?

0.4～1.2公顷/小时，茬高0.5～150毫米可调。联系方式：0311-85571783、18633916592。

图95　石家庄鑫农机械有限公司的果园后悬挂圆盘割草机

（3）电动手推式割草机。重庆艾斯拉特科技有限公司生产的ASLT2015-JB3型电动手推式割草机（图96），外形尺寸54厘米×51厘米×34厘米，功率200瓦，工作电压直流24伏，两轮高度30厘米，两轮宽度40厘米。联系方式：曾晓春13708306070。

图96　重庆艾斯拉特科技有限公司的电动手推式割草机

生活小窍门

取新鲜橘子皮若干，分散放入冰箱内，三天后打开冰箱，清香扑鼻，异味全无。

（4）割灌机。一种轻便、灵活、高效的割草、割灌木等综合性小型机械，适用于中、小面积和山区、丘陵地带及零散地块作业。割灌机代表厂家有嘉陵－本田发动机有限公司（图 97）、临沂佳士通农业机械有限公司（图 98）、宁波奥晟机械有限公司（图 99）、临沂佐罗动力机械有限公司、台州欧玮机械有限公司等。产品主要配置及参数见表 30。

表 30　割灌机主要产品及参数

产品型号	主要配置及参数	生产厂家	联系方式
UMQ435（3GC–0.95）	外形尺寸 1 960 毫米 ×698 毫米 ×410 毫米，整机质量 7 千克，切割生产率≥ 6 米 ^{2}/ 分，切割燃油消耗率≤ 0.8 升 / 小时	嘉陵－本田发动机有限公司	023–62766246
CG431	配套功率 0.75 千瓦，外形尺寸 1 800 毫米 ×600 毫米 ×370 毫米，整机质量 7.5 千克，最大切割直径 20 毫米，作业效率≥ 0.093 公顷 / 小时	临沂佳士通农业机械有限公司	0539–8631818
CG350A	配套功率 0.8 千瓦，外形尺寸 1 880 毫米 ×660 毫米 ×430 毫米，整机质量 9.1 千克，最大切割直径 16 毫米，作业效率≥ 0.087 公顷 / 小时	宁波奥晟机械有限公司	0574–62037810

开心一刻

小华抬头看着我，他的头发已经抓得乱蓬蓬的，每一绺都指向不同的方向：这是抓狂的前兆……

图 97　嘉陵－本田发动机有限公司的 UMQ435（3GC-0.95）型割灌机

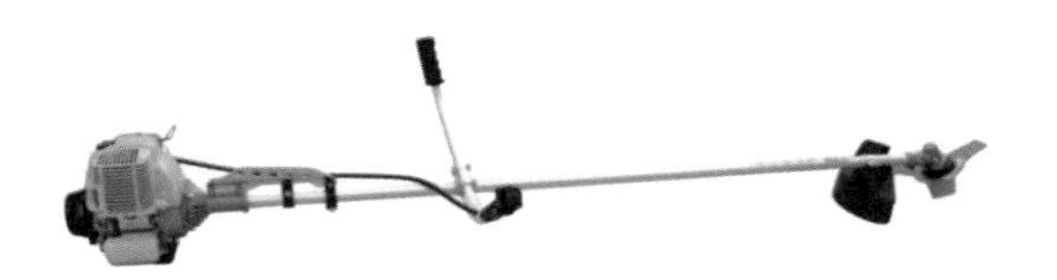

图 98　临沂佳士通农业机械有限公司的 CG431 型割灌机

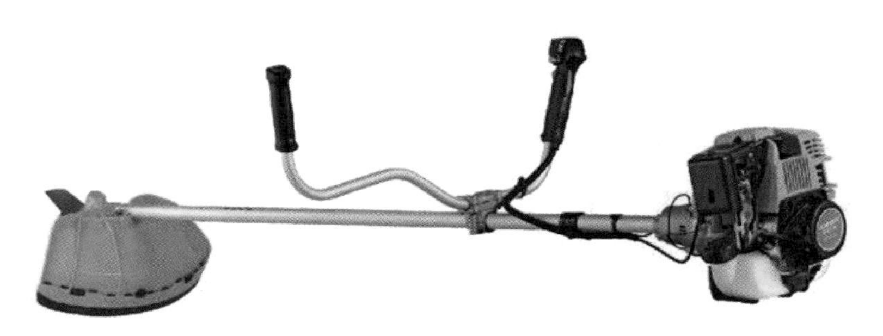

图 99　宁波奥晟机械有限公司 CG350A 型割灌机

（5）坐骑式割草机。中农博远农业装备有限公司生产的坐骑式割草机（图 100），主要用于果园行间或道路、沟渠、山坡、河床、池塘、森林和苗圃等地域的杂草或人工草场的管理。平均割草效率 6 500 米^2/ 小时，远远高于人工作

生活小窍门

萝卜与羊肉同煮，或在锅中放几粒绿豆，都可除去腥膻味。

业，并节约大量手动割灌机等切割工具。配置先进汽油发动机，采用多项防滑专利技术，在泥泞、雪地等恶劣环境中表现更出众，四驱车可在 25 度陡坡上下自如、正常工作。有 AC92-21 和 AC92-23 4×4 两个型号。联系方式：电话 400-000-3243，传真 0311-88198809。

中农博远公司生产的 3G 系列果园割草机（图 101），主要用于果园、园林、草场、草地、绿地等各种场地的除杂草、修剪等作业，专业处理果树园林大草、密草、杂草。排草通畅，可靠性强，工作效率高。其中果园主要适用于矮砧密植园、新建幼龄园、老园间伐提干改造园。产品有 3GC-120、3GC-160、3GC-180 3 个型号。联系方式：电话 400-000-3243，传真 0311-88198809。

图 100　中农博远公司的坐骑式割草机

图 101　中农博远公司的 3G 系列果园割草机

开心一刻

我们终于总结出了他的生活规律“不是在宿舍，就是在网吧；不是在网吧，就是在去网吧的路上”。

193. 果园植保机械主要有哪些?

答: 主要有动力喷雾机、自走式风送喷雾机、自走式喷雾机、悬挂式风送喷雾机。

临沂三禾永佳动力有限公司生产的3WZ-500LD型履带式风送果林喷雾机（图102），适用于标准化种植模式的柑橘、茶园、葡萄、桃树、梨树、猕猴桃等高枝作物农药、叶面肥和土壤液态肥。整车行驶采用多缸风冷17.9千瓦发动机；喷雾系统采用韩国进口多缸水冷45千瓦动力配置；最大喷雾直径30米，防治作业量4.67～6.67公顷/小时，每500升喷雾时间20～25分钟；车体宽1.33米、高1.3米，转弯半径不超过1.4米，履带式可实现360度转弯；较适合南方多雨地域植保作业。联系方式：0539-8531858。

图102　自走式风送喷雾机

自走式喷雾机（图103）是带有喷雾功能的搬运机，具有优良的机动性及通过性，拆除药箱后，可作为果园搬运机使用，可实现一机多用，大大提高机器的利用率。自走式喷雾机代表厂家有筑水农机（常州）有限公司、重庆威马农业机械有限公司、重庆宏美科技有限公司等。

生活小窍门

上午喝绿茶开胃、醒神，下午泡饮枸杞可以改善体质，有利于安眠。

图 103　小型履带自走式喷雾机

悬挂式风送喷雾机：中农博远公司生产的 3WFX-400 型风送弥雾式打药机（图 104）采用先进工艺与全新设计理念制造，主要部件从国外进口，整机结构合理，产品性价比高。该机配套附件种类齐全，可满足多种喷洒作业要求，更适合于果园与葡萄园。药箱容积 400 升，单侧喷洒 6 ～ 8 米，配套动力 25.7 千瓦以上。联系方式：电话 400-000-3243，传真 0311-88198809。

图 104　中农博远公司的 3WFX-400 型风送弥雾式打药机

开心一刻

子曰：唯女子与小人难养也。圣人且如此，况吾乎？不过如果真拿女人和小人比较起来，小人你尚知道他有所图，但你却搞不清楚女人想干什么。

194. 果树修剪机械主要有哪些？

答：（1）果树修剪机。重庆艾斯拉特科技有限公司生产的 ASLT3JB1-Q 型纯电动多功能剪枝机（图 105）适用于各种果树、茶树、园林、植物护理修剪枝整形，高枝修剪、高枝链锯、往复锯、除草等多功能。同时还具有照明、喷雾、充气、清洁、休闲音乐功能，可以带动多种气动工具、电动工具作业。联系方式：曾晓春 13708306070。

图 105　重庆艾斯拉特科技有限公司的 ASLT3JB1-Q 型纯电动多功能剪枝机

（2）电动修枝剪。宁波市镇海长城汽车摩托车部件厂的 SCA2 型电动修枝剪（图 106）由剪切刀、集成（控制）电路、电机总成、减速装置和电源（锂电池）等组成。工作时，扣动两次控制器开关启动无刷电机，通过星行减速装置使剪切刀开合 9 ～ 12 次 / 分钟，达到剪切树木枝条的作用。适用于柑橘、葡萄、梨、桃、杨梅等果树修枝整形，桑树枝的修剪。剪切树枝的最大直径为 30 毫米。联系方式：0574-86304233。

生活小窍门

将鱼洗净放入淘米水中浸泡两小时，经这样处理的鱼烧出来味道鲜嫩可口。

图 106　宁波市镇海长城汽车摩托车部件厂的 SCA2 型电动修枝剪

（3）高枝锯。适用于果树、林木、园艺花卉的修剪整形作业的机械。高枝锯代表厂家有石家庄绿华机械科技有限公司（图 107）、安徽古德纳克科技有限公司（图 108）等。产品主要配置及参数见表 31。

表 31　高枝锯产品及技术参数

产品型号	主要配置及参数	生产厂家	联系方式
LDM-280GL	蓄电池 24 伏 9 安・小时，2 组；功率 300 瓦；导板长度 30 厘米；链锯长度 2.8 米；可锯 15 厘米以下的枝条	石家庄绿华机械科技有限公司	13333370960
GL2500/2500T	最大功率 0.75 千瓦，导板规格 25 毫米，净质量 5.9 千克	安徽古德纳克科技有限公司	0553-2577777

开心一刻

今天，我的同桌跟我说：“男的就是一找抽的动物，女的穿很多的时候，总看人家没布的地方；女的穿很少的时候，总看人家有布的地方！”

图 107　石家庄绿华机械科技有限公司的 LDM-280GL 型电动高枝链锯

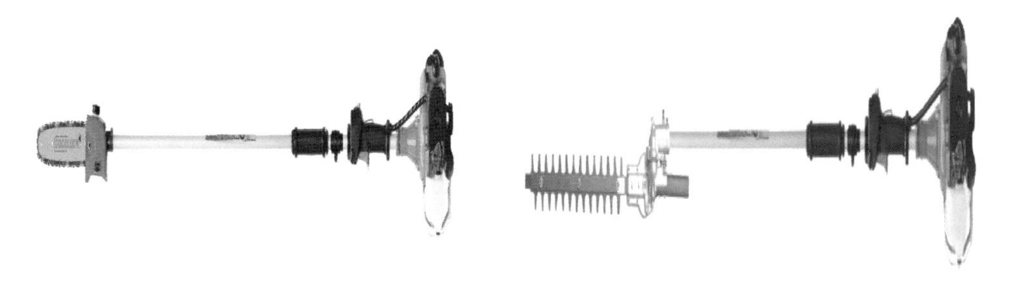

图 108　安徽古德纳克科技有限公司 GL2500/2500T 型高枝锯

生活小窍门

吃荤之后不要立即喝茶，茶叶中含有大量鞣酸蛋白质，这种蛋白质能引起脂肪肝。

195. 什么是果蔬加工设备？果蔬加工设备代表产品有哪些？

答： 果蔬加工设备是指专用于对果蔬进行清洗、去皮、选果、榨汁、切割等工艺的设备，以提高其附加值的各类机械，包括水果清洗机、水果打蜡机、水果分选机、保鲜库、自动化辅助设备等。果蔬加工设备代表厂家有沅江兴农机械制造有限公司（图 109）、江西绿萌科技控股有限公司（图 110）等。产品主要配置及参数见表 32。

表 32　果蔬加工设备产品及技术参数

产品型号	主要配置及参数	生产厂家	联系方式
TGFX-3 型清洗分选机	适应平原、丘陵山区的果农和果品加工合作社对水果进行清洗、分选；适应于柑橘、脐橙、柠檬等圆形果类的清洗、大小分级。配套功率 2 千瓦，外形尺寸 9 050 毫米 ×930 毫米 ×1 400 毫米，整机质量 800 千克，作业能力≥ 3 000 千克，工作电压 220/380 伏	沅江兴农机械制造有限公司	0737-2980955
TN-26A 型电子水果分选机	适应平原、丘陵山区的果农和果品加工合作社对水果进行质量式分选；适应于柑橘、脐橙、柚子、柠檬、猕猴桃、芒果、梨、柿子、大青枣、桃、苹果、菠萝、土豆等形状规则和不规则瓜果的分选。分级型式质量分级，配套功率 2.5 千瓦，外形尺寸 10 800 毫米 ×800 毫米 ×8 000 毫米，整机质量 1 500 千克，作业能力≥ 26 000 个 / 小时，工作电压 220/380 伏	沅江兴农机械制造有限公司	0737-2980955
KS-6GFZ159-10 型果品分级机	光电式电脑自动分选机，由触摸屏或电脑操作；作业效率 3 万～ 3.6 万个 / 小时；称质量范围 50 ～ 1 000 克；精确度 ±5 克；动力配置 380 伏 /2.0 千瓦。参考价格 108 000 元	漳浦科盛机械有限公司	蔡秀玲 18760668701

A：我们班上有八个女孩，大家都叫七龙珠。

B：Why？ 不是八个吗?

A：七个恐龙一个猪。

图 109　沅江兴农机械制造有限公司的 TGFX-3 型水果保鲜清洗分选机

江西绿萌科技控股有限公司（REEMOON）是果蔬采后装备整体解决方案服务商，主要推进果蔬精细化分选，专注果蔬采后装备（分选、清洗、保鲜、自动化辅助设备）领域的研发、制造与服务。致力于为客户提供操作简便、稳定可靠、高性价比的解决方案和服务。广泛用于脐橙、蜜橘、柠檬、蜜柚、苹果、猕猴桃、红枣等果蔬产品分选。产品主要包括高效水果清洗机、水果打蜡机、水果烘干机、果蔬水净化杀菌设备、高性能双通道水果分选机、高性能多通道水果分选机、高性能小直径果蔬分选机、果蔬质量分选机、果蔬颜色分选系统、果蔬形状分选系统、果蔬瑕疵检测分选系统、果蔬落差自适应装箱机、猕猴桃包装机、果蔬精选台等。联系方式：赖经理 18879730098。

生活小窍门

凡红色或紫色的棉织物，若用醋配以清水洗涤，可使其光泽如新。

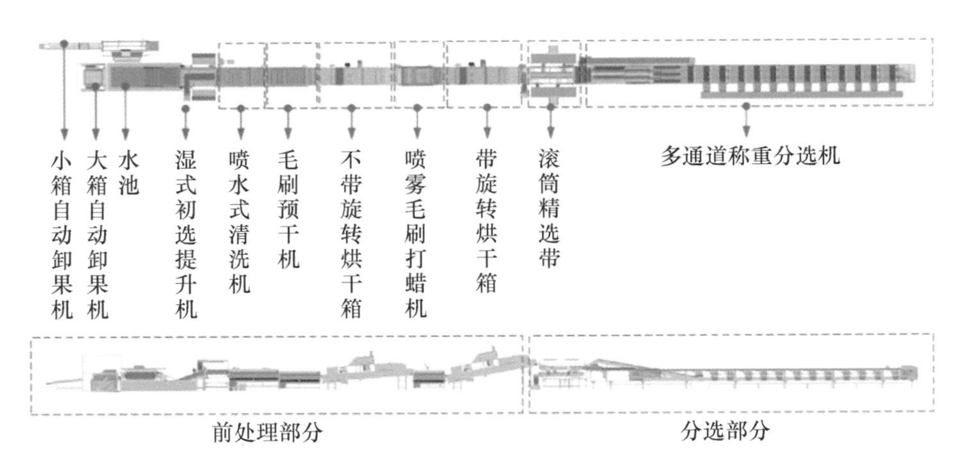

图 110　江西绿萌科技控股有限公司的果蔬采后处理流程

开心一刻

“小明，为什么不开心？”

“今天学校着火了。”

“然后呢？”

“我们为了不想写作业，就把作业本扔进去灭火了。”

“然后呢？”

“结果作业太多，居然把火灭了……”

（十二）茶叶机械化生产技术

196. 茶叶机械化生产技术包括哪些内容?

答： 包括前期茶园田间的机械化管理（茶园修剪、浅耕除草、松土施肥植保）和后期茶叶的采摘、烘制机械化作业。

（1）茶园机械化修剪技术。根据茶树长势和要求，利用修剪机进行轻、中、重度修剪。茶叶机械化修剪具有劳动强度小、功效高、成本低的特点，目前我国采用的茶树修剪技术多为往复切割式。

（2）茶园机械化管理技术。利用茶园田间管理机械（茶园耕整机、小型喷淋机等机具）对茶园进行浅耕培土、除草松土、植保等作业。

（3）茶叶机械化采摘技术。利用采茶机采摘茶叶，具有工作效率高、成本低、漏采率低、增产效果明显等特点。经过机采后的茶园虫害也明显减少，提高了茶叶品质。

（4）茶叶机械化加工技术。利用机械（炒茶机、解块机、茶叶提香烘干机等）对茶叶进行摊晾、清洗、杀青或揉捻、烘培、提香、分级、包装、保鲜等加工。机械加工的茶叶品质好、档次高、色泽翠绿、汤色清亮、价格增值空间大。

生活小窍门

早晚空腹吃个苹果，有利于治疗中老年人便秘。

197. 什么是茶叶采收机械？常用的采茶机有哪些？

答： 茶叶采收机械是指从茶树顶梢采收新嫩茶叶的作物收获机械。分选择性采茶机和非选择性采茶机两类。选择性采茶机由于生产效率低且对茶园作业条件的要求高等原因，未获大量推广；非选择性采茶机又称剪切式采茶机，利用剪切原理采摘茶叶。由于其结构简单，使用方便而得到推广。采茶机代表厂家有安徽古德纳克科技股份有限公司（图111）、浙江川崎茶业机械有限公司（图112）、泉州得力农林机械有限公司、台州欧玮机械有限公司等。产品主要配置及参数见表33。

表33　茶叶采收机械产品及技术参数

产品型号	主要配置及参数	生产厂家	联系方式
4C-60	最大功率0.75千瓦，切割宽度600毫米，可制茶率95.6%，整机净质量10.8千克	安徽古德纳克科技股份有限公司	0553-2577777
SV100	外形尺寸1 180毫米 ×550毫米 ×450毫米，功率2.2千瓦，整机质量10.2千克，采茶幅宽1 000毫米	浙江川崎茶业机械有限公司	0571-88533596

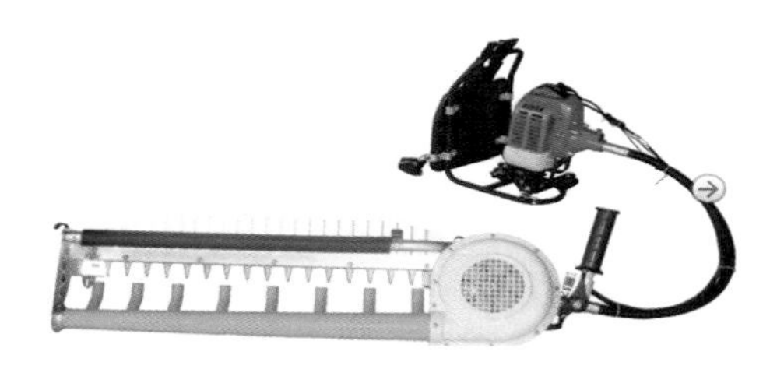
图111　安徽古德纳克科技股份有限公司的4C-60型采茶机

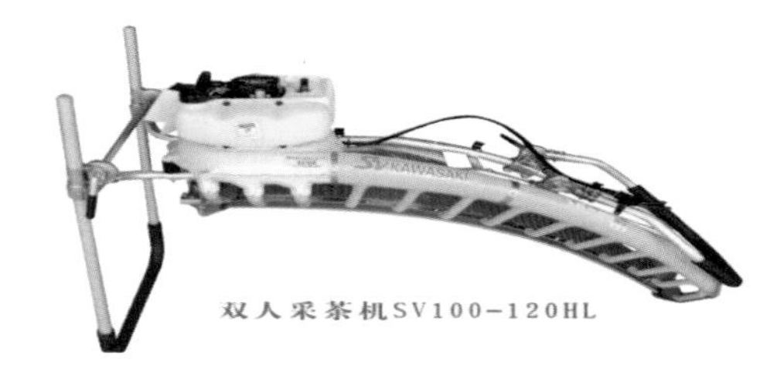

图112　浙江川崎茶业机械有限公司的SV100型双人采茶机

开心一刻

舍友欠我24元，多次催款不还，早上起来主动说还了，结果放了4元在我桌上，假装20元被风吹走了……

198. 茶叶加工机械主要有哪些?

答:（1）采茶机。从茶树顶梢采收新嫩茶叶的作物收获机械。

（2）摇青机。通过摇青推动茶叶梗中的水分输导向叶面转运，使叶面返青挺拔，与摊晾交替进行，最终使叶片形成“绿叶红镶边”。

（3）揉捻机。杀青过后的茶叶定量装入揉桶内，揉桶在揉盘内做水平回转，桶内茶叶受到揉捅盖的压力、揉盘的反作用力、棱骨的揉搓力以及揉桶的侧压力等，被揉捻成条，部分叶细胞破碎，茶汁外溢，达到揉捻目的。

（4）蒸汽杀青机。通过热能的直接传递，迅速提升茶叶叶面温度，使之达到抑制和破坏酶活性及各种成分的分解转化，达到杀青的目的。

（5）速包机。杀青后的茶叶还未成型，此时将其包在特制的布里（俗称茶巾），利用速包机把杀青好的茶叶紧包成球状。代替了以往的手工制作。

（6）茶叶理条机。用于名优茶的杀青、理条、成型等作业，采用手动调速装置，具有升温迅速、杀青叶匀透一致、色泽翠绿、香气清高等特点。

（7）茶叶烘焙机。采用电炉丝加热空气，并有保温装置，达到节能的目的，茶叶受热均匀。

（8）茶叶色选机。利用茶叶中茶梗、黄片与正品的颜色差异，使用高清晰的CCD光学传感器对茶叶进行精选的高科技光电机械设备。

生活小窍门

厨房的地板屯积油垢后，拖地前，不妨在拖把上倒入一些醋就能轻松去除油污。

（十三）畜牧养殖机械化技术

199. 什么是畜牧养殖机械？怎样分类？

答： 畜牧养殖机械化是指用机械装备畜牧业，并以机械动力代替人力操作的过程，是农业机械化的重要组成部分。畜牧养殖机械包括 3 大类。

（1）饲草料加工机械。指青贮切碎机、铡草机、揉丝机、压块机、饲料粉碎机、饲料混合机、颗粒饲料压制机、饲料膨化机等机械。

（2）畜牧饲养机械。指孵化机、育雏保温伞、送料机、饮水器、清粪机（车）、消毒机、药浴机等机械。

（3）畜产品采集加工机械设备。指挤奶机、剪羊毛机、储奶罐、药浴机、屠宰加工成套设备等机械。

有一个同学在一个男同学的背上贴了一张纸，上面写着“王八”，然后上课了。那个男同学后面有个女同学，那个女的很大声地和他说：“你后面有个王八。”

哈哈哈……全班的同学都笑了。

200. 常用的饲料收获机有哪些?

答: 常用的饲料收获机见图 113 至图 117，主要技术参数见表 34。

表 34 饲料收获机及技术参数

产品型号	主要配置及参数	生产厂家	联系方式
9GXD-1.7(MDM1700) 型盘式旋转割草机	主要用于对各类牧草的收割，如紫花苜蓿、黑麦草、燕麦草等牧草的收割。割草宽度 165 厘米，外形尺寸 330 厘米 ×163 厘米 ×87 厘米（作业状态）、143 厘米 ×169 厘米 ×183 厘米（搬运状态），质量 335 千克，圆盘数 4 个，行进速度 4 ～ 10 千米 / 小时，配套动力 25.7 ～ 58.8 千瓦拖拉机	上海世达尔现代农机有限公司	023-47546080
9LXD-2.5(MGR2500) 型搂草摊晒机	搂草宽度 250 厘米，摊晒宽度 160 厘米，外形尺寸 210 厘米 ×250 厘米 ×95 厘米（作业状态）、210 厘米 ×195 厘米 ×95 厘米（搬运状态），质量 160 千克，齿簧数 12，作业速度 4 ～ 8 千米 / 小时，配套动力 13.2 ～ 36.8 千瓦拖拉机，匹配 PTO 转速 540 转 / 分	上海世达尔现代农机有限公司	023-47546080
THB1060 型方草捆打捆机	草捆截面尺寸 32 厘米 ×42 厘米，长度 30 ～ 100 厘米（可调），外形尺寸 420 厘米 ×167 厘米 ×130 厘米，质量 920 千克，捡拾宽度（张口）92 厘米，作业速度 4 ～ 6 千米 / 小时，配套动力 18.4 ～ 36.8 千瓦拖拉机	上海世达尔现代农机有限公司	023-47546080
MF5040 型侧置式方捆压捆机	草捆截面尺寸 360 毫米 ×460 毫米，长度 305 ～ 1 321 毫米（可调），外形尺寸 6 114 毫米 ×3 048 毫米 ×1 797 毫米，质量 1 685 千克，配套动力 ≥ 55.1 千瓦拖拉机	雷沃重工股份有限公司	023-86194028

生活小窍门

烤肉食用前，记得滴上新鲜柠檬汁，除了增添风味外，柠檬中的维生素 C 有解毒作用。

续表 34

产品型号	主要配置及参数	生产厂家	联系方式
9BM-7050(SWM0810) 型圆草捆包膜机	草捆尺寸直径 × 宽度 ϕ50 厘米 ×70 厘米，机器外形尺寸 150 厘米 ×87 厘米 ×103 厘米（作业状态），质量 85 千克，配套动力 1.03 千瓦汽油机或 1.1 千瓦电动机	上海世达尔现代农机有限公司	023-47546080

图 113　上海世达尔公司的 9GXD-1.7(MDM1700) 型盘式旋转割草机

图 114　上海世达尔公司的 9LXD-2.5(MGR2500) 型搂草摊晒机

开心一刻

记得那是一个寒冷的冬天。早上不想起床上学，然后就让宿舍同学帮忙请假，随便说个理由。结果第二天我中暑的消息传遍了整个学校！

图 115　上海世达尔公司的
THB1060 型方草捆打捆机

图 116　雷沃重工股份有限公司的
MF5040 型侧置式方捆压捆机

图 117　上海世达尔公司的 9BM–7050(SWM0810) 型圆草捆包膜机

生活小窍门

瓶中插的鲜花不妨在清水中加几滴白醋或漂白水，即可保持花朵鲜艳如初。

201. 铡草机的主要构成有哪些？其工作原理是什么？

答： 铡草机是用于铡切青（干）玉米秸秆、稻草等各种农作物秸秆及牧草的农业畜牧机械。主要由喂入机构、铡切机构、抛送机构、传动机构、行走机构、防护装置和机架等部分组成。

（1）喂入机构。主要由喂料台、上下压草辊、定刀片、定刀支承座组成。

（2）铡切抛送机构。主要由动刀、刀盘、锁紧螺钉等组成。

（3）传动机构。主要由三角带、传动轴、齿轮、万向节等组成。

（4）行走机构。主要由地脚轮组成。

（5）防护装置。由防护罩组成。

工作原理：由电机作为配套动力，先将动力传递给主轴，主轴另一端的齿轮通过齿轮箱、万向节等将经过调速的动力传递给压草辊，当待加工的物料进入上下压草辊之间时，被压草辊夹持并以一定的速度送入铡切机构，经高速旋转的刀具切碎后经出草口抛出机外。

一男同学逗旁边女同学玩，女同学抓起圆珠笔砸他，结果这男同学捡起笔不还，还高兴地来了句：“肉包子打狗，有来无回。”

202. 水肥渣循环利用的主要模式是什么？

答： 重庆市农业机械化技术推广总站与四川巨业环保科技有限公司、重庆市农业科学院农机研究所于 2014 年开始研究沼渣沼液机械化抽排循环利用技术，目前该集成技术已经成功。沼渣沼液抽排系统由抽排系统、控制系统、管网系统 3 部分组成，移动式和固定式相结合（图 118），以沼渣沼液抽排机为核心，集成配套 PE 等高分子材料管网、快速拆接桩头、手持浇灌管、电动控制阀、遥控（手机控）等装置，实现沼渣沼液智能机械化、自动化输送。沼渣沼液机械化抽排循环利用模式具有农业循环经济的本质特征：以生态经济原理为基础，包含了清洁生产和绿色消费的内容，体现了“减量化、再利用、再循环”的原则，具有良好的生态效益与经济效益，是促进农业增长方式转变和农产品竞争力提高的重要途径，是重庆城乡统筹发展、实现农业资源高效利用和生态环境良性发展的需要。

a. 移动式

b. 固定式

图 118　移动式和固定式相结合

生活小窍门

当衣裤的拉链卡住或不易拉动时，先涂上蜡，再以干布擦拭，就能轻松拉动。

203. 什么是固液分离机？固液分离机的代表产品有哪些？

答： 固液分离机用于养殖场禽畜粪便的脱水处理，产出物分为固态有机肥和液态有机肥。分离后的固体可以作为有机肥改善土壤，液体可导入沼气池经厌氧处理转化为燃料能源使用，并延长沼气池寿命，帮助养殖场解决污粪处理难的问题。固液分离机的厂家有海门市兴农畜牧机械制造有限公司、浙江明江环保科技有限公司、祁阳现代农业装备科技开发有限公司、湖南省王牌农牧机械有限公司等。

浙江明江环保科技有限公司的产品包括畜禽粪便处理设备、动物尸体无害化处理设备和畜禽粪自动化便育虫设备等大型成套设备。浙江明江环保科技有限公司的固液分离机（图 119）可以处理猪粪、鸭粪、牛粪、鸡粪、沼渣、豆渣、木薯渣、纸浆、木屑等类似原料。ZM-068-9.5 型固液分离机主要性能参数：外形尺寸 1 800 毫米 ×800 毫米 ×1 100 毫米，主机功率 5.5 千瓦，处理量 7 ～ 13 米^3/ 小时。联系方式：0573-86771369。

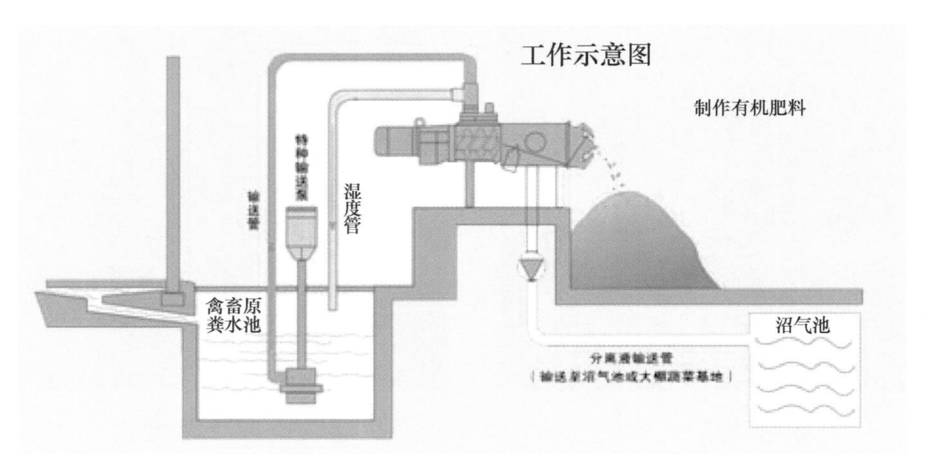

图 119　固液分离机工作示意图

开心一刻

今天教师节，老师我很想你，你辛苦了，你教给我的知识我已经全部还给你了，你看什么时候把学费也还给我？

204. 沼液沼渣抽排机代表产品有哪些?

答： 沼液沼渣抽排设备代表厂家有四川巨业环保科技有限公司等。巨业牌沼渣沼液抽排机分户用型和养殖场型两大类，可有效地将农村的粪池、沼气池、禽畜养殖场储粪池中的各种沉淀物（塑料袋、卫生巾、棉麻纤维、秸秆等）完全粉碎后随液体输送到300～500米远的果园、农田，轻松实现了清池、输送、灌溉、施肥一体化。促进了养殖、种植的结合与产业循环，提升了农业综合生产能力。ZJ-3.75-50-JY型沼渣沼液抽排机（图120）主要参数：额定流量42米^3/小时，额定扬程12米，额定功率3.75千瓦，额定电压380伏，额定电流5.1安，额定转速2 900转/分，额定频率50赫兹，绝缘等级F，设备质量(不包括电缆)50千克，排出口直径50毫米，泵结构：带刀带磨碎盘泵。联系方式：张斌18989106919。

图120　四川巨业环保科技有限公司的ZJ-3.75-50-JY型沼液沼渣抽排机

生活小窍门

新购的有色花布，第一次下水时，加盐浸泡15分钟后再取出冲洗，可防止布料褪色。

（十四）渔业养殖机械化技术

205. 养鱼主要机械设备有哪些?

答:（1）黑光灯。一种特殊光源，其发射波长为 330 ～ 400 纳米，功率一般为 20 瓦。它利用昆虫的趋光性，能够强烈地诱引昆虫，捕杀的昆虫用来养鱼，具有投资小、成本低、效益高的优点。池塘有 220 伏电源即可安装使用。

（2）增氧机。用来增加水中溶氧量的装置，其作用是通过机械方法加强水与空气的接触、混合，并通过池水上下对流使氧气溶入水中，从而增加水中的溶氧量；使水中的氨、一氧化碳、硫化氢等有害气体逸出水面，从而净化水质；还可使水温和水质均匀，从而促进鱼类的新陈代谢、增大摄食量、降低饲料系数、提高增肉率。按工作方式可分为叶轮式增氧机（图 121）、水车式增氧机、喷水式增氧机（图 122）、充气式增氧机和射流式增氧机（图 123）。

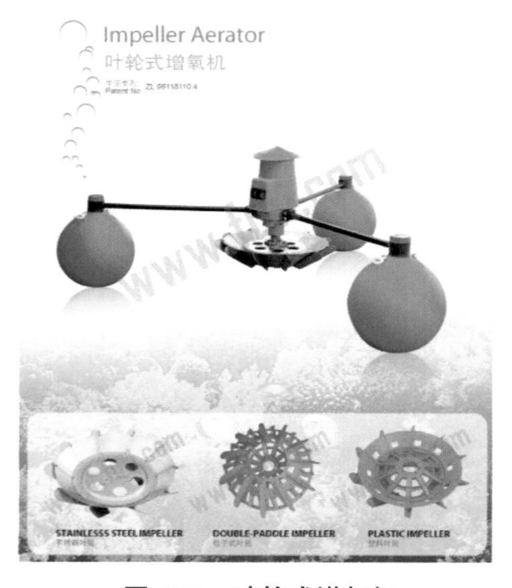

图 121　叶轮式增氧机

图 122　喷水式增氧机

开心一刻

理科生最常做的事：扶着眼镜发愣。

文科生最常做的事：咬着笔杆发呆。

图 123　射流式增氧机

（3）颗粒饲料机。按制造的颗粒性状可分为软颗粒、硬颗粒、膨化颗粒饲料机，按制造颗粒机形式可分为平模式、环模式、螺杆式颗粒饲料机。

（4）投饵机。用于抛撒饵食饲料，实现定点投喂的一种渔业机械。投饵机抛撒面积大、抛撒均匀，有利于鱼的摄食，可以提高饵料的利用率，降低饵料系数。按适用范围不同，投饵机可分为小水体专用型、网箱专用型和普通池塘使用型 3 种，它们在结构上一般均由料斗、下料装置、抛撒装置、控制器 4 部分组成，区别主要是抛撒装置不同。

生活小窍门

牛奶过期不能喝时，可将抹布浸湿，用来擦桌子地板，很快就可以将污垢除去。

206. 什么是池塘内循环微流水设施养殖技术?

答: 池塘内循环微流水设施养殖技术的构想和实施来源于美国大豆协会，最初的设想是如何能够减轻池塘养殖的污染问题。将原有池塘养殖的吃食性水产动物集中在流水槽里进行养殖，用增氧机翻动水体进入流水槽、经过高密度水产动物养殖区——流水槽（养殖水产动物的养殖量等于原有池塘的养殖量）后，将残余的饲料、鱼体的粪便等收集起来并移除池塘系统，流出的水体仅仅含有水产动物的排泄物、部分溶解于水体中的饲料物质和粪便物质，流出的水体再经过水生植物等吸收后回到养殖池塘。

池塘内循环微流水设施养殖系统建设塘口面积不宜过小，以 2 公顷以上为宜（图 124）。池塘深度 2 米左右，常年水位不低于 1.5 米，以 1.7~2.0 米为宜。主养池塘旁边必须建设有污水沉淀的生物氧化塘的地块（与总体的流水养鱼池面积相当）。交通便利，最好能够保障饲料、鱼车可以直接到达系统工作台。

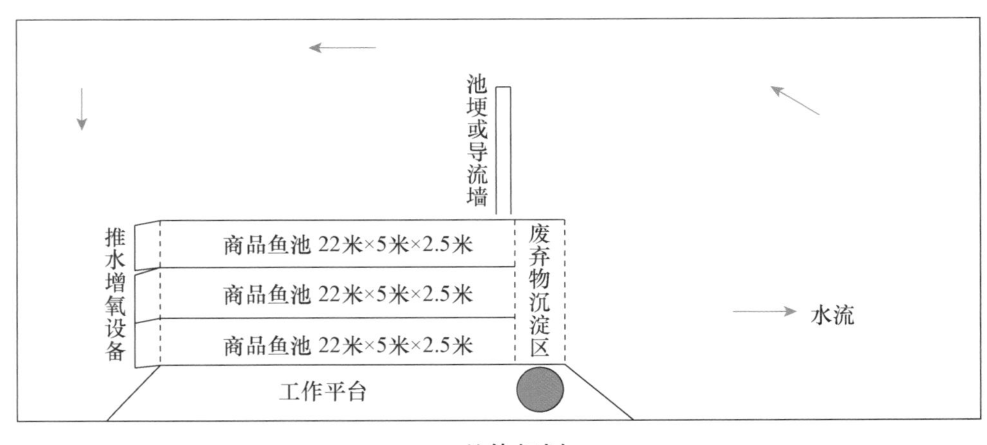

a. 总体规划

开心一刻

同桌笑我眼睛小，我一生气就使劲儿瞪他，后来想想还是别白费力气了，反正他也看不见我在瞪他。

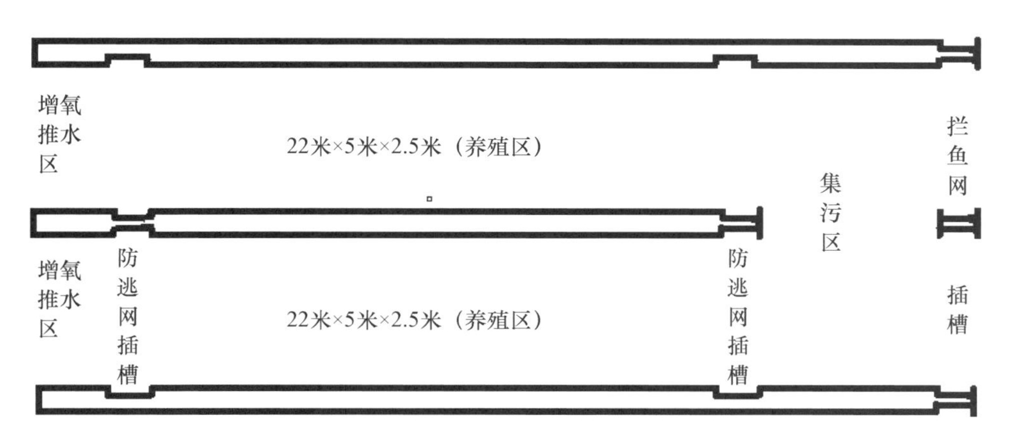

b. 养殖区规划

图 124　池塘内循环微流水生态养殖系统平面图

一个完整的池塘内循环微流水生态养殖系统主要包括增氧推水设备、流水养鱼池、集污系统、污水处理系统、水质监测系统、导流墙、底层增氧设备及拦鱼栅、备用发电机、起捕设备等辅助设备（图 125）。

a. 底层处理

b. 施工

图 125　池塘内循环微流水生态养殖系统建设

生活小窍门

若将铝制锅烧焦，可在锅中放个洋葱和少许水加以煮沸，不久所有的烧焦物都会浮起来。

发展规划与扶持政策

207.《中华人民共和国农业机械化促进法》是什么时候开始实施的？立法目的是什么？

答：《中华人民共和国农业机械化促进法》(以下简称《农业机械化促进法》)于 2004 年 6 月 28 日由十届全国人大常委会第十次会议通过，同年 11 月 1 日起开始正式实施。

《农业机械化促进法》第一条规定：“为了鼓励、扶持农民和农业生产经营组织使用先进适用的农业机械，促进农业机械化，建设现代农业，制定本法。”因此，该法的立法目的主要是鼓励、扶持农民和农业生产经营组织使用先进适用的农业机械，促进农业机械化，建设现代农业。

开心一刻

理科生对理科生吹嘘：《红楼梦》中的诗词歌赋，我已烂熟于心。

文科生对文科生吹嘘：最近我对爱因斯坦的相对论做了进一步地研究。

208. 什么是农业机械和农业机械化?

答:《农业机械化促进法》第二条对农业机械和农业机械化的概念进行了界定。农业机械是指用于农业生产及其产品初加工等相关农事活动的机械、设备。农业机械化是指运用先进适用的农业机械装备农业、改善农业生产经营条件，不断提高农业的生产技术水平和经济效益、生态效益的过程。

生活小窍门

小镜或橱镜等有了污垢，可用软布浸湿煤油或蘸蜡擦拭。

209. 实施主要农作物生产全程机械化的意义是什么？

答：2015 年 8 月 11 日，农业部发布了《关于开展主要农作物生产全程机械化推进行动的意见》(农机发〔2015〕1 号)，提出在全国开展主要农作物生产全程机械化推进行动。

《农业机械化促进法》实施以来，在购机补贴等中央强农惠农富农政策的有力推动下，在广大农民对机械化作业的旺盛需求拉动下，我国农业机械化和农机工业持续快速发展，开创了全国农业机械化发展的“黄金十年”。但与现代农业发展的要求相比，我国农业机械化发展仍存在诸多“短板”，亟待解决。

从作物上看，虽然小麦生产基本实现了耕种收机械化，但其他作物的综合机械化水平仍然偏低；从环节上看，虽然耕整地环节机械化水平较高，但部分作物的播种、植保、收获、烘干、秸秆处理等环节机械化水平仍然滞后；从区域上看，虽然东北、华北等地区装备水平和农机作业水平较高，但其他地区相对落后。

当前，我国城镇化进程和农村劳动力转移步伐日益加快，农业资源偏紧和生态环境约束因素日益加剧，农产品的生产成本“地板”和市场价格“天花板”挤压矛盾日益凸显。加快推进主要农作物生产全程机械化，有利于充分发挥农业机械集成技术、节本增效、推动规模经营的重要作用，有利于提升农业生产效率、降低生产成本，有利于促进农业发展方式转变，破解我国农业生产面临的“谁来种地、怎么种地”的难题，不断提高农业的综合生产能力和市场竞争力。

开心一刻

理科生最激动的事：攒机成功。(买电脑了)

文科生最激动的事：名字变成了铅字。(出版了)

210. 主要农作物生产全程机械化发展目标和主要内容是什么?

答: 发展目标是到2020年，力争全国农作物耕种收综合机械化水平达到68%以上，其中3大粮食作物耕种收综合机械化水平均达到80%以上，机械化植保防治、机械化秸秆处理和机械化烘干处理水平有大幅度提升。在主要农作物的优势生产区域内，建设500个左右率先基本实现生产全程机械化的示范县；在有条件的省份整省推进，率先基本实现全省（自治区、直辖市）主要农作物生产全程机械化。主要内容：

（1）定位9大作物种类。以水稻、玉米、小麦、马铃薯、棉花、油菜、花生、大豆、甘蔗等主要农作物为重点。

（2）聚焦6个生产环节。以提高耕整地、种植、植保、收获、烘干、秸秆处理等主要环节机械化水平为重点。

（3）明确两个主攻方向：一是提升主要粮食作物生产全程机械化水平，重点是巩固提高深松整地、精量播种、水稻机械化育（插）秧、玉米机收、马铃薯机收、大豆机收等环节机械化作业水平，解决高效植保、烘干、秸秆处理等薄弱环节的机械应用难题。二是突破主要经济作物生产全程机械化“瓶颈”，重点是示范推广棉花机采、油菜机播和机收、花生机播和机收、甘蔗机种和机收等关键环节的农机化技术。

（4）探索一系列全程机械化生产模式。根据我国主要农作物的优势产区、种植模式和全程机械化特点，确立推进各个主要农作物生产全程机械化的主要内容，分作物、分区域建成一批率先基本实现生产全程机械化的示范区（县）。

生活小窍门

旧照片变新法：照片旧或脏了，用棉花蘸点酒精擦拭，擦后如新的一样。

211. 全国“十三五”农机化发展规划对丘陵山区农业机械化发展是如何定位的？有什么扶持措施？

答： 根据规划，我国丘陵山区主要分布在两个区域，一是福建、广东、广西、海南4省区的南方低缓丘陵区，二是重庆、四川、贵州、云南、西藏5省（区、市）的西南丘陵山区。

针对西南丘陵山区，规划明确，推进丘陵山区主要粮油作物生产全程机械化和特色作物生产机械化。加快应用水稻育插秧、油菜播种与收获、产后烘干、秸秆还田收贮机械化技术，提高农产品初加工能力。积极推进马铃薯、青稞种植收获与甘蔗收获机械化技术。大力发展畜禽养殖业、果桑茶、草牧业和设施农业机械化，推进种养循环农业机械化发展。积极开展机耕道和机电排灌等农田基础设施建设，解决好农机下田“最后一公里”问题。推广轻便、耐用、低耗中小型耕种收机械和植保机械。推进藏区农牧业机械化实现新跨越。

规划提出，“十三五”将在重庆等9省（区、市）实施丘陵山区农业机械化发展跨越计划。围绕改善农机作业条件、强化机具供给和活化作业服务机制，开展丘陵山区农业机械化发展扶持政策的研究和创设，支持引导丘陵山区省份农业机械化取得跨越式发展。结合建设高标准农田，加大土地平整力度，打掉田埂、连片耕种，解决土地细碎化问题，配套建设机耕道、生产道、农机下田坡道等田间基础设施，方便农机作业，提高机械化水平和生产效率。积极争取各级财政投入和科技计划项目，支持丘陵山区农业机械化科技创新，鼓励引导农机制造企业加强丘陵山区适用机具研发供给，有效解决无机可用问题。创新丘陵山区农机社会化服务机制，积极发展农机合作社等经营服务组织，提高丘陵山区农机作业组织化水平，引领多种形式土地适度规模经营发展。

开心一刻

理科生最不爱听的夸奖：天，你连灯泡线路都会接，真能干啊！

文科生最不爱听的夸奖：哇！你连莎士比亚都知道，知识渊博呀！

212.“十三五”期间重庆农业机械化发展的主要目标是什么？

答： 总体目标是到“十三五”末，主要农作物耕种收综合机械化率显著提高，农业机械化技术与装备创新取得重大进步，农业机械装备种类与结构得到全面改善，关键和薄弱环节农业机械化取得重大进展，农业机械化综合示范取得显著成效，农机社会化服务能力和水平得到全面提升，农业机械化对特色效益农业和农业现代化发展的支撑与推动作用全面彰显。形成“一突破”“三跨越”“十方面”的目标体系。

一突破：主要农作物耕种收综合机械化率突破50%，年均提升不低于2个百分点。

三跨越：实现以人畜为主向机械为主转化的历史性跨越，实现主要作物全程机械化和优势区域全面机械化从初始级水平向中高级水平转化的提升性跨越，实现农机社会化服务从试点向全面推广转化的突破性跨越。

十方面：

（1）1 000万亩高标准农田、1 000万亩标准化产业基地实现大中型农业机械及社会化服务全覆盖（双千工程），保障和推动生产体系现代化。

（2）水稻、油菜等主要作物全程机械化技术模式全面成熟。

（3）果、菜、茶园生产，薯芋等根茎类作物生产的重点和薄弱环节机械化，实现重大突破。

（4）养殖粪污机械化循环利用、牧草机械化生产取得实质性进展。

（5）装备制造科技创新取得重大进步。本地产联合收割机、乘坐式耕整机、航空植保机械等机型、机具逐步成熟，推进全国小型农机生产制造基地地位上档升级。

（6）以工业化的物质技术成果为基础，以设施化为载体，以信息化为灵魂的设施园艺、设施畜牧、设施水产装备水平、生产水平、运行水平大幅度

生活小窍门

用纸巾蘸少许花露水，擦拭电话机身、听筒及按键或手机，能使电话、手机保持洁净。

提升。

（7）宜机化地块整理整治、宜农化机械改造从试点走向常态。

（8）新型服务主体培育持续推进，农机社会化服务能力和水平全面提升，对农业生产体系现代化的支撑作用显著增强。创建 100 个市级农机社会化服务示范组织，1 000 个农业乡镇农机社会化服务组织全覆盖，培育 10 000 名高技能农机驾驶操作维修人才（百千万计划）。

（9）互联网 + 农机化。以计算机和网络通讯技术等为主要内容的信息技术在农机化政务、农机鉴定和质量鉴定、农机化技术推广、机械化生产与作业、农机安全监理、农机维修与服务、农机教育与培训等领域得到广泛应用。

（10）制（修）订 10 个以上农业机械化标准，建设 10 个以上市级农业机械化示范基地（双十项目行动）。

开心一刻

理科男生的爱情战术：引进外姿。

文科男生的爱情战术：肥水不流外人田。

213.《农业机械化促进法》为什么要规定“国家引导、支持农民和农业生产经营组织自主选择先进适用的农业机械”？

答：（1）农民和农业生产经营组织是发展农业机械化的主体。在农业机械化发展过程中，以农民和农业生产经营组织为主体，是市场经济的选择。以农民和农业生产经营组织为主体发展农业机械化，不仅有利于转变政府包打天下的职能定位，而且有利于增强农民参与市场竞争的能力。

（2）农民和农业生产经营组织购买先进适用的农业机械需要国家的引导和支持。在市场机制下，由国家对农民和农业生产经营组织购买先进适用的农业机械予以扶持和引导，能够更好地调动农民和农业生产经营组织发展农业机械化的积极性，对于调整农业机械化发展结构，促进农民增收，保护农民合法权益有重要作用。

（3）任何单位和个人不得强迫农民和农业生产经营组织购买其指定的农业机械产品。农民和农业生产经营组织有权自主选择农业机械产品的经营者，有权自主选择农业机械的品种，有权自主决定购买或者不购买任何一种农业机械产品，有权获得质量保障、价格合理、计量正确等公平交易条件，有权拒绝强制交易行为。在合法权益受到侵害时，农民和农业生产经营组织可以依法维护自身权益。

生活小窍门

煮老牛肉时，可在大块牛肉上涂抹一层芥末粉，次日煮前洗净，肉烂且嫩。

214.《农业机械化促进法》为什么要规定“国家采取措施，开展农业机械化科技知识的宣传和教育，培养农业机械化专业人才”？

答： 第一，农业机械化科技知识的宣传和教育，是发展农业机械化的前提条件之一。只有让社会，特别是广大农民了解、掌握农业机械化的科技知识，才能保证农业机械化技术和农业机械产品在生产中的有效应用；才能让先进的技术顺利转化为生产力。

第二，开展农业机械化科技知识的宣传和教育，是科学技术普及的内容之一。各类农村经济组织、农业技术推广机构和农村专业技术协会，应当结合推广先进适用技术向农民普及农业机械化科学技术知识。同时，有关单位应当组织开展群众性、社会性、经常性的农业科普活动，支持有关社会组织和企业事业单位开展农业机械化科技知识的宣传和教育。

第三，人才是农业机械化事业发展的关键。需要能够开展研究、开发满足不同农业生产条件和农民需求的农业机械的人才；需要能够利用先进技术、先进工艺和先进材料，提高农业机械产品质量和技术水平，从而降低生产成本，提供系列化、标准化、多功能和质量优良、节约能源、价格合理的农业机械产品的人才；也需要能够活跃在广大农村，能够直接为农民和农业生产经营组织提供技术服务的人才。

开心一刻

理科生最头痛的事：情人节的前一天，在烛光下苦思冥想，给女朋友的卡片上写点什么才好呢？

文科生最头痛的事：1 530 元存了 3 个月零 7 天，银行利息 2.14%，扣去 20% 的利息税，最后总共是多少？

215. 如何做好农业机械化科研、教学与生产推广的结合？

答： 实现农业机械化科研、教学和生产推广相结合，要加强农业机械化科研单位与农业机械生产企业的结合，引导农业机械化科研开发资源合理配置，形成新的研究开发能力。加强农业机械科研开发与农业生产的结合，引导研究开发先进适用的农业机械化技术和产品，不断提升农业机械科技含量和适应性。把教学融入到科研和生产推广的全过程，提高教学的针对性，增强实效，同时也为科研和生产推广提供智力支持。充分发挥推广人员的作用，在推广中对产品进行完善和二次开发，把推广中发现的问题反馈给科研、教学和生产单位，为他们提供第一手的技术资料；同时，科研、教学、生产单位也可以为推广工作的开展提供支持，促进共同发展。

生活小窍门

用蒸汽熨斗在凹处喷一些蒸汽，然后用熨斗烫。用硬毛的牙刷挑起凹处的毛，再轻轻刷顺，即可去除地毯上的家具置痕。

216. 推进农业机械化信息服务有什么作用？农机部门需要开展哪些工作？

答： 农业机械化信息是连接农民与市场的桥梁，是市场经济条件下广大农户和经济主体实现决策优化的必要条件。农业机械化信息服务是指导农业产业结构调整，引导农民参与市场竞争的纽带，是推进效益农机发展，增加农民收入的重要途径。推进农业机械化信息服务，可以为有机械的找市场，为用机械的找机械，把分散的千家万户的农业机械信息以及农业生产信息资源开发利用，增强广大农机手和农户之间获取信息和应用信息的能力。以市场为导向调整优化生产结构，提高农机作业水平和效率，进而提高经济效益，提高农机手和农户的收入。

加强农业机械化信息化建设，首先，要加强农业机械化信息网络建设，拓宽信息渠道，扩大信息来源。其次，要建立自上而下的，高效、灵活的农业机械化信息收集、整理和发布制度。再次，要提高信息质量，增强农业机械化信息服务的时效性和准确性。最后，要加强农业机械化信息化培训，努力提高农民和农机手获取信息的能力素质。

开心一刻

理科生最喜欢的体育项目：桥牌，因为计分复杂。

文科生最喜欢的体育项目：中国象棋，因为历史悠久，典故丰富。

217. 销售或进口农机的增值税税率是多少？征税范围是哪些？

答：（1）根据《增值税暂行条例》（2008 年 11 月 5 日国务院第 34 次常务会议修订）第二条第二款规定，纳税人销售或者进口饲料、化肥、农药、农机、农膜，税率为 13%。

纳税人销售额未达到国务院财政、税务主管部门规定的增值税起征点的，免征增值税；达到起征点的，依照《增值税暂行条例》规定全额计算缴纳增值税。

（2）根据《国家税务总局关于印发〈增值税部分货物征税范围注释〉的通知》（国税发〔1993〕151 号）和《国家税务总局关于部分产品增值税适用税率问题的公告》（国家税务总局公告 2012 年第 10 号）等文件规定，农机是指用于农业生产（包括林业、牧业、副业、渔业）的各种机器和机械化、半机械化农具，以及小农具。农机的范围包括拖拉机、土壤耕整机械、农田基本建设机械、种植机械、植物保护和管理机械、收获机械、场上作业机械、排灌机械、农副产品加工机械、农业运输机械（农用汽车不属于本货物的范围）、畜牧业机械、渔业机械、林业机械（森林砍伐机械、集材机械不属于本货物征收范围）、小农具（农机零部件不属于本货物的征收范围）。

生活小窍门

利用铝箔纸，将二、三张叠在一起，用剪刀剪一剪，就可以使剪刀恢复锐利。

218. 批发和零售农机有哪些税收优惠政策？

答： 根据《财政部、国家税务总局关于若干农业生产资料征免增值税政策的通知》（财税〔2001〕113 号）规定：批发和零售的种子、种苗、化肥、农药、农机免征增值税。

农机销售的免税备案实行一年一备，每年 1 月底前向主管税务机关办理备案手续；新开业的纳税人应于首次发生业务办理纳税申报前向主管税务机关办理备案手续。

纳税人准予登记备案后，应分别核算应税销售额和免税销售额，并按期进行应税和减税申报。纳税人享受减免税优惠政策的条件发生变化，应自发生变化之日起 15 日内向主管税务机关报告，填写《取消减免税申请审批表》，税务机关经审核后，对不再符合减免税条件的，应出具《取消减免税通知书》，停止其享受减免税优惠政策。

开心一刻

学渣："人活在世上，就是要做正确的选择！"

老师："这就是你判断题全部打钩的原因？"

219. 国家对农业机械的科研开发和制造有哪些税收优惠政策?

答:《国务院办公厅转发国家经贸委等部门关于进一步扶持农业机械工业发展若干意见的通知》(国办发〔2002〕65号)规定，国家支持农机工业的技术创新。财政预算安排的科技开发资金，要将农机工业作为重点之一给予支持；继续实施现行对农机产品按13%增值税税率征税的优惠政策。

《国家税务总局关于促进企业技术进步有关税收问题的通知》(财工字〔1996〕第41号)规定：①企业研究开发新产品、新技术、新工艺所发生的各项费用，不受比例限制，计入管理费用。②企业研究开发新产品、新技术、新工艺所发生的各项费用应逐年增长，增长幅度在10%以上的企业，可再按实际发生额的50%抵扣应税所得额。③企业为开发新技术、研制新产品所购置的试制用关键设备、测试仪器，单台价值在10万元以下的，可一次或分次摊入管理费用，其中达到固定资产标准的应单独管理，不再提取折旧。

《国家税务总局关于促进企业技术进步有关税收问题的补充通知》(国税发〔1996〕152号)规定：①企业研究机构人员的工资，计入管理费用，在年终计算应纳所得税额时，按计税工资予以纳税调整。②盈利企业研究开发新产品、新技术、新工艺所发生的费用，比上年实际发生额增长达到10%以上，其当年实际发生费用除按规定据实列支外，年终经主管税务机关批准后，可再按实际发生额的50%，直接抵扣当年应纳税的所得额。

生活小窍门

以棉花棒蘸酒精，可以清除收、录音机磁头上的灰尘，如此就能使音质复原。

220. 从事农业机械生产作业服务的收入有哪些税收优惠?

答：①根据《营业税暂行条例》第六条规定，农业机耕、排灌、病虫害防治、植保免征营业税。②《财政部、国家税务总局关于企业所得税若干优惠政策的通知》(财税率〔1994〕1 号）规定：农机服务免征所得税。

开心一刻

小明上学路上摔沟里了，老师问他哪里受伤了?

他说人没什么事，就是完成的作业全掉沟里找不到了。

老师说：孩子啊，你套路比沟还深呐!

221. 以重庆为例，农业灌溉和农产品初加工用电有什么优惠政策？

答： 根据《重庆市物价局关于贯彻国家发展改革委关于调整销售电价分类结构有关问题的通知的通知》（渝价〔2014〕130 号）精神，农业灌溉和农产品初加工用电按农业生产用电价格执行。

* 重庆市物价局关于贯彻《国家发展改革委关于调整销售电价分类结构有关问题的通知》的通知（渝价〔2014〕130 号）节选：

农业生产用电价格问题

（一）农业生产用电价格自 2014 年 6 月 1 日起，按照国家发展改革委规定的适用范围执行。

（二）农产品初加工用电执行农业生产用电价格，由用户向供电企业申请，经供电企业现场核实后于次月抄见电量起执行。

（三）我市现行农业生产用电价格目录电价表中所列小类“贫困县农业排灌用电”仍然保留，暂不并类。

*《国家发展改革委关于调整销售电价分类结构有关问题的通知》（发改价格〔2013〕973 号）节选：

农业生产用电价格，是指农业、林木培育和种植、畜牧业、渔业生产用电，农业灌溉用电，以及农业服务业中的农产品初加工用电的价格。其他农、林、牧、渔服务业用电和农副食品加工业用电等不执行农业生产用电价格。

* 重庆市电网销售电价表见表 35。

生活小窍门

可以在烟灰缸内撒一点盐，再以软木塞或抹布擦拭，即可去除污垢。

表 35　重庆市电网销售电价表

用电分类	电度电价					基本电价	
	不满1千伏	1~10千伏	35~110千伏以下	110千伏	220千伏及以上	最大需量[元/(千瓦·月)]	变压器容量[(元/(千伏安·月)]
一、居民生活用电	0.520	0.510	0.510	0.510			
二、一般工商业及其他用电	0.848	0.828	0.808	0.793			
其中，中小化肥生产用电	0.492	0.477	0.462	0.452			
三、大工业用电		0.672	0.647	0.632	0.622	40	26
其中：电炉铁合金、电解烧碱、合成氨、电炉钙镁磷肥、电炉黄磷、电石生产用电		0.612	0.589	0.576	0.567	40	26
其中：中小化肥生产用电		0.380	0.360	0.350	0.345	40	26
其中：电解铝生产用电		0.627	0.602	0.587	0.577	40	26
四、农业生产用电	0.568	0.553	0.538				
其中：贫困县农业排灌用电	0.336	0.321	0.306				

开心一刻

老师：“我要你们写一篇关于牛奶的作文，并且要求写满两页纸，小贝，你的作文为什么才写这么几行呢？”

小贝：“老师，我的文章是关于浓缩牛奶的，所以就短。”

222. 设施农业用地有什么优惠政策?

答: 根据《国土资源部、农业部关于进一步支持设施农业健康发展的通知》(国土资发〔2014〕127号)规定，将设施农用地具体划分为生产设施用地、附属设施用地以及配套设施用地。

设施农业用地按农用地管理。生产设施、附属设施和配套设施用地直接用于或者服务于农业生产，其性质属于农用地，按农用地管理，不需办理农用地转用审批手续。生产结束后，经营者应按相关规定进行土地复垦，占用耕地的应复垦为耕地。

非农建设占用设施农用地的，应依法办理农用地转用审批手续，农业设施兴建之前为耕地的，非农建设单位还应依法履行耕地占补平衡义务。

合理控制附属设施和配套设施用地规模。进行工厂化作物栽培的，附属设施用地规模原则上控制在项目用地规模5%以内，但最多不超过0.67公顷。规模化畜禽养殖的附属设施用地规模原则上控制在项目用地规模7%以内(其中，规模化养牛、养羊的附属设施用地规模比例控制在10%以内)，但最多不超过1公顷。水产养殖的附属设施用地规模原则上控制在项目用地规模7%以内，但最多不超过0.67公顷。

生活小窍门

裙襟、裤脚折痕先以旧牙刷涂一点薄醋在折痕上，然后以低温烫，就几乎看不出来了。

223. 什么样的产品可以享受农机购置补贴?

答: 补贴产品应具备两个资质条件：一是补贴机具必须是在中华人民共和国境内生产的产品；二是除新产品补贴试点外，补贴机具应是已获得部级或省级有效推广鉴定证书的产品。同时，明确取消补贴资格的或不符合生产许可证管理、强制性认证管理的农机产品不得享受补贴。

只有既属于补贴机具范围，又具备补贴资质的产品，才能给予补贴（图 126）。

图 126　补贴农机具

一个小朋友这样写道："虽然爷爷已经不在了，但是他的音容笑貌依然留在我心中……爷爷，如果有下辈子，我还做你的儿子……"

另一个，"爷爷笑起来的时候眼睛弯得像十五的月亮……"

224. 哪些人可以享受农机购置补贴?

答: 从 2015 年起，补贴对象做了重大调整，由原来规定的“纳入实施范围并符合补贴条件的农牧渔民、农场（林场）职工、农民合作社和从事农机作业的农业生产经营组织”扩大到“直接从事农业生产的个人和农业生产经营组织”。其中，个人既包括农牧渔民、农场（林场）职工，也包括直接从事农业生产的城镇居民；农业生产经营组织的界定可与农业法衔接，既包括农民合作社、家庭农场，也包括直接从事农业生产的农业企业等。

补贴对象范围的调整，主要是考虑到随着城镇化快速推进、农村劳动力转移步伐加快，目前从事农业生产的主体不仅仅是农牧渔民，越来越多的农业生产任务由合作社、农业企业等新型农业经营主体承担；另外，户籍制度改革后，农民只是一种职业划分，很难再从居住地和户籍上区分。

根据 2015 年国务院发布的《关于加快融资租赁业发展的意见》和《关于促进金融租赁行业健康发展的指导意见》，明确提出通过融资租赁方式获得农机的实际使用者可享受农机购置补贴，其所有权在两年内不得转让的规定也不取消。

生活小窍门

可将新丝袜放进冷冻库中，冻硬直接取出自然解冻后，穿上时就不会脱线了。

225. 农民能否跨区域购机？购买时可以讲价吗？

答： 可以跨区域购机。补贴对象可自主选择补贴产品经销企业购机，也可通过企业直销等方式购机。按照权责一致原则，补贴对象应对自主购机行为和购买机具的真实性负责，并承担相应风险。

可以讲价。补贴机具的价格由市场竞争形成，购机农民可以与经销商谈价议价。国家还规定，同一产品销售给享受补贴的农民的价格不得高于销售给不享受补贴的农民的价格。

清明节到啦，学校一、二年级学生写了贺卡给老师："祝老师清明节快乐！"

226. 购机时有无数量上的限制?

答： 有。对每一类补贴对象年度内享受补贴购置农机具的台（套）数或享受补贴资金总额应设置上限，由各地结合实际自行确定。各地的规定各有不同，目前重庆市的规定如下：

直接从事农业生产的个人在一个年度内购买同一品目的补贴产品，享受补贴的不超过 2 台（套）；农业生产经营组织购买补贴产品，享受补贴的不超过 30 台（套）。

确因农业生产急需，购买补贴产品数量突破上述规定的，由乡镇（街道办）根据实际情况审核确认。

生活小窍门

棉质的黑色衣服褪色时，可在水中加一点啤酒冲洗就可防止褪色。

227. 农民购买了补贴机具后，能不能得到免费的操作培训?

答：农机补贴产品经销商应当为购机者提供免费的机具操作和维护保养技术培训。但对于拖拉机、联合收割机等农业机械，按照国家有关法律法规规定，驾驶操作人员还应到正规的县级拖拉机驾驶培训学校进行培训，并获得相应的驾驶操作证后，才可以上机作业。

开心一刻

理科生最常做的事：扶着眼镜发愣。

文科生最常做的事：咬着笔杆发呆。

228. 补贴对象购机后能否退货？该如何退？

答： 凡符合农机产品“三包”退货规定，购机户要求退货或购销双方协商同意退货的，可以退货。具体退货流程：已申请补贴但补贴资金尚未发放的，补贴产品经销商及时告知县级农机主管部门，作不予结算处理；补贴资金已发放的，购机者或经销商应及时告知县级农机主管部门，并及时将所领补贴款全额退回财政指定专户，否则将追究其法律责任。

生活小窍门

在洗白色丝衬衫之前，先涂上牛奶，如此就能防止衣服变黄。

229. 农机补贴产品经销商是怎样确定的？有什么要求？

答： 补贴产品经销商由农机生产企业自主确定，并向社会公布。省级农机主管部门及时公布已列入黑名单的经销企业和个人名单，该类企业及个人所销售产品不能享受农机购置补贴政策。农机生产企业应对其确定的补贴产品经销企业的经销行为承担责任。

农机购置补贴产品经销商应严格执行农机购置补贴政策有关规定和纪律要求，守法诚信经营、严格规范操作、强化售后服务。销售产品时要在显著位置明示配置，公开销售价格。经销商必须遵守“七个不得”的规定，即不得倒卖农机购置补贴指标或倒卖补贴机具，不得进行商业贿赂和不正当竞争，不得以许诺享受补贴为名诱导农民购买农业机械，不得以降低或减少产品配置、搭配销售等方式变相涨价，不得拒开发票或虚开发票，不得虚假宣传农机购置补贴政策，同一产品在同一地区、同一时期销售给享受补贴农民的价格不得高于销售给不享受补贴农民的价格。

开心一刻

写日记：

第一天：今天我到妈妈单位玩，玩得好高兴啊。

第二天：昨天我到妈妈单位玩，玩得好高兴啊。

第三天：今天我又想起前天我到妈妈单位，玩得很高兴。

230. 对违规的生产和经销企业如何处理？

答： 对于违反农机购置补贴政策相关规定的生产和经销企业，地级、县级农机化主管部门视调查情况可对违规企业采取约谈告诫、限期整改等措施，并将有关情况和进一步处理建议报省级农机化主管部门。省级农机化主管部门视调查情况及地、县级农机化主管部门建议，可采取约谈告诫、限期整改、暂停补贴、取消补贴资格及列入黑名单等措施，将处理情况及时向社会公布，并视情况抄送工商、质量监督、公安等部门。同时，将暂停或取消补贴资格的处理情况报农业部。

农机生产和经销企业产品补贴资格或经销补贴产品的资格被暂停、取消，所引起的纠纷和经济损失由违规农机生产或经销企业自行承担。

生活小窍门

将衣物柔软剂以10倍水稀释，再用纸巾或软布蘸取轻拭CD音响表面，可以轻松去除灰尘。

231. 重庆市水稻机械化育插秧作业有何补贴政策?

答: 从2012年起，重庆市启动水稻机械化育插秧作业补贴工作。

在全市确定水稻主产县开展水稻机插秧作业补贴工作，在区县自愿申报基础上，市农委、市财政局分区县下达额度控制任务。

补贴对象为给种粮户提供机械育插秧服务的农机专业合作社、农机作业公司、农机大户等生产服务主体。

市级财政安排作业补贴专项资金，补贴标准为450元/公顷，补贴资金由区县财政配合农业部门验收后，提出补贴申请，市级复核后下拨区县。从2017年开始，按照上年度绩效考核结果切块下达区县补贴控制额度，区县根据需要在预算额度内可安排补贴任务和兑现补贴资金。

除重庆市以外，四川、湖南、广西、上海、福建等南方省（区、市），近几年也在实施水稻机械化育插秧作业补贴政策，补贴标准和操作流程因各地的不同略有差异。

开心一刻

大雾满天，两位同学的对话：

A说：咱们去卖口罩吧，一定能赚好多钱！

B说：赚什么，谁能看见咱们卖口罩！

232. 什么是农机深松作业补贴政策？有何背景？

答： 农机深松作业是指以打破犁底层为目的，通过拖拉机牵引深松机械，在不打乱原有土层结构的情况下松动土壤的一种机械化整地技术。实施农机深松整地作业，可以打破坚硬的犁底层，加深耕层，还可以降低土壤容重，提高土壤通透性，从而增强土壤蓄水保墒和抗旱防涝能力，有利于作物生长发育和提高产量。农机深松作业补贴就是对开展农机深松作业的农户和服务组织，按深松作业面积给予一定的补贴。

党中央、国务院十分重视发展农机深松整地作业。2009 年 10 月 12 日，国务院常务会议决定“实施土壤有机质提升和深松作业补贴”。2010 年中央 1 号文件明确提出“大力推广农机深松整地”。2010 年 12 月农业部下发了《关于落实补贴资金推进农机深松整地作业的通知》(农机发〔2010〕9 号)中，明确要求东北、黄淮海及其他有条件的地区要优先支持深松整地作业，在黑龙江、吉林、辽宁、山西、河北、内蒙古、天津、江苏、安徽、山东、河南、广西、陕西、甘肃、新疆 15 个省（区、市）开展补贴试点工作。2016 年 2 月，农业部印发了《全国农机深松整地作业实施规划（2016—2020 年）》，要求在东北一熟区、黄淮海两熟区、长城沿线风沙区、西北黄土高原区、西北绿洲农业区、南方旱田种植区、南方甘蔗区的 7 个类型区 25 个省（区、市）以及新疆生产建设兵团开展农机深松整地作业。“十三五”期间，全国每年农机深松整地作业面积要超过 1 000 万公顷，作业质量符合农业行业标准《深松机作业质量》(NY/T 2845—2015)。其中，2016 年全国规划实施农机深松整地 1 000 万公顷，2017 年全国规划实施农机深松整地 1 100 万公顷，2018 年、2019 年、2020 年全国规划实施农机深松整地均为 1 266.7 万公顷。力争到 2020 年，全国适宜的耕地全部深松一遍，然后进入深松适宜周期的良性循环。

生活小窍门

可将有裂痕的盘子放进倒入牛奶的锅里，加热 4 ~ 5 分钟，取出盘子后裂痕几乎消失不见。

233. 什么是农机跨区作业？参加跨区作业的车辆通行费是如何规定的？

答： 农机跨区作业是指农业机械跨县级以上行政区域，进行跨区机收、跨区机播、跨区机耕等农机作业服务。

《收费公路管理条例》第七条规定：“进行跨区作业的联合收割机、运输联合收割机(包括插秧机)的车辆,免交车辆通行费。”凡参加跨区作业的联合收割机、运输联合收割机（包括插秧机）的车辆，凭农机主管部门颁发的《跨区作业证》免交车辆通行费。

开心一刻

刚才听车上的电台交通广播，一个男人打进电话，说外面雾太大看不清红绿灯，车开到中间看清是红灯了，都连闯了四五个了，咋办啊?

播音员安慰他说：“没事，雾大，照不清你车牌号。”

234. 国家对农村机耕道路等农业机械化基础设施建设有何规定?

答:《农业机械化促进法》第二十九条规定，地方各级人民政府应当采取措施加强农村机耕道路等农业机械化基础设施的建设和维护，为农业机械化创造条件。

农村机耕道路等农业机械化基础设施是农业机械化顺利发展的基础和保证。发展农业机械化，必须加强农村机耕道路等农业机械化基础设施的建设和维护，为农业机械化创造条件。

目前中央财政预算尚无专门项目或投资用于农村机耕道路等基础设施建设，但在一些农业机械化示范基地建设或部分财政专项中，包含机具库棚、粮食烘干设施等农业机械化基础设施建设内容。

生活小窍门

将饼干装罐时同时放进一块方糖，方糖会吸收罐中的湿气，可保持饼干的香脆可口。

235. 对农机实行免费监理政策是如何规定的?

答:《财政部国家发展改革委关于取消停征和免征一批行政事业性收费的通知》(财税〔2014〕101号)规定，对小微企业(含个体工商户)免征农机监理行政事业性收费。《农业部办公厅关于做好2015年农机安全监理工作的通知》(农办机〔2015〕3号)要求，各地要积极争取财政支持，努力把免征范围扩大到所有农民和合作社。除对小微企业(含个体工商户)免征农机监理行政事业性收费外，北京、上海、陕西、青海、宁夏、大连、青岛和宁波等地实行了全面农机免费监理。

早上起来，我一拉窗帘以为我瞎了呢。原来是大雾，我在想，照这个节奏，到大街上随便给人个大嘴巴子，一回头，嘿嘿人没了!

发展水平评价

236. 什么是农业机械化水平？如何计算？

答： 农业机械化水平是对机器（装备）在农业中使用程度、作用大小和使用效果的一种表达和度量，它直接影响农业生产效率，是现代农业建设的关键环节。目前，农机化综合水平是按照机耕、机播和机收水平分别占 0.4、0.3 和 0.3 的权重来综合计算的。具体计算方法如下：

机耕率 = [机耕面积 ÷（农作物总播种面积—免耕面积）] × 100%

机播率 =（机播面积 ÷ 农作物总播种面积）× 100%

机收率 =（机收面积 ÷ 农作物总播种面积）× 100%

农机化综合水平 = [机耕面积 ÷（农作物总播种面积 – 免耕面积）] × 40% +（机播面积 ÷ 农作物总播种面积）× 30% +（机收面积 ÷ 农作物总播种面积）× 30%

开心一刻

看了这么久的西游记，还没弄明白唐僧肉可以长生不老的消息，到底是谁说出去的，为什么每个妖怪都知道。

237. 农机化发展划分为几个阶段?

答: 国内对农业机械化水平的评价主要采用农业部颁布的农业行业标准 NY/T 1408.1—2007《农业机械化水平评价》的评价指标体系。按照综合机械化发展水平高低，农业机械化发展划分初级、中级和高级 3 个阶段。

综合机械化水平低于 40%，第一产业从业人员占全社会从业人员比例大于 40% 的发展阶段，为农业机械化初级阶段。

综合机械化水平在 40% ~ 70%，第一产业从业人员占全社会从业人员比例在 20% ~ 40% 的发展阶段，为农业机械化中级阶段。

综合机械化水平高于 70%，第一产业从业人员比例低于 20% 的发展阶段，为农业机械化高级阶段。

生活小窍门

鸡蛋加入少许温水搅拌倒入油锅炒，炒时往锅里滴少许酒，这样炒出的鸡蛋蓬松鲜嫩。

238. 什么是农业机械总动力?

答: 农业机械总动力指全部农业机械动力的额定功率之和。一个地区农业机械总动力的大小，可以反映该地区单位面积耕地拥有农机动力情况或每个农业劳动力拥有农机动力的情况，因此，也能一定程度上反映该地区农业机械化的发展水平。

农机总动力按使用能源不同分为4部分:

(1) 柴油发动机动力。指全部柴油发动机额定功率之和。

(2) 汽油发动机动力。指全部汽油发动机额定功率之和。

(3) 电动机动力。指全部电动机(含潜水电泵的电动机)额定功率之和。

(4) 其他机械动力。指采用柴油、汽油、电力之外的其他能源，如水力、风力、煤炭、太阳能等动力机械功率之和。

开心一刻

"真是烂泥扶不上墙!"

烂泥:"我说我要上墙?我求你扶我了?有病!"

239. 什么是机耕作业面积和机耕自然面积?

答: 机耕作业面积指当年使用拖拉机或其他动力机械耕作过的农作物面积，包括耕翻、旋耕、深松等，不包括在实施保护性耕作的耕地上的深松。年内1公顷耕地上种植两茬作物，且都进行了机械耕作，按2公顷统计，种植多茬作物的类推。但对同一茬作物，当年不论耕作几次仍按1公顷统计。

机耕自然面积是指本年度内曾经利用拖拉机或其他动力机械(如机耕船)耕翻或旋耕、深松过的实有耕地面积(自然面积)。其面积不能重复统计，如在1公顷耕地上，当年不论耕翻几次仍做1公顷统计。

机耕作业面积应大于或等于机耕自然面积。

生活小窍门

新买的砂锅首次使用时，最好用来熬粥或煮浓淘米水，以堵塞砂锅的微细孔隙，防止渗水。

240. 什么是机械播种面积?

答: 指当年使用农用动力机械驱动播种机、移栽机、水稻插秧机等播种、栽插各种作物的实际作业面积。

播种机是以作物种子为播种对象的种植机械。用于某类或某种作物的播种机，常冠以作物种类名称，如谷物条播机、玉米穴播机、棉花播种机、牧草撒播机等。移栽机是满足农业生产育苗栽培的农业机械，常见的移栽机包括钳夹式、链夹式、吊杯式、吊篮式、挠性圆盘、导管苗式等。水稻插秧机是将水稻秧苗定植在水田中的种植机械，功能是提高插秧的工效和栽插质量，实现合理密植，有利于后续作业的机械化。

开心一刻

唐僧师徒路过一个村子，村子里有个妖怪，悟空问村民是什么妖精，村民说："我也不知道，只知道他每次都把村庄洗劫一空。"

悟空笑道：原来是洗劫精啊……

241. 什么是林果业（果茶桑）机械化？其水平评价指标体系的具体评价指标包括哪些？如何计算？

答： 林果业（果茶桑）机械化，指将先进适用的农业机械、设备运用于果、茶、桑等多年生作物生产，改善其生产经营条件，不断提高其生产技术水平和经济效益、生态效益的过程。

林果业（果茶桑）指利用果、茶、桑等多年生作物生产，以取得干鲜果品、茶叶、桑叶等产品的产业。相关统计主要针对种植在园地上的果树、茶树、桑树等。按《全国土地分类标准》，园地指种植以采集果、叶、茎等为主的集约经营多年生木本和草本作物（含其苗圃），覆盖度大于50%或每亩有效收益的株数达到合理株数70%的土地。此处园地指果园、茶园和桑园，不包括零星种植的果树、茶树、桑树。

林果业（果茶桑）机械化水平评价指标体系主要针对林果业（果茶桑）生产的6个主要作业环节进行评价，分别是中耕、施肥、植保、修剪、采收、田间转运。具体评价指标6个，指标及其权重见表36。

表36　林果业（果茶桑）机械化水平评价指标体系框架

一级指标		二级指标		
指标名称	代码	指标名称	代码	权重
林果业（果茶桑）机械化水平/%	A	中耕机械化水平/%	A_1	0.20
		施肥机械化水平/%	A_2	0.20
		植保机械化水平/%	A_3	0.20
		修剪机械化水平/%	A_4	0.20
		采收机械化水平/%	A_5	0.15
		田间转运机械化水平/%	A_6	0.05

生活小窍门

煮饭不宜用开水。若用开水煮饭，维生素 B_1 可免受损失。

计算公式为：

$$A = 0.20A_1 + 0.20A_2 + 0.20A_3 + 0.20A_4 + 0.15A_5 + 0.15A_6$$

式中：

A——林果业（果茶桑）机械化水平，%；

A_1——中耕机械化水平，%；

A_2——施肥机械化水平，%；

A_3——植保机械化水平，%；

A_4——修剪机械化水平，%；

A_5——采收机械化水平，%；

A_6——田间转运机械化水平，%。

开心一刻

相亲，女方问我以前有没有谈过恋爱？

我去，肯定谈过啊，自恋为主，暗恋为辅。

242. 农产品初加工机械化水平评价指标体系及其具体指标是什么?

答: 农产品初加工机械化水平评价所称农产品初加工，指对农产品一次性的不涉及农产品内在主要成分改变或消失的加工，初加工一般只是使农产品发生量或形态的变化而不发生本质的变化。

该评价所称农产品，指粮食、油料、水果、蔬菜、肉类、蛋类、乳类、水产品及特色农产品（棉、麻、糖、茶、食用菌等）9 大类。

农产品初加工机械化水平评价指标体系主要针对农产品初加工生产中的 3 项主要作业内容进行评价，分别是脱出处理、清选处理、保质处理。具体评价指标 3 个，指标及其权重见表 37。

表 37 农产品初加工机械化水平评价指标体系框架

一级指标		二级指标		
指标名称	代码	指标名称	代码	权重
农产品初加工机械化水平 /%	A	脱出处理机械化水平 /%	A_1	0.35
		清选处理机械化水平 /%	A_2	0.35
		保质处理机械化水平 /%	A_3	0.30

计算公式为:

$$A = 0.35A_1 + 0.35A_2 + 0.30A_3$$

式中:

A_1——脱出处理机械化水平，%;

A_2——清选处理机械化水平，%;

A_3——保质处理机械化水平，%。

生活小窍门

生日蜡烛先放到冰箱冷冻室里冷冻 24 小时，再插到蛋糕上点燃，就没烛油流下弄脏蛋糕。

243. 农产品初加工机械化水平评价指标体系的脱出处理机械化水平含义是什么？怎么计算？

答： 农产品初加工的脱出处理机械化水平是在把有食用和经济价值的部分从收获得来的初级原料中脱离出来的过程中，使用机器设备加工的农产品数量占该环节加工总量的百分数。包括各类农产品的脱壳、脱粒、去叶、去皮、去心、禽类屠宰等机械化处理数量。其计算公式为：

$$A_1=\frac{S_{jt}}{S_{tt}}\times 100$$

式中：

A_1——脱出处理机械化水平，%。

S_{jt}——机械脱出农产品数量，指当年使用机械进行粮油料作物脱粒脱壳、蔬菜去除不可食部分、水果去核、肉类屠宰、水产品采肉处理、机收棉花的除杂、糖料作物剥叶、茶叶杀青处理的各种农产品原料数量之和。具体来说，机械脱出处理量指当年使用砻谷机、脱皮机、脱粒机、剥皮机、脱壳机、去皮机、脱核机、屠宰设备、水产品脱壳机和采肉机等脱出有食用和经济价值部分而消耗的各种初级原料的数量之和，单位为吨。

S_{tt}——实际脱出农产品总量，指当年实际进行脱出处理的各种农产品数量之和。不论何种农产品，实际脱出总量都按当年该农产品产量进行加和计算，单位为吨。

开心一刻

女人两大爱好：1. 和穷人谈钱；2. 和富人谈感情。

244. 农产品初加工机械化水平评价指标体系的清选机械化水平含义是什么？怎么统计？

答： 农产品初加工的清选处理机械化水平是在对初级农产品进行除杂、分选、整理使之具有较为整齐清洁的外观的过程中，使用机器设备加工的农产品数量占该环节加工总量的百分数。包括各类农产品的除杂、清选、清洗（包括蒸煮、烫漂）、去柄、去老、分级、分类、胴体加工、杀菌等机械化处理数量。其计算公式为：

$$A_1=\frac{S_{jq}}{S_{qt}}\times 100$$

式中：

A_2——清选处理机械化水平，%。

S_{jq}——机械清选农产品数量，指当年使用机械进行粮食筛分、油料作物筛分、蔬菜清洗、水果清洗分级、肉类胴体分割加工、禽蛋类清洗分级、乳产品过滤杀菌、水产品清洗、茶叶揉捻、食用菌清洗处理的各种农产品原料数量之和。其中机械筛分、分级处理量指当年使用振动筛、比重筛、回转筛、磁选机、分级机、过滤机、胴体加工设备等筛选出品质和外观较好部分而消耗的各种初级原料的数量之和。机械清洗处理量指当年使用清洗机、喷淋机、调质机、洗菜机、消毒机、灭菌机等清洗出可供鲜食和后续加工的初级农产品而消耗的各种初级原料的数量之和，单位为吨。

S_{qt}——实际清选农产品总量，指当年实际进行清选处理的各种农产品数量之和。不论何种农产品，实际清选总量都按当年该农产品产量进行加和计算，单位为吨。

生活小窍门

正版手机机身号码、外包装号码、从手机上调出的号码三者应该是一致的。

245. 农产品初加工机械化水平评价指标体系的保质处理机械化水平含义是什么？怎么统计？

答： 农产品初加工机械化水平评价指标体系的保质处理机械化水平是在对初级农产品进行维持原有品质 7 天以上到 1 年期的加工操作（其中包括对农产品进行脱水、防腐、抽真空及通风控温式储藏等）的过程中，使用机器设备加工的农产品数量占该环节加工总量的百分数。包括各类农产品的干燥、干制、烘干、脱水、保鲜、带通风设备的储藏等机械化处理数量。其计算公式为：

$$A_1=\frac{S_{jb}}{S_{bt}}\times 100$$

式中：

A_3——保质处理机械化水平，%。

S_{jb}——机械保质农产品数量，指当年使用机械进行干燥、保鲜、储藏处理的各种农产品数量之和。其中机械干燥处理量指当年使用谷物烘干机、专用烘干机和有热源装置的设备进行干燥、干制处理的各种农产品数量之和（不包括粮食收购部门的粮食烘干数量）。机械保鲜处理量指当年使用保鲜储藏设备、外加能源的预冷储藏等设施进行保鲜处理的各类农产品数量之和。机械储藏处理量指当年使用外加能源进行通风、控温的设施进行储藏处理的各类农产品数量之和，单位为吨。

S_{bt}——实际保质农产品总量，指当年实际进行保质处理的各种农产品数量之和。不论何种农产品，实际保质总量都按当年该农产品产量进行加和计算，单位为吨。

开心一刻

亲爱的圣诞老人，我的圣诞愿望就是人瘦点儿，钱包鼓点儿，千万别再弄错了，去年就给我整反了！

246. 设施农业机械化水平评价指标体系评价范围是什么？其水平评价指标体系具体评价指标有哪些？怎么计算？

答：设施农业范畴宽泛，涉及的设施类型及种植品种复杂繁多，在进行评价前必须对其范围进行界定才能进一步准确评价。广义上的设施农业包括设施种植（蔬菜、花卉和食用菌、果树和育苗等）、设施畜牧及设施水产，狭义上的设施农业特指设施种植。

设施农业机械化水平评价指标体系规定了设施农业中设施种植（蔬菜、花卉、食用菌、果树、育苗等）的机械化水平评价方法，统计数据的范围限于塑料大棚、日光温室、连栋温室。

主要针对设施农业生产的5个主要作业内容进行评价，分别是耕整地、种植、采运、灌溉施肥、环境调控。具体指标5个，指标及其权重见表38。

表38　设施农业机械化水平评价指标体系框架

一级指标		二级指标		
指标名称	代码	指标名称	代码	权重
设施农业机械化水平（%）	A	耕整地机械化水平(%)	A_1	0.2
		种植机械化水平(%)	A_2	0.2
		采运机械化水平(%)	A_3	0.2
		灌溉施肥机械化水平(%)	A_4	0.1
		环境调控机械化水平(%)	A_5	0.3

计算公式为：

$$A = 0.2A_1 + 0.2A_2 + 0.2A_3 + 0.1A_4 + 0.3A_5$$

生活小窍门

做菜时不小心将醋放多了，可往菜中再加点酒，可使原有醋的酸味减轻。

式中：

A_1——耕整地机械化水平，%；

A_2——种植机械化水平，%；

A_3——采运机械化水平，%；

A_4——灌溉施肥机械化水平，%；

A_5——环境调控机械化水平，%。

女人任性的程度一定不能超过她漂亮的程度；男人任性的程度一定不能超过他有钱的程度。

247. 设施农业机械化水平评价指标体系中耕整地机械化水平怎么计算?

答： 耕整地机械化水平计算公式为：

$$A_1=\frac{S_{jg}}{S}\times 100$$

式中：

S_{jg}——机耕设施面积，指本年度内使用耕整地机械作业的设施面积，公顷；

S——设施总面积，指本年度塑料大棚、日光温室和连栋温室 3 种类型设施的总面积，公顷。

生活小窍门

煮面时在水面加一汤匙油，面条就不会黏了，还能防止面汤起泡沫溢出锅外。

248. 设施农业机械化水平评价指标体系中种植机械化水平怎么计算?

答: 种植机械化水平计算公式为:

$$A_1=\frac{S_{jb}}{S}\times 100$$

式中:

S_{jb}——机播设施面积,指本年度内使用播种机或移栽机作业的设施面积,公顷;

S——设施总面积,指本年度塑料大棚、日光温室和连栋温室 3 种类型设施的总面积,公顷。

天下最难处的就是女人。你若谄媚她,她就自骄;你若打骂她,她就哭泣;你若杀害她,她的鬼魂就要作祟——最好的法子就是爱她。

249. 设施农业机械化水平评价指标体系中采运机械化水平怎么计算？

答： 采运机械化水平计算公式为：

$$A_1=\frac{S_{js}}{S}\times 100$$

式中：

S_{js}——机收设施面积，指本年度内使用采摘和室内运输机械作业的设施面积，公顷；

S——设施总面积，指本年度塑料大棚、日光温室和连栋温室 3 种类型设施的总面积，公顷。

生活小窍门

将牛肉涂上芥末，洗净后加少许醋或用纱布包一点茶叶与牛肉同煮，都可使牛肉易熟。

250. 设施农业机械化水平评价指标体系中灌溉施肥机械化水平怎么计算?

答: 灌溉施肥机械化水平计算公式为:

$$A_1=\frac{S_{gs}}{S}\times 100$$

式中:

S_{gs}——机械灌溉施肥设施面积，指本年度内使用灌溉和施肥机械作业的设施面积，公顷;

S——设施总面积，指本年度塑料大棚、日光温室和连栋温室 3 种类型设施的总面积，公顷。

开心一刻

友情提示：错过了爱翻自己手机的女人后，遇到的都是爱翻钱包的女人。

251. 设施农业机械化水平评价指标体系中环境调控机械化水平怎么计算?

答: 环境调控机械化水平计算公式为:

$$A_1=\frac{S_{jh}}{S}\times 100$$

式中:

S_{jh}——机械环控设施面积，指本年度内使用环境调控机械作业的设施面积，公顷;

S——设施总面积，指本年度塑料大棚、日光温室和连栋温室 3 种类型设施的总面积，公顷。

生活小窍门

毛衣洗涤时水温不要超过 30℃，用中性洗涤剂，过最后一遍水时加少许醋，能防止毛衣缩水。

252. 渔业机械化水平评价指标体系的评价目的和评价范围是什么？水平评价指标体系的具体评价指标有哪些？怎么计算？

答： 随着农机购置补贴政策的实施，渔业机械增长较快，机械化在渔业生产中的应用越来越广泛，有力地提升了渔业生产的规模化、标准化和集约化。为准确掌握渔业机械化发展状况和薄弱环节，科学提出发展目标和政策措施，推进渔业机械化发展，农业部农机化司组织专家共同制定渔业（水产养殖）机械化水平评价指标体系。

渔业机械化水平评价指标体系所称渔业机械化水平，主要针对渔业生产中池塘养殖、网箱养殖、工厂化养殖、筏式吊笼与底播养殖 4 种生产模式下的关键生产环节进行评价。

渔业机械化水平评价指标体系主要指标有池塘养殖模式下投饲、水质调控的机械化水平，网箱养殖模式下投饲、网箱清洗、起捕的机械化水平，工厂化养殖模式下投饲、水质调控的机械化水平，筏式吊笼与底播养殖模式下投苗、采收的机械化水平。本评价设一级指标 1 个，二级指标 4 个，三级指标 9 个。具体指标及其权重见表 39。

开心一刻

洗完澡包着新买的可爱浴巾出来，觉得一直往下掉，就问老公这一直往下掉怎么办。

老公说：就你这样的完全可以学我们男人，把浴巾围在腰间就可以了！

表 39　渔业机械化水平评价指标体系框架

一级指标		二级指标			三级指标		
指标名称	代码	指标名称	代码	权重	指标名称	代码	权重
渔业机械化水平（%）	δ	池塘养殖机械化水平 (%)	A	λ_A	投饲机械化水平 (%)	A_1	0.30
					水质调控机械化水平 (%)	A_2	0.70
		网箱养殖机械化水平 (%)	B	λ_B	投饲机械化水平 (%)	B_1	0.30
					网箱清洗机械化水平 (%)	B_2	0.40
					起捕机械化水平 (%)	B_3	0.30
		工厂化养殖机械化水平 (%)	C	λ_C	投饲机械化水平 (%)	C_1	0.35
					水质调控机械化水平 (%)	C_2	0.65
		筏式吊笼与底播养殖机械化水平 (%)	D	λ_D	投苗机械化水平 (%)	D_1	0.45
					采收机械化水平 (%)	D_2	0.55

计算公式为：

$\delta=\lambda_A \cdot A+\lambda_B \cdot B+\lambda_C \cdot C+\lambda_D \cdot D$

式中：

A——池塘养殖机械化水平，%；

B——网箱养殖机械化水平，%；

C——工厂化养殖机械化水平，%；

D——筏式吊笼与底播养殖机械化水平，%。

$\lambda_A+\lambda_B+\lambda_C+\lambda_D=1$，其中 λ_A、λ_B、λ_C、λ_D 的值按照当地该养殖模式的产量占渔业总产量比例确定。

生活小窍门

把装有热水的杯子放入冷水中浸泡，然后在冷水中撒上一把盐，这样能加速开水的冷却。

253. 畜牧业指标体系的统计分类包括什么？其评价指标体系框架具体指标构成有哪些？

答： 根据畜牧业年鉴，畜牧业主要包含 6 大类家畜，即大牲畜、猪、羊、家禽、兔和蜜蜂。大牲畜包括牛、马、驴、骡、骆驼；羊包括山羊、绵羊；家禽包括鸡、鸭、鹅。本指标体系评价范围不包含蜜蜂。各地在运用该指标体系进行评价时，应根据当地畜牧特点，确定 2～3 个主要家畜种类进行统计和评价。当地主要家畜种类，指的是该类家畜产值占畜牧总产值的 70% 以上，或产值排名在当地前 2 ～ 3 位的家畜。

畜牧业机械化评价指标体系，指的是在统计基础上，通过一定的方法计算得出畜牧业机械化水平，用来科学反映畜牧机械在畜牧业生产中的应用程度。

畜牧业机械化评价指标体系设一级指标 1 个，二级指标 5 个，三级指标 5 个。

一级指标：畜牧业机械化水平。

二级指标及权重：饲草料生产与加工机械化水平、饲料投喂机械化水平、粪便清理机械化水平、环境控制机械化水平、畜产品采集机械化水平，权重依次为 0.25、0.20、0.20、0.15、0.20。

三级指标及权重：饲草料生产与加工环节包括饲草秸秆收获和饲草料粉碎、搅拌等加工程序，确定 2 个三级指标，即饲草秸秆收获机械化水平、饲草料加工机械化水平。饲草秸秆收获量较少的农区，在计算饲草料生产与加工机械化水平时，由各地据实选取相应三级指标进行评价，其权重根据“收获的饲草秸秆总量”和“饲草料加工总量”所占的比例来设定。

畜产品采集环节包括挤奶、剪毛、拣蛋，确定 3 个三级指标，即挤奶机械化水平、剪毛机械化水平、捡蛋机械化水平。考虑到各地家畜种类的差异，由各地据实选取相应三级指标进行评价，其权重根据相应畜产品产值所占的比例来设定。

开心一刻

昨天带媳妇去商场，看见一大款对身边的小蜜说：“去吧，宝贝儿，想拿什么拿什么！”我直接大手一挥对媳妇说：“去吧，宝贝儿，想拿什么拿什么！小心别让人逮着！”

畜牧业机械化评价指标体系的框架结构见表40。

表40　畜牧业机械化评价指标体系框架

一级指标		二级指标			三级指标			
指标名称	代码	指标名称	代码	权重	指标名称	代码	权重	备注
畜牧业机械化水平（%）	A	饲草料生产与加工机械化水平（%）	A_1	0.25	饲草秸秆收获机械化水平（%）	A_{11}	α_1	牧区和半牧业区，A_{11}、A_{12}均应计算。饲草秸秆收获量较少的农区，可根据实际情况，选择用A_{11}和A_{12}加权计算A_1（权重可根据“收获的饲草秸秆总量”和“饲草料加工总量”的比例来分配），或直接用A_{12}代表A_1
					饲草料加工机械化水平（%）	A_{12}	α_2	
		饲料投喂机械化水平（%）	A_2	0.20	—	—	—	
		粪便清理机械化水平（%）	A_3	0.20	—	—	—	
		环境控制机械化水平（%）	A_4	0.15	—	—	—	
		畜产品采集机械化水平（%）	A_5	0.20	挤奶机械化水平（%）	A_{51}	α_3	各地根据当地实际，从中选择相应三级指标，即如果某地不产禽蛋，就可以只选择A_{51}和A_{52}进行评价；权重依据相应畜产品产值所占比例确定
					剪毛机械化水平（%）	A_{52}	α_4	
					捡蛋机械化水平（%）	A_{53}	α_5	

生活小窍门

烹调蔬菜时，加点菱粉类淀粉，可使汤变得稠浓，而且对维生素有保护作用。

254. 畜牧业机械化评价指标体系的计算方法是什么？

答： 畜牧业机械化水平计算公式为：

$$A=0.25A_1+0.20A_2+0.20A_3+0.15A_4+0.20A_5$$

$$A_1=\alpha_1 A_{11}+\alpha_2 A_{12} \qquad (\alpha_1+\alpha_2=1，0 \leqslant \alpha_1，\alpha_2 \leqslant 1)$$

$$A_{11}=\frac{机械收获饲草秸秆量}{收获的饲草秸秆总量}$$

$$A_{12}=\frac{机械化饲草料加工量}{饲草料加工总量}$$

$$\alpha_1=\frac{收获的饲草秸秆总量}{收获的饲草秸秆总量+饲草料加工总量}$$

$$\alpha_2=\frac{饲草料加工总量}{收获的饲草秸秆总量+饲草料加工总量}$$

$$A_2=\frac{机械饲喂的家畜数量（折算为羊单位）}{家畜总数（折算为羊单位）}$$

$$A_3=\frac{机械清粪的家畜数量（折算为羊单位）}{家畜总数（折算为羊单位）}$$

$$A_4=\frac{机械环控的家畜数量（折算为羊单位）}{控制家畜总数（折算为羊单位）}$$

$$A_5=\alpha_3 A_{51}+\alpha_4 A_{52}+\alpha_5 A_{53} \qquad (\alpha_3+\alpha_4+\alpha_5=1，0 \leqslant \alpha_3，\alpha_4，\alpha_5 \leqslant 1)$$

开心一刻

老婆是个路痴，跟她开玩笑说，当初你是怎么找到路来到这个世界的？

她柳眉一横道：当初我也没有找到路，是医生给我开了条路……

$$A_{51}=\frac{\text{机械挤奶的家畜数量（折算为羊单位）}}{\text{产奶家畜数量（折算为羊单位）}}$$

$$A_{52}=\frac{\text{机械剪毛的家畜数量（折算为羊单位）}}{\text{产毛家畜数量（折算为羊单位）}}$$

$$A_{53}=\frac{\text{机械捡蛋的蛋禽数量（折算为羊单位）}}{\text{蛋禽数量（折算为羊单位）}}$$

$$\alpha_3=\frac{\text{奶产品产值}}{\text{奶产品产值}+\text{毛产品产值}+\text{禽蛋产值}}$$

$$\alpha_4=\frac{\text{毛产品产值}}{\text{奶产品产值}+\text{毛产品产值}+\text{禽蛋产值}}$$

$$\alpha_5=\frac{\text{禽蛋产值}}{\text{奶产品产值}+\text{毛产品产值}+\text{禽蛋产值}}$$

生活小窍门

做菜或做汤如果味道咸，可将土豆切成两半放入汤里煮几分钟，这样汤就能由咸变淡。

255. 畜牧业指标体系的单位换算方法是什么?

答: 数据换算关系为:

1 头牛 = 5 个羊单位;

1 头猪 = 1.5 个羊单位;

1 只家禽 = 0.05 个羊单位;

1 匹马 = 6 个羊单位;

1 头驴 = 3 个羊单位;

1 匹骡 = 5 个羊单位;

1 头骆驼 = 7 个羊单位;

1 只兔 = 0.125 个羊单位。

开心一刻

男人不抽烟真的损失太大了，刚刚我坐在路边吃麻辣烫，一个平时根本说不上话的女神级别的美女问我借打火机，我竟然没有……

那一刻，我真恨不得把手上的两根筷子戳进地里给她钻出堆火来!

产品鉴定和质量管理

256. 农业机械试验鉴定的定义和分类是什么?

答: 根据《农业机械试验鉴定办法》第二条，农业机械试验鉴定是指农业机械试验鉴定机构通过科学试验、检测和考核，对农业机械的适用性、安全性和可靠性做出技术评价，为农业机械的选择和推广提供依据和信息的活动。根据鉴定目的不同，农机鉴定分为3种。

（1）推广鉴定。全面考核农业机械性能，评定是否适于推广。

（2）选型鉴定。对同类农业机械进行比对试验，选出适用机型。

（3）专项鉴定。考核、评定农业机械的专项性能。

根据《农业机械试验鉴定办法》第三条，农机鉴定包括部级鉴定和省级鉴定，由农业机械生产者或者销售者自愿申请。通过部级鉴定的产品不再进行省级鉴定。

开心一刻

一对情侣，男的细高，女的矮胖，这天吵架，女:“你整天就像个电线杆一样，无趣得很。”男:“你没发现，电线杆旁边都有个垃圾桶吗?”

257. 开展农业机械试验鉴定的依据和原则是什么?

答: 根据《农业机械试验鉴定办法》第四条，农业部主管全国农业机械试验鉴定工作，制定并定期调整、发布全国农业机械鉴定产品种类指南、计划，公布鉴定大纲。省、自治区、直辖市人民政府农业机械化行政主管部门主管本行政区域的农业机械试验鉴定工作，制定并定期调整、发布省级农业机械试验鉴定产品种类指南、计划，公布鉴定大纲。

根据《农业机械试验鉴定办法》第十三条，农机鉴定依据省级以上人民政府农业机械化行政主管部门公布的鉴定大纲进行。

根据《农业机械试验鉴定办法》第五条，农机鉴定坚持公正、公开、科学、高效的原则依法开展农业机械试验鉴定工作，并接受农业机械使用者、生产者、销售者和社会的监督。

生活小窍门

煮肉想使汤味鲜美，可把肉放入冷水中慢慢地煮；想使肉味鲜美，可把肉放在热水里煮。

258. 申请农机鉴定的产品应符合什么条件?

答: 根据《农业机械试验鉴定办法》第十条，申请农机鉴定的产品应符合以下条件。

①属定型产品。②有一定的生产批量。③列入农机鉴定产品种类指南或计划。④申请前 3 年未因以下问题被收回、注销农业机械推广鉴定证书和标志：产品出现重大质量问题或出现集中的质量投诉后生产者在规定期限内不能解决的；改变结构、型式和生产条件未重新申请鉴定的；在国家产品质量监督抽查或市场质量监督检查中有严重质量问题的；通过欺诈、贿赂等手段获取鉴定结果或证书的。

符合以上条件的农机产品的农业机械生产者或者销售者根据自己的需要，可以自愿向农机鉴定机构申请省级鉴定或部级鉴定。

开心一刻

相亲时女孩问我："如果我们俩确定关系的话，你愿意在房产证上加我的名字吗？"

我说："我倒是没意见，不过你得问房东答不答应。"

259. 申请农机鉴定的产品需要提供哪些材料?

答： 根据《农业机械试验鉴定办法》第十一条，申请农机鉴定的农业机械生产者或者销售者应当向农机鉴定机构提交以下材料。

①农机鉴定申请表。②企业法人营业执照复印件（境外企业提供主管机关的登记注册证明）。③产品定型证明文件。④产品标准的文本。⑤产品使用说明书。⑥委托他人代理申请的，还应当提交农业机械生产者或者销售者签署的委托书。

根据《农业机械推广鉴定实施办法》第七条，推广鉴定申请者应当提交加盖法人公章的以下材料。

①《农业机械推广鉴定申请表》一式3份。②企业法人营业执照复印件一份。③产品定型证明文件复印件一份。④产品企业标准复印件一份。⑤产品使用说明书一份。⑥国家实施生产许可和强制性认证等管理的产品，应当提供相应证书及附件的复印件一份。⑦农机推广鉴定大纲规定的其他材料。

产品定型证明文件由《企业承诺书》和以下材料之一组成。

①全国工业产品生产许可证书。②强制性产品认证证书。③自愿性产品认证证书。④其他单位按相关部门规定出具的产品鉴定证书。⑤具有资质的产品质量检验机构或通过实验室认可的企业实验室出具的型式试验报告。

生活小窍门

吃过大蒜后，喝杯牛奶，可消除大蒜遗留在口中的异味。

260. 如何对通过农机推广鉴定的产品进行监管?

答：根据《农业机械试验鉴定办法》第二十三条，省级以上人民政府农业机械化行政主管部门应当组织对通过农机鉴定的产品及农业机械推广鉴定证书和标志的使用情况进行监督，发现有违反《农业机械试验鉴定办法》行为的，应当依法处理。

根据《农业机械试验鉴定办法》第二十六条，省级以上人民政府农业机械化行政主管部门根据用户的投诉和举报情况，组织对通过农机鉴定的产品进行调查，并及时公布调查结果。

根据《农业机械试验鉴定办法》第三十一条，伪造、冒用或使用过期的农业机械推广鉴定证书和标志的，由农业机械化行政主管部门责令停止违法行为，有违法所得的，处违法所得2倍以下罚款，但最高不超过3万元；无违法所得的，处1万元以下罚款。

开心一刻

美女同事：“晚上约吗？有家咖啡店不错。”

我：“我结婚了。”

美女：“我知道。”

我：“知道了你还约，我都有老婆了，哪来的钱。”

261. 什么情况下会对农机推广鉴定证书进行换证、撤证处理?

答: 根据《农业机械试验鉴定办法》第二十五条，对于获得农业机械推广鉴定证书产品的商标、企业名称和生产地点发生改变的，生产者应当凭相关证明文件向原发证机构申请变更换证；如果改变了结构、型式和生产条件的，应当重新申请鉴定。

根据《农业机械试验鉴定办法》第二十七条，对于通过鉴定的产品，有下列情形之一的，由原发证机构撤销农业机械推广鉴定证书，并予以公告。

①产品出现重大质量问题，或出现集中的质量投诉后生产者在规定期限内不能解决的。

②商标、企业名称和生产地点发生改变未申请变更的。

③改变结构、型式和生产条件未重新申请鉴定的。

④在国家产品质量监督抽查或市场质量监督检查中有严重质量问题的。

⑤国家明令淘汰的。

⑥通过欺诈、贿赂等手段获取鉴定结果或证书的。

⑦涂改、转让、超范围使用农业机械推广鉴定证书和标志的。

生活小窍门

蜂蜜对致病病菌有较强的杀菌能力，经常食用蜂蜜能预防龋齿的发生。

262. 什么是农业机械质量问题?

答: 农业机械质量问题，是指在合理使用的情况下，农机产品的使用性能不符合产品使用说明中明示的状况；或者农机产品不具备应当具备的使用性能；或者农机产品不符合生产者在农机或其包装上注明执行的产品标准。质量问题包括 2 种。

（1）严重质量问题。是指农机产品的重要性能严重下降，超过有关标准要求或明示的范围；或者农机产品主要部件报废或修理费用较高，必须更换的；或者正常使用的情况下农机产品自身出现故障影响人身安全的质量问题。

（2）一般质量问题。是指除严重质量问题外的其他质量问题，包括易损件的质量问题，但不包括农机用户按照农机产品使用说明书的维修、保养、调整或检修方法能用随机工具可以排除的轻度故障。

开心一刻

今天出门遇到女神了，我忍不住打招呼：“嗨，好巧，在这都能遇到。”

女神怒吼：“你又来我家门前转悠啥？”

263. 农机产品质量问题监管由哪些部门负责？争议如何处理？

答： 产品质量监督部门、工商行政管理部门、农业机械化主管部门应当认真履行“三包”有关质量问题监管职责。生产者未按照《农业机械产品修理、更换、退货责任规定》第二十四条履行明示义务的，或通过明示内容有意规避责任的，由产品质量监督部门依法予以处理。销售者未按照《农业机械产品修理、更换、退货责任规定》履行“三包”义务的，由工商行政管理部门依法予以处理。维修者未按照《农业机械产品修理、更换、退货责任规定》履行“三包”义务的，由农业机械化主管部门依法予以处理。农机用户因“三包”责任问题与销售者、生产者、修理者发生纠纷的，可以按照公平、诚实、信用的原则进行协商解决。协商不能解决的，农机用户可以向当地工商行政管理部门、产品质量监督部门或者农业机械化主管部门设立的投诉机构进行投诉，或者依法向消费者权益保护组织等反映情况，当事人要求调解的，可以调解解决。因“三包”责任问题协商或调解不成的，农机用户可以依照《中华人民共和国仲裁法》的规定申请仲裁，也可以直接向人民法院起诉。需要进行质量检验或者鉴定的，农机用户可以委托依法取得资质的农机产品质量检验机构进行质量检验或者鉴定。质量检验或者鉴定所需费用按照法律、法规的规定或者双方约定的办法解决。

生活小窍门

日光灯管使用数月后颠倒一下其两端接触极，寿命就可延长一倍，也可提高照明度。

264. 农业机械质量问题应向谁投诉？农业机械质量投诉监督机构有哪些职责？从事农业机械质量投诉受理、调解工作的人员应具备哪些基本条件？

《农业机械质量投诉监督管理办法》第三条规定，凡因农业机械产品质量、作业质量、维修质量和售后服务引起的争议，均可向农业机械质量投诉监督机构投诉，也可向当地消费者协会投诉。

《农业机械质量投诉监督管理办法》第七条规定，农业机械质量投诉监督机构主要职责：①受理农业机械质量投诉或其他行政部门转交的投诉案件，依法调解质量纠纷。必要时，组织进行现场调查。②定期分析、汇总和上报投诉情况材料，提出对有关农业机械实施监督的建议。③协助其他农业机械质量投诉监督机构处理涉及本区域投诉案件的调查等事宜。④参与省级以上人民政府农业机械化行政主管部门组织的农业机械质量调查工作。⑤向农民提供国家支持推广的农业机械产品的质量信息咨询服务。⑥对下级农业机械质量投诉监督机构进行业务指导。

《农业机械质量投诉监督管理办法》第八条规定，从事农业机械质量投诉受理、调解工作的人员应具备的基本条件：①热爱农业机械投诉监督工作，有较强的事业心和责任感。②熟悉相关法律、法规和政策，具有必要的农业机械专业知识。③经省级以上农业机械质量投诉监督机构培训合格。

开心一刻

小明上学路上摔沟里了，老师问他哪里受伤了？

他说人没什么事，就是完成的作业全掉沟里找不到了。

老师说：孩子啊，你套路比沟还深呐！

265. 农业机械质量投诉应提供哪些材料?

答:《农业机械质量投诉监督管理办法》第十一条规定，投诉者应提供书面投诉材料，内容至少包括：①投诉者姓名、通信地址、邮政编码、联系电话以及被投诉方名称或姓名、通信地址、邮政编码、联系电话等准确信息。②农业机械产品的名称、型号、价格、购买日期、维修日期、销售商、维修商，质量问题和损害事实发生的时间、地点、过程、故障状况描述以及与被投诉方协商的情况等信息。③有关证据。包括合同、发票、"三包"凭证、合格证等复印件。④明确的投诉要求。

农忙季节或情况紧急时，农业机械质量投诉监督机构可以详细记录投诉者通过电话或其他方式反映的情况并与被投诉方联系进行调解，如双方能协商一致，达成和解，投诉者可以不再提供书面材料。

有下列情形之一的投诉，不予受理：①没有明确的质量诉求和被投诉方的。②在国家规定和生产企业承诺的"三包"服务之外发生质量纠纷的（因农业机械产品质量缺陷造成人身、财产伤害的除外）。③法院、仲裁机构、有关行政部门、地方消费者协会或其他农业机械质量投诉机构已经受理或已经处理的。④争议双方曾达成调解协议并已履行，且无新情况、新理由、新证据的。⑤其他不符合有关法律、法规规定的。

生活小窍门

将各种花瓣晒干后混合置于一匣中，放在起居室或餐厅，就能使满室飘香。

266. 怎样处理农业机械质量投诉问题?

答:《农业机械质量投诉监督管理办法》第十五条规定，农业机械质量投诉监督机构受理投诉后，应及时将投诉情况通知被投诉方并要求其在接到通知后3日内进行处理，农忙季节应在2日内进行处理。被投诉方应将处理结果以书面形式反馈农业机械质量投诉监督机构。争议双方经调解达成解决方案的，应形成书面协议，由农业机械质量投诉监督机构负责督促双方执行。

《农业机械质量投诉监督管理办法》第十六条规定，需要进行现场调查的，农业机械质量投诉监督机构可聘请农业机械鉴定机构进行现场调查，现场调查应征得投诉双方同意后进行。调解中需要进行检验或技术鉴定的，由争议双方协商确定实施检验或鉴定的农业机械试验鉴定机构和所依据的技术规范。检验或鉴定所发生的费用由责任方承担。

《农业机械质量投诉监督管理办法》第十七条规定，调查、调解过程中涉及其他行政区域时，其他行政区域所在地的农业机械质量投诉监督机构应给予配合。

《农业机械质量投诉监督管理办法》第十八条规定，被投诉方对投诉情况逾期不予处理和答复，在农业机械质量投诉监督机构催办3次后仍然不予处理的，视为拒绝处理。

《农业机械质量投诉监督管理办法》第十九条规定，有下列情形之一的，可以终止调解：①争议双方自行和解的。②投诉者撤回其投诉的。③争议一方已向法院起诉、申请仲裁或向有关行政部门提出申诉的。④投诉者无正当理由不参加调解的。

《农业机械质量投诉监督管理办法》第二十条规定，争议双方分歧较大，无法达成和解方案的，农业机械质量投诉监督机构可以给出书面处理意见后，终止调解。投诉者可通过其他合法途径进行解决。

开心一刻

学渣：“人活在世上，就是要做正确的选择！”

老师：“这就是你判断题全部打勾的原因？”

267. 农业机械质量投诉受理和处理工作程序是怎样的?

答: 农业机械化质量投诉受理和处理工作程序主要包括投诉案件登记，对投诉案件是否受理的审查，案件受理后的调查、调解、结案和资料归档等几个过程。工作程序流程见图 126。

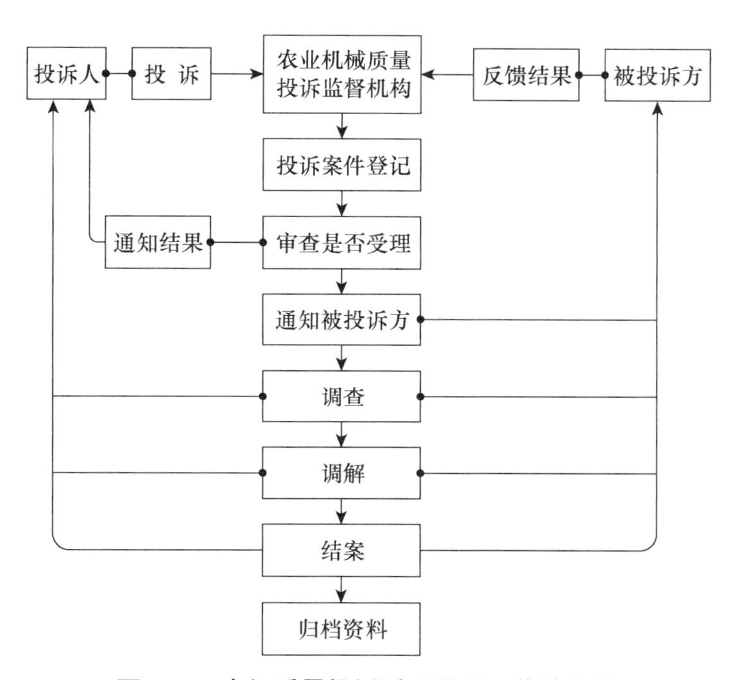

图 126　农机质量投诉受理处理工作流程图

来源:《农业机械质量投诉监督指南与案例分析》

生活小窍门

兔毛衫掉毛可把它装进塑料袋中放入冰箱内冷藏 3 ～ 4 天，就可以防止掉毛。

268. 农业机械生产者是否应当对生产的农业机械进行检验？农业机械产品质量检验有哪些规定？

答：《农业机械安全监督管理条例》第十二条规定，农业机械生产者应当按照农业机械安全技术标准对生产的农业机械进行检验。《产品质量法》第十二条规定，产品质量应当检验合格。

企业要按照《产品质量法》和《农业机械安全监督管理条例》的要求，把好生产质量关，建立完善企业内部的质量检验监督制度，按照现代企业管理制度的要求，实施全员全过程质量管理，落实岗位责任制，保证不合格的产品不进入下一道工序。

产品检验一般包括进货检验、过程检验和出厂检验。检验依据的标准除强制性标准外，还应包括企业执行的其他标准。经检验合格的产品应附具产品质量检验合格证明。产品质量检验合格证明，是指生产者为表示出厂的产品质量经检验合格而附于产品或者产品包装上的签字、标签、印章等，主要有3种形式：合格证书、检验合格印章和检验工序编号印签。质量检验合格证明是产品标识必须具备的内容。产品质量检验合格证明只能在检验合格的产品上使用，未经检验的产品以及检验不合格的产品不能使用。

开心一刻

还没打上课铃，我对我同桌说：“我想先睡会儿，老师来了喊我。”

二货同桌来了一句：“我也好瞌睡，一起睡吧，老师来了会叫醒我们的。”

我……

269. 农业机械出厂前是否应当认证并标注认证标志?

答:《农业机械化促进法》第十五条规定，列入依法必须经过认证的产品目录的农业机械产品，未经认证并标注认证标志的，禁止出厂、销售和出口。《认证认可条例》规定，为了保护国家安全、保护人体健康或者安全、保护动植物生命或者健康、保护环境，国家建立认证认可制度，对相关产品进行质量认证。

认证是指由认证机构证明产品、服务、管理体系符合相关技术规范或者标准的合格评定活动。产品认证分为强制性认证和自愿性认证。依法必须进行的认证是强制性认证。产品的强制性认证，是由依法取得产品质量认证资格的认证机构，依据有关的产品安全技术标准和要求，按照规定的程序，对申请认证的产品进行工厂审查和产品检验，对符合相关标准和条件要求的，颁发认证证书和认证标志。国家对必须经过认证的产品，统一产品目录，统一技术规范的强制性要求、标准和评定程序，统一标志。强制性认证标志为“3C”标志。

目前，我国对植物保护机械和中小功率轮式拖拉机（以单缸柴油机或 18.4 千瓦及以下多缸柴油机为动力）实行强制性认证。国家认证认可监督管理委员会 2006 年第 24 号公告公布了《农业机械产品强制性认证实施规则：拖拉机·中小功率轮式拖拉机》(CNCA-05C-074：2006)、《农业机械产品强制性认证实施规则：植物保护机械》(CNCA-05C-029：2006)。

生活小窍门

衣物爱沾絮状物，可找浸水后拧干的海绵来擦拭衣物表面，可轻松除去其表面的杂物。

270. 农业机械销售者购进农业机械时应当查验哪些证明文件和标志?

答:《农业机械安全监督管理条例》第十四条规定，农业机械销售者对购进的农业机械应当查验产品合格证明。《产品质量法》第三十三条规定，销售者应当建立并执行进货检查验收制度，验明产品合格证明和其他标识。合格证明一般有两种形式，一种是生产者出具的检验合格证，另一种是法定检验机构出具的检验报告。农业机械销售者对购进的农业机械应当查验产品合格证明，是对产品销售者的基本要求。销售者是生产者与购买者之间的连接纽带，负有把好质量关的义务。销售者要严把进货关，不能将不合格的产品作为合格产品进货、销售。销售者对于售出的产品质量应当负责，不得以不合格产品冒充合格产品出售给购买者。对依法实行工业产品生产许可证管理、依法必须进行认证的农业机械，农业机械销售者还应当验明相应的证明文件或者标志。验明有两层含义，一是验明其有无证明文件或者标志，二是查验其证明文件或者标志的真实性。

开心一刻

今天和同学去逛超市，他买了一箱啤酒和一袋零食到结账台结账，收银员妹子:“麻烦你把地上你买的啤酒拿到收银台上来我扫一下。”

逗比同学回了句:“不用你扫，我回去自己弹弹灰就行。”

收银员妹子……

271. 农业机械销售者应当向购买者提供哪些服务?

答:（1）农业机械销售者应当向购买者说明农业机械操作方法和安全注意事项。销售者有义务对可能危及人身、财产安全的农业机械产品，向购买者做出真实的说明和明确的警示，说明正确使用农业机械的操作方法和安全注意事项。

（2）对购买者就农业机械产品或者服务提出的询问，应当做出真实、明确的答复。

（3）销售者发现其提供的农业机械产品存在严重缺陷，即使正确使用仍有可能对人身、财产安全造成危害的，应当立即向有关行政部门报告和告知购买者，并采取防止危害发生的措施。

（4）农业机械销售者提供农业机械产品或者服务，还应当按照国家有关规定或者商业惯例向购买者出具发票。无论购买者是否索要发票，销售者都应无条件、自觉地向购买者开具发票。《农业机械产品修理、更换、退货责任规定》第二十三条规定，对无“三包”凭证和有效发货票，又不能证明其所购产品属“三包”有效期内的产品不实行”三包”。可见，发票是农业机械产品依法享受“三包“服务的重要凭证，是维护消费者权益的重要凭证，还是农业机械产品申报国家财政补贴的重要依据和必备要件，以及有关职能部门进行监管的有效凭据。

生活小窍门

只要在切好的苦瓜上撒上盐，腌渍一会儿并用水过滤，很快苦瓜就不会太苦。

272. 农业机械生产者、销售者是否应当承担产品质量责任?

答:《农业机械安全监督管理条例》第十五条规定，农业机械生产者、销售者应当建立健全农业机械销售服务体系，依法承担产品质量责任。产品质量责任是当事人违反产品质量法律规范，不履行产品质量责任所应当承担的法律后果。法律规范，不论是命令性规范，还是禁止性规范，都规定了人们应该做什么和不应该做什么，即规定应当实施的行为和不应当实施的行为。这些要求，便是行为人的责任。同时法律规范也规定了行为人不实施法律规范要求履行责任的处置办法，即应当承担的法律后果，这就是法律责任。

生产者保证产品质量的责任，主要包括以下几方面内容：一是对其生产产品的内在质量负责，二是对产品的标识负责，三是对特殊产品的包装负责，四是应当遵守法律规定的禁止性规范。

销售者的产品质量责任：一是严格实行进货检查验收制度；二是应当采取严格措施，保证销售产品的质量；三是不得销售国家明令淘汰的产品和失效、变质的产品；四是不得销售标识不符合产品质量法规定的产品；五是不得伪造产地，不得伪造或者冒用他人的厂名、厂址；六是不得伪造或者冒用认证标志；七是不得在产品中掺杂、掺假，不得以假充真、以次充好，不得以不合格产品冒充合格产品等。

开心一刻

快高考的那两天，我找班主任请假回家一趟，老班深情地看了我一眼缓缓地说：“嗯，眼看就要高考，回家看看，安排安排后事也好。”

我……

273. 什么是召回？农机生产者应当履行召回义务吗？哪些产品应当召回？

答： 召回是指按照规定程序和要求，对缺陷产品，由生产者通过警示、补充或者修正消费说明、撤回、退货、换货、修理、销毁等方式，有效预防、控制和消除缺陷产品可能导致损害的活动。缺陷产品是指因设计、生产、指示等原因在某一批次、型号或者类别中存在具有同一性的、已经或者可能对人体健康和生命安全造成损害的不合理危险的产品。

《农业机械安全监督管理条例》第十六条规定，农业机械生产者应当及时召回存在设计、制造等缺陷的农业机械。

农业机械产品召回制度针对的是“缺陷产品”，是指企业在产品设计上出现失误或在生产线某环节出现问题，导致大批量危及人身安全及财产安全的缺陷产品出现，而且这些产品已流入市场。产品召回制度针对的是产品缺陷，而非产品瑕疵。两者的区别表现：一是缺陷以产品存在危险为前提条件，瑕疵则因产品质量不合法定或约定标准而产生。二是瑕疵产品不一定具有对人身财产安全的危险，因而可能不存在产品缺陷；而缺陷产品也可能无瑕疵，属于合格产品。产品缺陷意味着产品存在危险性，即产品缺乏通常所应具备的安全性，可能对身体、生命及财产造成主动性的侵害。缺陷产品召回制度虽然在字面上使用了“缺陷”一词，但此处的“缺陷”有其特定的含义，它既涉及已经发生危险的产品的现实缺陷，也包括同一批次、同一类型中还没有发生危险的产品的潜在缺陷。

生活小窍门

饮水机用久了，取新鲜柠檬切半去籽，放进饮水机内煮二三个小时，可去除白渣。

274. 国家禁止生产、销售哪些农业机械?

答:《农业机械安全监督管理条例》第十七条规定，禁止生产、销售下列农业机械：①不符合农业机械安全技术标准的。②依法实行工业产品生产许可证管理而未取得许可证的。③依法必须进行认证而未经认证的。④利用残次零配件或者报废农业机械的发动机、方向机、变速器、车架等部件拼装的。⑤国家明令淘汰的。

农业机械安全技术标准是强制性的，相关的行政机关以及行政管理相关人都必须遵守。依照法律、行政法规规定，生产、销售的农业机械需要取得工业产品生产许可证的，应当在取得生产许可证后按照法定条件、要求从事生产经营活动。依照认证认可行政法规规定，列入依法必须经过认证的产品目录的农业机械产品，未经认证并标注认证标志，禁止出厂、销售、进口或者在其他经营活动中使用。国家明令淘汰的产品是指国家有关行政机关通过规范性文件的形式，公开向社会声明淘汰的某项产品或产品的某个型号。

“成熟、有钱、风趣幽默，想不到这么完美的男人都被你撞上了！他对你有什么感觉啊？”

“我也不清楚。他还没过危险期呢！”

275. 农业机械生产者应当履行哪些义务?

答:《农业机械产品修理、更换、退货责任规定》第二章规定，农业机械生产者应当履行下列义务。

（1）生产者应当建立农机产品出厂记录制度，严格执行出厂检验制度，未经检验合格的农机产品，不得销售。依法实施生产许可证管理或强制性产品认证管理的农机产品，应当获得生产许可证证书或认证证书并施加生产许可证标志或认证标志。

（2）农机产品应当具有产品合格证、产品使用说明书、产品“三包”凭证等随机文件。产品使用说明书应当按照农业机械使用说明书编写规则的国家标准或行业标准规定的要求编写，并应列出该机中易损件的名称、规格、型号。产品所具有的使用性能、安全性能，未列入国家标准的，其适用范围、技术性能指标、工作条件、工作环境、安全操作要求、警示标志或说明应当在使用说明书中明确。有关工具、附件、备件等随附物品的清单。农机产品“三包”凭证应当包括以下内容：产品品牌、型号规格、生产日期、购买日期、产品编号，生产者的名称、联系地址和电话，已经指定销售者、修理者的，应当注明名称、联系地址、电话、“三包”项目、“三包”有效期、销售记录、修理记录和按照本规定第二十四条规定应当明示的内容等相关信息。销售记录应当包括销售者、销售地点、销售日期和购机发票号码等项目。修理记录应当包括送修时间、交货时间、送修故障、修理情况、换退货证明等项目。

（3）生产者应当在销售区域范围内建立农机产品的维修网点，与修理者签订代理修理合同，依法约定农机产品“三包”责任等有关事项。

（4）生产者应当保证农机产品停产后5年内继续提供零部件。

（5）生产者应当妥善处理农机用户的投诉、查询，提供服务，并在农忙季节及时处理各种农机产品“三包“问题。

生活小窍门

煮红豆、绿豆汤前先浸水1小时，再小火煮10分钟，然后熄火焖半小时再煮，可保持汤汁香浓。

276. 农业机械产品销售者应当履行哪些义务?

答:《农业机械产品修理、更换、退货责任规定》第三章规定，农业机械销售者应当履行下列义务。

（1）销售者应当执行进货检查验收制度，严格审验生产者的经营资格，仔细验明农机产品合格证明、产品标识、产品使用说明书和“三包”凭证。对实施生产许可证管理、强制性产品认证管理的农机产品，应当验明生产许可证证书和生产许可证标志、认证证书和认证标志。

（2）销售者销售农机产品时，应当建立销售记录制度，并按照农机产品使用说明书告知以下内容：农机产品的用途、适用范围、性能等；农机产品主机与机具间的正确配置；农机产品已行驶的里程或已工作时间及使用的状况。

（3）销售者交付农机产品时，应当符合下列要求：当面交验、试机；交付随附的工具、附件、备件；提供财政税务部门统一监制的购机发票、“三包”凭证、中文产品使用说明书及其他随附文件；明示农机产品“三包”有效期和“三包”方式；提供由生产者或销售者授权或委托的修理者的名称、联系地址和电话；在“三包“凭证上填写销售者有关信息；进行必要的操作、维护和安全注意事项的培训。对于进口农机产品，还应当提供海关出具的货物进口证明和检验检疫机构出具的入境货物检验检疫证明。

（4）销售者可以同修理者签订代理修理合同，在合同中约定“三包”有效期内的修理责任以及在农忙季节及时排除各种农机产品故障的措施。

（5）销售者应当妥善处理农机产品质量问题的咨询、查询和投诉。

开心一刻

12 岁小女孩扶起摔倒老人，反被老人诬赖不赔钱别想走。

小女孩反手就是一巴掌，说反正我还未成年。

277. 农业机械修理者应当履行哪些义务?

答:《农业机械产品修理、更换、退货责任规定》第四章规定，农业机械修理者应当履行下列义务。

（1）修理者应当与生产者或销售者订立代理修理合同，按照合同的约定，保证修理费用和维修零部件用于“三包“有效期内的修理。代理修理合同应当约定生产者或销售者提供的维修技术资料、技术培训、维修零部件、维修费、运输费等。

（2）修理者应当承担“三包”期内的属于本规定范围内免费修理业务，按照合同接受生产者、销售者的监督检查。

（3）修理者应当严格执行零部件的进货检查验收制度，不得使用质量不合格的零部件，认真做好维修记录，记录修理前的故障和修理后的产品质量状况。

（4）修理者应当完整、真实、清晰地填写修理记录。修理记录内容应当包括送修时间、送修故障、检查结果、故障原因分析、维护和修理项目、材料费和工时费，以及运输费、农机用户签名等；有行驶里程的，应当注明。

（5）修理者应当向农机用户当面交验修理后的农机产品及修理记录，试机运行正常后交付其使用，并保证在维修质量保证期内正常使用。

（6）修理者应当保持常用维修零部件的合理储备，确保维修工作的正常进行，避免因缺少维修零部件而延误维修时间。农忙季节应当有及时排除农机产品故障的能力和措施。

（7）修理者应当积极开展上门修理和电话咨询服务，妥善处理农机用户关于修理的查询和修理质量的投诉。

生活小窍门

触摸塑料袋手感发黏则有毒，手感润滑则无毒；用力抖动声音闷涩有毒，清脆的则无毒。

278. 农业机械销售者、生产者、修理者哪些情况下不承担“三包”责任?

答:《农业机械产品修理、更换、退货责任规定》第六章规定，农业机械销售者、生产者、修理者能够证明发生下列情况之一的，不承担“三包”责任：农机用户无法证明该农机产品在“三包”有效期内的；产品超出“三包”有效期的。

农业机械销售者、生产者、修理者能够证明发生下列情况之一的，对于所涉及部分，不承担“三包”责任：①因未按照使用说明书要求正确使用、维护，造成损坏的。②使用说明书中明示不得改装、拆卸，而自行改装、拆卸改变机器性能或者造成损坏的。③发生故障后，农机用户自行处置不当造成对故障原因无法做出技术鉴定的。④因非产品质量原因发生其他人为损坏的。⑤因不可抗力造成损坏的。

有钱真好。我们村有个人得了病，因为没钱治疗，死了。而另一个人得了病，因为有钱，所以给子女留了一大笔遗产。

279. 农业机械“三包”有效期从什么时候开始计算?

答: 农机产品的“三包”有效期自销售者开具购机发票之日起计算,“三包”有效期包括整机“三包”有效期,主要部件质量保证期,易损件和其他零部件的质量保证期。农业机械“三包”有效期内,符合《农业机械产品修理、更换、退货责任规定》更换主要部件的条件或换货条件的,销售者应当提供新的、合格的主要部件或整机产品,并更新“三包”凭证,更换后的主要部件的质量保证期或更换后的整机产品的“三包”有效期自更换之日起重新计算。农业机械“三包”有效期内,销售者不履行“三包”义务的,或者农机产品需要进行质量检验或鉴定的,“三包”有效期自农机用户的请求之日起中止计算,“三包”有效期按照中止的天数延长;造成直接损失的,应当依法赔偿。

生活小窍门

圆珠笔的污点,将少量的醋倒在衣服的笔迹上,上下来回搓揉,就可以轻易地将痕迹去除。

280. 农业机械“三包”期内，如何换货和退货?

答：农业机械“三包”有效期内，送修的农机产品自送修之日起超过 30 个工作日未修好，农机用户可以选择继续修理或换货。要求换货的，销售者应当凭“三包”凭证、维护和修理记录、购机发票免费更换同型号同规格的产品。

“三包”有效期内，农机产品因出现同一严重质量问题，累计修理 2 次后仍出现同一质量问题无法正常使用的；或农机产品购机的第一个作业季开始 30 日内，除因易损件外，农机产品因同一般质量问题累计修理 2 次后，又出现同一质量问题的，农机用户可以凭“三包”凭证、维护和修理记录、购机发票，选择更换相关的主要部件或系统，由销售者负责免费更换。

“三包”有效期内或农机产品购机的第一个作业季开始 30 日内，农机产品因本规定第二十九条的规定更换主要部件或系统后，又出现相同质量问题，农机用户可以选择换货，由销售者负责免费更换；换货后仍然出现相同质量问题的，农机用户可以选择退货，由销售者负责免费退货。

“三包”有效期内，符合《农业机械产品修理、更换、退货责任规定》更换主要部件的条件或换货条件的，销售者应当提供新的、合格的主要部件或整机产品，并更新“三包“凭证，更换后的主要部件的质量保证期或更换后的整机产品的“三包”有效期自更换之日起重新计算。符合退货条件或因销售者无同型号同规格产品予以换货，农机用户要求退货的，销售者应当按照购机发票金额全价一次退清货款。

因生产者、销售者未明确告知农机产品的适用范围而导致农机产品不能正常作业的，农机用户在农机产品购机的第一个作业季开始 30 日内可以凭“三包”凭证和购机发票选择退货，由销售者负责按照购机发票金额全价退款。

“谢谢你今天帮我的忙！”

“小事一桩，何足挂齿啊！”

“你的大恩大德我这辈子都忘不了，下辈子你做牛做马我都养着你！”

281. 农业机械“三包”有效期包括哪些部件？分别是多长时间？

答： 农业机械“三包”有效期包括整机“三包”有效期，主要部件质量保证期，易损件和其他零部件的质量保证期。

（1）内燃机。指内燃机作为商品出售给农机用户的，整机“三包”有效期：①柴油机多缸1年，单缸9个月。②汽油机二冲程3个月，四冲程6个月。主要部件质量保证期：①柴油机多缸2年，单缸1.5年。②汽油机二冲程6个月，四冲程1年。主要部件应包括内燃机机体、气缸盖、飞轮等。

（2）拖拉机。整机“三包”有效期：大、中型拖拉机（18千瓦以上）1年，小型拖拉机9个月。主要部件质量保证期：大、中型拖拉机2年，小型拖拉机1.5年。主要部件应包括内燃机机体、气缸盖、飞轮、机架、变速箱箱体、半轴壳体、转向器壳体、差速器壳体、最终传动箱箱体、制动毂、牵引板、提升壳体等。

（3）联合收割机。整机“三包”有效期1年；主要部件质量保证期2年，主要部件应当包括内燃机机体、气缸盖、飞轮、机架、变速箱箱体、离合器壳体、转向机、最终传动齿轮箱体等。

（4）插秧机。整机“三包”有效期1年；主要部件质量保证期2年，主要部件应包括机架、变速箱体、传动箱体、插植臂、发动机机体、气缸盖、曲轴等。

（5）其他农机产品的整机“三包”有效期及其主要部件或系统的名称和质量保证期，由生产者明示在“三包”凭证上，且有效期不得少于1年。

（6）内燃机作为农机产品配套动力的，其“三包”有效期和主要部件的质量保证期按农机产品的整机“三包”有效期和主要部件质量保证期执行。

（7）农机产品的易损件及其他零部件的质量保证期达不到整机“三包”有效期的，其所属的部件或系统的名称和合理的质量保证期由生产者明示在“三包”凭证上。

生活小窍门

装在杯中的果汁放在托盘上运送，只要在杯中插入一支汤匙，果汁就不会溢出了。

282. 农业机械“三包”责任问题争议如何处理?

答：产品质量监督部门、工商行政管理部门、农业机械化主管部门应当认真履行“三包”有关质量问题监管职责。农业机械生产者未按照《农业机械产品修理、更换、退货责任规定》履行明示义务的，或通过明示内容有意规避责任的，由产品质量监督部门依法予以处理。农业机械销售者未按照《农业机械产品修理、更换、退货责任规定》履行“三包”义务的，由工商行政管理部门依法予以处理。农业机械维修者未按照《农业机械产品修理、更换、退货责任规定》履行“三包”义务的，由农业机械化主管部门依法予以处理。农机用户因“三包”责任问题与销售者、生产者、修理者发生纠纷的，可以按照公平、诚实、信用的原则进行协商解决。协商不能解决的，农机用户可以向当地工商行政管理部门、产品质量监督部门或者农业机械化主管部门设立的投诉机构进行投诉，或者依法向消费者权益保护组织等反映情况，当事人要求调解的，可以调解解决。因“三包”责任问题协商或调解不成的，农机用户可以依照《中华人民共和国仲裁法》的规定申请仲裁，也可以直接向人民法院起诉。需要进行质量检验或者鉴定的，农机用户可以委托依法取得资质的农机产品质量检验机构进行质量检验或者鉴定。质量检验或者鉴定所需费用按照法律、法规的规定或者双方约定的办法解决。

开心一刻

一个人在马路上溜达，看到一大爷蹲在路边发呆，我走过去问：大爷，你心情不好吗?

大爷头也不回地说：想起十年前我在这被车撞了，送进了医院。

我赶紧安慰大爷说：都这么长时间了，别难过了！

大爷继续说：后来没抢救过来。

283. 哪些情形属于非法生产、销售的农业机械?

答: 非法生产、销售农业机械违法行为有 3 种情形。

（1）利用残次零配件和报废机具的部件拼装农业机械产品的。这类行为通常有以下特征：一是行为人以牟取非法利润为目的，行为动机是故意的；二是该行为的结果使得产品的质量不符合有关规定、标准，致使产品质量降低甚至失去应有的使用性能；三是该行为欺骗了消费者，严重扰乱了正常的社会经济秩序，造成消费者的财产损失，甚至危及消费者的人身安全。

（2）违反农业机械产品生产许可、强制认证规定的。如对列入依法必须经过认证产品目录的农业机械产品，未经认证并标注认证标志即出厂、销售和进口的行为。

（3）生产、销售不符合产品质量法规以及农业机械安全技术标准要求的农业机械产品的。这是法律对生产者和销售者保证产品质量义务的强制性规定，生产者和销售者不得以合同约定或者其他方式免除或减轻自己的此项法定义务。对尚未制定有关安全技术标准的新产品，生产者、销售者必须按照保证农业机械产品不存在危及人身、财产安全要求，通过制定企业标准等措施，保证其产品具备应有的安全性能。

生活小窍门

要想保持茶叶中的营养、味道和香气，沏茶的水温最好在 70 ~ 80℃为宜。

284. 对利用残次零配件和报废机具的部件拼装农业机械产品的违法行为应当怎样处罚?

答:《农业机械安全监督管理条例》第四十六条规定，对利用残次零配件和报废机具的部件拼装农业机械产品的违法行为，给予如下处罚。

（1）责令停止生产、销售。由产品质量监督部门或者工商行政管理部门以行政命令的方式，要求违法者停止其违法行为，避免其违法生产、销售不符合质量要求的农业机械产品进一步损害购买者或者使用者的利益。

（2）没收违法生产、销售的产品。由产品质量监督部门或者工商行政主管部门没收违法生产、销售的不符合有关质量要求的农业机械产品，包括尚未出售的农业机械产品，以防止这些农业机械产品售出后，给使用者造成人身和财产损害。

（3）罚款。由产品质量监督部门或者工商行政主管部门责令有违法行为的单位或个人缴纳一定数额的货币，罚款幅度为违法生产、销售产品货值金额1倍以上3倍以下。生产、销售的产品，包括已经售出的产品和尚未售出的产品。生产、销售产品的货值金额依照《产品质量法》的规定，以违法生产、销售产品的标价计算；没有标价的，按照同类产品的市场价格计算。本处罚规定的是并处罚款，是指在对违法行为人处以责令停止生产、销售和没收违法生产、销售产品处罚的同时，处以罚款。

（4）没收违法所得。由产品质量监督部门或者工商行政主管部门将违法生产、销售产品的全部收入收归国有。

（5）吊销营业执照。取消营业执照是比较严厉的行政处罚，因此只有在违法情节严重时，才适用本处罚。所谓“情节严重”的情形，包括违法生产、销售不符合质量要求产品数额较大，违法获利较多，或者多次实施非法生产、销售活动屡教不改的，或者给购买者、使用者造成了比较严重的人身伤害、财产损失的。

开心一刻

我对支付宝非常失望，该做的不做，弄这些乌烟瘴气的东西出来，我就问问你，“查看附近的有钱人”功能为啥还没上线?

285. 农业机械维修经营者不得从事哪些行为?

答:（1）不得使用不符合农业机械安全技术标准的零配件。根据国家有关规定，农业机械维修者和维修配件销售者应当向农业机械消费者如实说明维修配件的真实质量状况，农业机械维修者使用可再利用旧配件进行维修时，应当征得送修者同意，并保证农业机械安全性能符合国家安全标准。农业机械维修配件，必须有中文标明的产品名称、生产厂厂名和厂址，有质量检验合格证。在维修配件质量保证期内，应按照有关规定包修、包换、包退。

（2）不得拼装、改装农业机械整机。这是保证农业机械整机性能和安全的需要。近年来，一些企业和个体经营户采用欺诈手段，粗制滥造、拼装假冒伪劣的农业机械产品流入市场，坑农害农事件屡屡发生，不仅严重扰乱了市场经济秩序，还直接危及农民群众的生命财产安全。因此，本条例严格禁止拼装、改装农业机械整机，包括不得利用维修配件和报废机具的部件等拼装农业机械整机；不得对农业机械整机进行更换大功率发动机、更换大轮胎、改变传动部件等影响安全性能的改装。

（3）不得承揽维修已经达到报废条件的农业机械。国家对达到报废条件的农业机械实行报废回收制度，维修经营者不得承揽维修达到报废条件和标准的农业机械。

（4）不得从事法律、法规和国务院农业机械化主管部门规定的其他禁止性行为。包括《农业机械化促进法》《道路交通安全法》及其实施条例和地方性法规等规定的禁止性行为。

生活小窍门

空调冷凝水的 pH 为中性，十分适合养花、养鱼，用于盆景养护还不易出碱。

安全监理类

（一）牌证管理

286. 现阶段，哪些农业机械实行牌证管理？如何办理？

答： 现阶段，实行牌证管理的农业机械只有拖拉机和联合收割机。

根据《农业机械安全监督管理条例》第二十一条规定，农业拖拉机、联合收割机投入使用前，其所有人应当按照国务院农业机械化主管部门的规定，持本人身份证明和机具来源证明，向所在地县级人民政府农业机械化主管部门申请登记。初次申领拖拉机、联合收割机号牌的，应当在申请注册登记前，对拖拉机、联合收割机进行安全技术检验，取得安全技术检验合格证明。属于经国务院拖拉机产品主管部门依据拖拉机国家安全技术标准认定的企业生产的拖拉机机型，其新机在出厂时经检验获得合格证的，免予安全技术检验。拖拉机、联合收割机经安全检验合格的，受理申请的农业机械化主管部门应当在 2 个工作日内予以登记并核发相应的证书和牌照。

开心一刻

饱汉不知饿汉饥。这句话的意思是不懂就要问，你不问，你当然不知道他有多饿。

287. 办理拖拉机、联合收割机注册登记的办事流程是什么?

根据《拖拉机登记规定》和《联合收割机及驾驶人安全监理规定》要求，办理拖拉机、联合收割机注册登记的办事流程如图 127 所示。

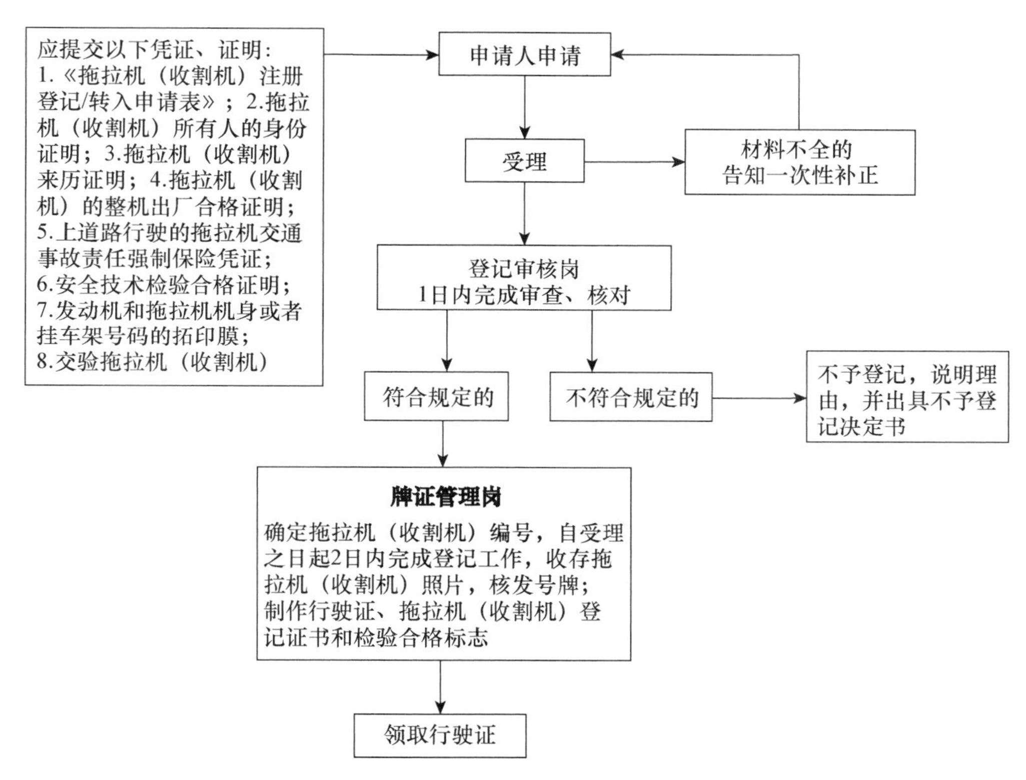

图 127　拖拉机、联合收割机注册登记办事流程

生活小窍门

叶类蔬菜先用盐水（一盆水中放半小匙盐即可）浸泡，小虫子很快就和菜叶分开。

288. 拖拉机、联合收割机的登记有哪几类？

答： 根据《拖拉机登记规定》第二章和《联合收割机及驾驶人安全监理规定》第二章规定，拖拉机、联合收割机登记分为注册登记、变更登记、转移登记、抵押登记和注销登记。

注册登记是指应所有人申请，对拖拉机、联合收割机进行入籍登记，核发牌证，并建立档案。

变更登记是指拖拉机、联合收割机因变更机身颜色、更换机身（底盘）或者挂车、更换发动机、因质量问题由制造厂更换整机，所有人的住所迁出农机监理机构管辖区的、申请转入或两人以上共同财产需要变更所有人姓名等登记资料发生变化时所需办理的登记。

转移登记是指拖拉机、联合收割机因所有权发生转移所需办理的登记。

抵押登记是指拖拉机、联合收割机抵押给抵押权人所需办理的登记。

注销登记是指拖拉机、联合收割机达到国家强制报废标准，或因事故、自然灾害、失窃等原因灭失而需办理的登记。

手机的防水功能越来越强，其实它的真正目的是把人们唯一可以用来思考的洗澡时间也占为己有。

289. 拖拉机、联合收割机所有人因住所变化，应该怎么办?

答： 根据《拖拉机登记规定》第十二条、第十三条和《联合收割机及驾驶人安全监理规定》第十条规定，拖拉机、联合收割机所有人住所迁出农机监理机构管辖区域的，应当向登记地农机监理机构申请变更登记，并提交行驶证和身份证明。迁出地农机监理机构应当自受理之日起 3 日内核发临时行驶号牌，收回原号牌、行驶证，将档案密封交所有人。

拖拉机、联合收割机所有人应当携带档案，于 90 日内到迁入地农机监理机构申请转入，并提交身份证明，交验拖拉机、联合收割机。因拖拉机、联合收割机所有人自己的原因，未能在规定的时间内到迁入地农机监理机构办理转入申请而失效的，由本人负责。

迁入地农机监理机构应当自受理之日起?个工作日内重新核发号牌、行驶证。

生活小窍门

刚油漆好的家具，用软布蘸了淘米水反复擦拭漆器，再用清水擦净，能除油漆味。

290. 哪些拖拉机、联合收割机应当办理注销登记？如何办理？

答： 根据《拖拉机登记规定》第二十五条、第二十六条和《联合收割机及驾驶人安全监理规定》第十二条规定，达到国家强制报废标准或者灭失的拖拉机、联合收割机应当办理注销登记。

（1）已达到国家强制报废标准的拖拉机、联合收割机，所有人申请报废注销时，应当填写《拖拉机（联合收割机）停驶、复驶 / 注销登记申请表》，向农机监理机构提交拖拉机、联合收割机号牌、行驶证、登记证书。农机监理机构应当自受理之日起 1 日内办理注销登记，在计算机管理系统内登记注销信息。

（2）因拖拉机、联合收割机灭失，所有人向农机监理机构申请注销登记的，应当填写《拖拉机（联合收割机）停驶、复驶 / 注销登记申请表》。农机监理机构应当自受理之日起 1 日内办理注销登记，收回拖拉机号牌、拖拉机行驶证和拖拉机登记证书。因拖拉机灭失无法交回号牌、拖拉机行驶证的，农机监理机构应当公告作废。

开心一刻

讨厌一个人，绝对不是没有理由，谁叫他看起来，比我聪明有钱又有趣，还比我快乐有成就又受欢迎，所以我只好比谁都讨厌他！

291. 申领拖拉机、联合收割机驾驶证应提交哪些材料？其办理流程是什么？

答： 按照《拖拉机驾驶证申领和使用规定》和《联合收割机及驾驶人安全监理规定》要求，申领拖拉机、联合收割机驾驶证应提交以下材料：①《拖拉机、联合收割机驾驶证申请表》；②申请人的身份证明及复印件；③县级或者部队团级以上医疗机构出具的有关身体条件的证明；④拖拉机、联合收割机培训记录。具体办理流程见图 128。

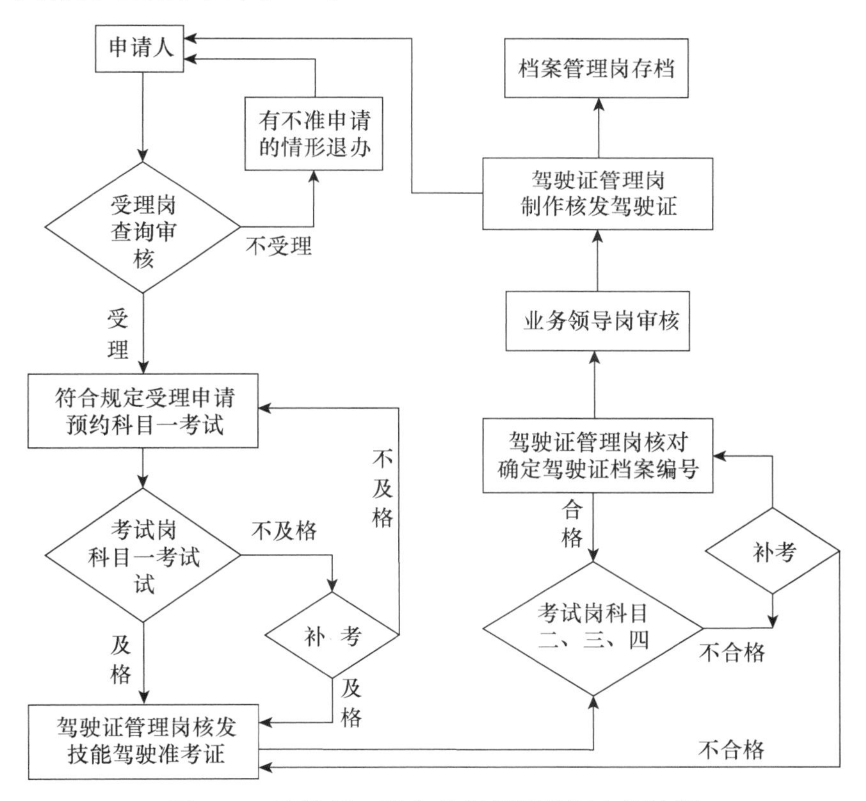

图 128　拖拉机、联合收割机驾驶证申领流程

生活小窍门

表内进水，可用硅胶的颗粒状物与手表放进密闭的容器内，数小时后取出，积水即消失。

292. 拖拉机、联合收割机驾驶证准驾机型分别有哪几类?

答: 拖拉机、联合收割机驾驶人只能驾驶与其取得的驾驶证准驾机型代号相应的拖拉机、联合收割机，申请增加准驾机型，应当向所持驾驶证核发农机监理机构申请办理增驾手续，并参加相应的培训和考试（图 129）。

拖拉机 G 证：准驾大中型拖拉机（发动机功率在 14.7 千瓦以上）和 H；H 证：准驾小型方向盘式拖拉机；K 证：准驾手扶式拖拉机。

联合收割机 R 证：准驾方向盘自走式联合收割机；S 证：准驾操纵杆自走式联合收割机；T 证：准驾悬挂式联合收割机。

图 129　驾驶人理论考试

开心一刻

说实话需要勇气，说谎话需要创意，而对于大多数人来说，沉默比开口更有价值。

293. 申请拖拉机、联合收割机驾驶证的人，应符合哪些规定?

答： 根据《拖拉机驾驶证申领和使用规定》第十条和《联合收割机及驾驶人安全监理规定》第十七条规定，申请拖拉机、联合收割机驾驶证的人，应当符合下列规定。①年龄：18 周岁以上，60 周岁以下；②身高：不低于 150 厘米；③视力：两眼裸视力或者矫正视力达到对数视力表 4.9 以上；④辨色力：无红绿色盲；⑤听力：两耳分别距音叉 50 厘米能辨别声源方向；⑥上肢：双手拇指健全，每只手其他手指必须有 3 指健全，肢体和手指运动功能正常；⑦下肢：运动功能正常，下肢不等长度不得大于 5 厘米；⑧躯干、颈部：无运动功能障碍。

生活小窍门

饮酒过量已有醉意者，可服 50% 食醋 100～200 毫升，解酒毒、养肝肾。

294. 哪些情形不得申请拖拉机、联合收割机驾驶证?

答: 根据《拖拉机驾驶证申领和使用规定》第十一条和《联合收割机及驾驶人安全监理规定》第十八条规定，如果有下列情形之一的，都不得申请拖拉机、联合收割机驾驶证。

（1）有器质性心脏病、癫痫、美尼尔氏症、眩晕症、癔病、震颤麻痹、精神病、痴呆以及影响肢体活动的神经系统疾病等妨碍安全驾驶疾病的。

（2）吸食、注射毒品，长期服用依赖性精神药品成瘾尚未戒除的。

（3）吊销拖拉机驾驶证或者机动车驾驶证未满 2 年的。

（4）造成交通事故后逃逸被吊销拖拉机驾驶证或者机动车驾驶证的。

（5）驾驶许可依法被撤销未满 3 年的。

（6）法律、行政法规规定的其他情形。

开心一刻

看了这么多防骗技巧，还是没钱最管用啊!

295. 拖拉机、联合收割机驾驶人考试科目分别有哪些？考试顺序安排有何规定？

答： 根据《拖拉机驾驶证申领和使用规定》第十四、十五、十六条和《联合收割机及驾驶人安全监理规定》第二十一、第二十二条规定，拖拉机驾驶人考试科目如下：①科目一：道路交通安全、农机安全法律法规和机械常识、操作规程等相关知识考试。②科目二：场地驾驶技能考试。③科目三：接机具和田间作业技能考试。④科目四：道路驾驶技能考试。

联合收割机驾驶人考试科目如下：①科目一：理论知识考试。②科目二：场地驾驶技能考试。③科目三：田间（模拟）作业驾驶技能考试。④科目四：方向盘自走式联合收割机道路驾驶技能考试。

农机监理机构对符合拖拉机、联合收割机驾驶证申请条件的，在申请人预约后 30 日内安排考试。考试顺序均按照科目一、科目二、科目三、科目四依次进行，前一科目考试合格后，方可参加后一科目考试（图 130）。

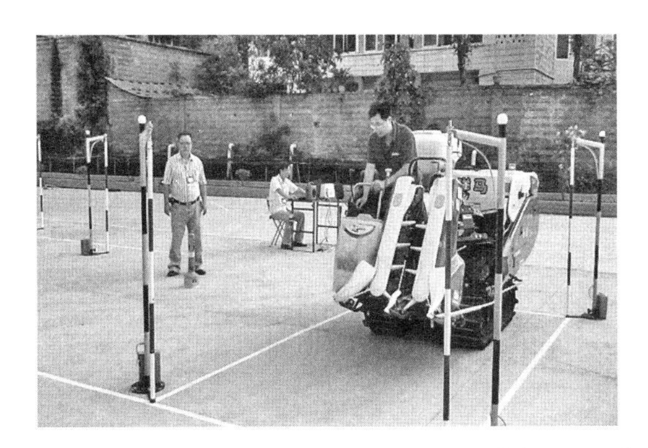

图 130　驾驶人场地考试

生活小窍门

失眠可将一汤匙食醋倒入冷开水中，搅匀喝下，如果加入等量的蜂蜜，则效果更佳。

296. 拖拉机驾驶证的有效期是多久？其审验有何具体要求？

答： 根据《拖拉机驾驶证申领和使用规定》第九条、第三十三条和第三十四条规定，拖拉机驾驶证有效期分为 6 年、10 年和长期。有效期满，拖拉机操作人员可以向原发证机关申请续展。拖拉机驾驶人在拖拉机驾驶证的 6 年有效期内，每个记分周期均未达到 12 分的，换发 10 年有效期的拖拉机驾驶证；在拖拉机驾驶证的 10 年有效期内，每个记分周期均未达到 12 分的，换发长期有效的拖拉机驾驶证。

拖拉机驾驶证必须审验，审验分为换发审验和年度审验。

换发拖拉机驾驶证时，农机监理机构应当对拖拉机驾驶证进行审验。

拖拉机驾驶人年龄在 60 周岁以上的，应当每年进行 1 次身体检查，按拖拉机驾驶证初次领取月的日期，30 日内提交县级或者部队团级以上医疗机构出具的有关身体条件的证明。身体条件合格的，农机监理机构应当签注驾驶证。

开心一刻

A：“前几天在北京堵车堵了一天一夜。”

B：“还是帝都好啊，连停车费都不用掏……”

A：……

297. 联合收割机驾驶证有效期是多久？其审验有何规定？

答： 根据《联合收割机及驾驶人安全监理规定》第二十九条和第三十条规定，联合收割机驾驶证有效期为6年。驾驶人应当于驾驶证有效期满前90日内，向驾驶证核发地农机监理机构提交以下材料，申请换证：①联合收割机驾驶证申请表；②身份证明；③驾驶证；④县级或者部队团级以上医疗机构出具的有关身体条件的证明。

农机监理机构应当对驾驶证进行审验，合格的，自受理之日起2个工作日内予以换发；不予换发的，应当书面通知申请人，说明理由。驾驶人年龄在60周岁以上的，应当每年进行1次身体检查，按照驾驶证初次领取月的日期，30日内提交县级或者部队团级以上医疗机构出具的有关身体条件的证明。身体条件合格的，农机监理机构应当签注驾驶证。

生活小窍门

红糖结成硬块，将其放在湿度较高的地方，盖上两三层拧过的湿布，吸收水分就可散开。

298. 拖拉机、联合收割机驾驶证应记载和签注哪些内容?

答: 根据《拖拉机驾驶证申领和使用规定》第六条和《联合收割机驾驶证业务工作规范》第八条规定，拖拉机、联合收割机驾驶证记载和签注的内容如下。

（1）拖拉机驾驶人信息：姓名、性别、出生日期、住址、身份证明号码（拖拉机驾驶证号码）、照片。

（2）农机监理机构签注内容：初次领证日期、准驾机型代号、有效期起始日期、有效期限、核发机关印章、档案编号。

开心一刻

今天刚学了几个“薪”成语：相由“薪”生，提“薪”吊胆，“薪薪”相印，丧“薪”病狂，哀大莫过于“薪”死。——何以解忧，唯有暴富。

299. 拖拉机、联合收割机驾驶人的信息发生变化怎么办?

答：根据《拖拉机驾驶证申领和使用规定》第二十七条和《联合收割机及驾驶人安全监理规定》第三十二条规定，在农机监理机构管辖区域内，拖拉机、联合收割机驾驶证记载的驾驶人信息发生变化的，驾驶人应在30日内到核发拖拉机、联合收割机驾驶证的农机监理机构申请换证。换证提交以下材料：《拖拉机、联合收割机驾驶证申请表》；驾驶人身份证明；驾驶人一寸近期正面免冠白底彩照2张；拖拉机、联合收割机驾驶证。

名言警句

大成若缺，其用不弊；大盈若冲，其用不穷。大直若屈，大巧若拙，大辩若讷。

300. 拖拉机驾驶人是否需携带操作证件？不得有哪些行为？

答： 根据《农业机械安全监督管理条例》第二十三条规定，拖拉机上道路行驶，其操作人员应当携带操作证件。

拖拉机驾驶人不得有下列行为：①驾驶与本人驾驶证件规定不相符的拖拉机；②驾驶未按照规定登记、检验或者检验不合格、安全设施不全、机件失效的拖拉机；③使用国家管制的精神药品、麻醉品后驾驶拖拉机；④患有妨碍安全驾驶的疾病驾驶拖拉机；⑤国务院农业机械化主管部门规定的其他禁止行为。⑥使用拖拉机违反规定载人。

开心一刻

女友在生气时放出的狠话，大多数都是假的。可男生却基本上都信以为真，心惊肉跳。

女孩在撒娇时提出的要求基本都是真的，可男生基本上都觉得是个玩笑，这种行为就叫做找抽。

301. 联合收割机驾驶人不得有哪些行为？

答： 根据《联合收割机及驾驶人安全监理规定》第四十五条规定，联合收割机驾驶人不得有下列行为：①未携带驾驶证和行驶证驾驶联合收割机；②转借、涂改或伪造驾驶证和行驶证；③将联合收割机交由未取得联合收割机驾驶证或者驾驶证准驾机型不相符合的人驾驶；④驾驶未按规定检验或检验不合格的联合收割机；⑤饮酒后驾驶联合收割机；⑥驾驶安全设施不全或机件失效的联合收割机；⑦在服用国家管制的精神药品或者麻醉品、患有妨碍安全驾驶疾病或过度疲劳时驾驶联合收割机；⑧驾驶联合收割机时离开驾驶室；⑨在作业区内躺卧或搭载不满16周岁的未成年人上机作业；⑩其他违反联合收割机安全管理规定的行为。

名言警句

越是没有本领的就越加自命不凡。——邓拓

302. 拖拉机号牌、行驶证丢失后怎么办？拖拉机临时行驶号牌如何申请？

答： 根据《拖拉机登记规定》第二十九条和第三十条规定，拖拉机所有人应当申请补领、换领拖拉机号牌、行驶证，填写《补领、换领拖拉机牌证申请表》，并提交拖拉机所有人的身份证明。农机监理机构应当自受理之日起 1 日内补发、换发拖拉机行驶证。自受理之日起 15 日内补发、换发号牌，原拖拉机登记编号不变。办理补发拖拉机号牌期间应当给拖拉机所有人核发临时行驶号牌。

拖拉机所有人应当到农机监理机构申请拖拉机临时行驶号牌，提交以下证明、凭证：①拖拉机所有人的身份证明；②拖拉机来历证明；③拖拉机整机出厂合格证明；④上道路行驶的拖拉机交通事故责任强制保险凭证。农机监理机构应当自受理之日起 1 日内，核发拖拉机临时行驶号牌。

开心一刻

有钱的男人不可靠，没钱的男人不敢靠，做女人真难。

303. 拖拉机、联合收割机的安全检验有哪些要求?

答: 根据《农业机械安全监督管理条例》第三十条、《拖拉机登记规定》第三十三、三十四条和《联合收割机及驾驶人安全监理规定》第十三、十四条规定，拖拉机、联合收割机应当自注册登记之日起每年检验1次（图131）。拖拉机、联合收割机因故不能在登记地检验的，所有人可以向登记地农机监理机构申请委托检验。未参加年度检验或者年度检验不合格的拖拉机、联合收割机，不得继续使用。安全技术检验合格的，农机监理机构应当在拖拉机、联合收割机行驶证上签注检验合格记录，并核发检验合格标志。拖拉机、联合收割机安全技术检验应执行《农业机械安全技术条件》（GB 16151—2008）和《拖拉机、联合收割机安全监理检验技术规范》（NY/T 1830—2009）等国家和行业标准。

图131 农机安全检验

名言警句

越是无能的人，越喜欢挑剔别人的错儿。——爱尔兰

304. 拖拉机驾驶人有哪些情形时，应当注销其拖拉机驾驶证?

答： 根据《拖拉机驾驶证申领和使用规定》第三十一条规定，拖拉机驾驶人有下列情形之一的，农机监理机构应当注销其驾驶证。①死亡的；②身体条件不适合驾驶拖拉机的；③提出注销申请的；④丧失民事行为能力，监护人提出注销申请的；⑤超过拖拉机驾驶证有效期 1 年以上未换证的；⑥年龄在 60 周岁以上，2 年内未提交身体条件证明的；⑦年龄在 70 周岁以上的；⑧拖拉机驾驶证依法被吊销或者驾驶许可依法被撤销的。

有前款第⑤项至第⑧项情形之一，未收回拖拉机驾驶证的，应当公告拖拉机驾驶证作废。

开心一刻

这位同志，“婚姻状况”这一栏里应该写“已婚”而不是“累”。

305. 联合收割机驾驶人有哪些情形？应当注销其联合收割机驾驶证？

答： 根据《联合收割机及驾驶人安全监理规定》第三十三条规定，联合收割机驾驶人有下列情形之一的，农机监理机构应当注销其驾驶证。①申请注销的；②丧失民事行为能力，监护人提出注销申请的；③死亡的；④身体条件不适合驾驶联合收割机的；⑤驾驶证有效期超过 1 年以上未换证的；⑥年龄在 60 周岁以上，2 年内未提交身体条件证明的；⑦年龄在 70 周岁以上的；⑧驾驶证依法被吊销或者驾驶许可依法被撤销的。

有前款情形之一，未收回驾驶证的，应当公告驾驶证作废。

名言警句

知人者智，自知者明。胜人者有力，自胜者强。——老子

306. 开展农业机械安全技术检验，对农机监理机构及农机安全检验人员有哪些要求?

答： 根据《农业机械实地安全检验办法》第十五、十六、十七、十八、二十、二十一条规定，对农机监理机构及农机安全检验人员有如下要求。

（1）农机安全检验人员应当经培训考试合格取得相关证件后，方可从事安全检验工作。

（2）农机安全监理机构应当配备满足农业机械实地安全检验要求的设备、仪器和车辆。

（3）农机安全监理机构应当加强农机安全检验人员培训和内部管理，不断提高安全检验服务水平，充分发挥乡镇、村在农机安全检验工作中的作用。

（4）农机安全监理机构组织安全检验，应当制定并公告检验方案，明确参加检验农业机械的类型、时间和地点，公告期不少于 10 日。

（5）农机安全监理机构及其安全检验人员应当严格按照相关的安全检验技术规范进行农业机械实地安全检验，并对检验结果负责。

（6）实施实地安全检验的农机安全监理机构应当建立健全农业机械实地安全检验档案，按照国家有关规定对检验结果和有关技术资料进行保存。

开心一刻

买车前，我想有车以后，我想去哪就去哪。买车以后，我发现，我想去哪，得听导航的。

（二）执法检查

307. 农业机械安全检查的主要内容是什么？

答：（1）拖拉机、联合收割机驾驶操作人员是否持有驾驶证，证件是否合法有效，是否存在违规操作、疲劳操作等现象。

（2）拖拉机、联合收割机是否有号牌、行驶证、检验合格证等相关证件。转向、制动和照明主要安全部件是否齐备有效。转移行驶途中，悬挂机具、割台是否提升到安全位置锁好。是否有超载、超速行驶和违法载人等现象。安全防护设施、防火、灭火装置等是否完备有效。

（3）固定作业机械是否符合运行安全技术条件，电动设备是否有漏电现象，高速旋转的运动件连接是否安全可靠，有无松动脱落的危险等（图 132）。

（4）作业场所是否符合安全作业要求，危险地段是否设有警示标志。

（5）其他违反农机安全法规和安全操作规程的行为。

农机操作人员作业前，必须对农机进行安全查验；作业时必须遵守农机安全操作规程。

图 132　农业机械安全检查

名言警句

意志坚强的人能把世界放在手中像泥块一样任意揉捏。——歌德

308. 对农业机械进行安全检查的主要步骤是怎样的?

答:（1）用指挥手势示意驾驶操作人员靠边安全停放或停止作业。

（2）向驾驶操作人员敬礼、出示证件，并说明检查的内容。

（3）对农机安全违法违规行为进行录像、照相。

（4）向驾驶操作人员调查了解情况，并做相应登记或笔录。

（5）驾驶操作人员有违法违规行为的，指出其违法违规行为及法规依据，并督促其纠正违法违规行为；对存在重大事故隐患的农业机械，责令当事人立即停止作业，及时纠正违法违规行为，消除事故隐患。

（6）驾驶操作人员以及相关作业人员无违法违规行为的，及时解除检查。

（7）对有轻微违法违规行为的当事人进行批评教育后，解除检查。

（8）对驾驶操作人员的违法行为需要给予处罚的，做好证据收集工作，制作相关法律文书，按规定依法给予处罚。

开心一刻

买车前老婆让我洗衣服、洗碗，买车以后老婆让我洗衣服、洗碗、还有洗车。

309. 农业机械安全监理执法人员进行农业机械安全监督检查时，可以采取哪些措施?

答： 根据《农业机械安全监督管理条例》第四十条规定，安全监理执法人员可以采取如下措施。

（1）向有关单位和个人了解情况，查阅、复制有关资料。

（2）查验拖拉机、联合收割机证书、牌照及有关操作证件。

（3）检查危及人身财产安全的农业机械的安全状况，对存在重大事故隐患的农业机械，责令当事人立即停止作业或者停止农业机械的转移，并进行维修。

（4）责令农业机械操作人员改正违规操作行为。

名言警句

最具挑战性的挑战莫过于提升自我。——迈克尔・F・斯特利

310. 农业机械安全执法检查的区域和范围是哪些？农业机械安全生产检查的种类主要有哪些？

答： 农业机械安全监督检查的区域和范围主要是农田、场院等农业机械停放、转移或作业的场所，以及地方人大、政府根据实际情况确定的区域和范围。

农业机械安全生产检查的种类：①经常性农机安全生产检查，是指对农业机械作业安全进行的经常性检查。②季节性农机安全生产检查，是指在春耕、“三夏”（夏收、夏种、夏管）、“三秋”（秋收、秋耕、秋种）和冬季作业季节对农业机械作业安全生产的检查（图 133）。③专项农机安全生产检查，是指对特定场所的农业机械作业安全、农业机械违法载人等重点农机安全隐患，或者针对某一时段出现事故高发态势进行的检查。④节日农机安全检查，是指在国家法定假日，或者举行重大活动时，组织开展的检查。

图 133　季节性农机安全生产检查

开心一刻

买车前下班回家，老婆会检查我衣服上有没有长发，买车以后下班回家，老婆会闻一闻车里面有没有香水味。

311. 哪些情况可以扣押农业机械及其牌照、证件？退还扣押的农业机械及其牌照、证件的条件是什么？

答： 根据《农业机械安全监督管理条例》第四十一条规定：

（1）可以扣押农业机械及其牌照、证件的情形如下。①当事人在发生农业机械事故后，打算或企图逃离事故现场，逃脱法律责任，应当扣押有关农业机械及其相关证件、牌照等。这是为保护当事人的合法权益而采取的一种保全措施。②存在重大事故隐患的农业机械，继续进行作业或者转移的。这是为防止给当事人、他人或社会造成严重后果或重大影响而采取的一项强制性措施。

（2）退还扣押的农业机械及其牌照、证件的条件：案件处理完毕或者农业机械事故肇事方提供担保的，县级以上地方人民政府农业机械化主管部门应当及时退还被扣押的农业机械及证书、牌照、操作证件。存在重大事故隐患的农业机械，其所有人或者使用人排除隐患前不得继续使用。

名言警句

业余生活要有意义，不要越轨。——华盛顿

312. 扣押农业机械及其牌照、证件应遵守哪些规定?

答:（1）扣押农业机械及其牌证等，只能由县级以上农机监理执法人员进行。

（2）扣押的物证、书证，只能是与案件有关的物品和文件。

（3）对于扣押的物品和文件，应当会同在场见证人和被扣押物品、文件的所有人或驾驶操作人查点清楚，当场开列清单一式两份，并由执法人员、见证人、所有人或驾驶操作人签章，一份交所有人或驾驶操作人，一份留农机主管部门。如所有人或驾驶操作人在逃或者拒绝签名的，不影响扣押的进行，但执法人员应当在扣押清单上注明。对于扣押的物品和文件，应当现场加封，妥善保管。

（4）对于扣押的物品和文件，扣押的部门应当妥善保管或者封存，不得使用或者销毁。

（5）对于扣押的物品、文件，经查明与本案无关的，应当在 3 日内解除扣押，退还原主。

开心一刻

买车前朋友给我来电话，我会担心他会管我借钱，买车后是又怕借钱又怕借车。

313. 联合收割机安全作业有哪些具体规定?

答: 根据《联合收割机及驾驶人安全监理规定》第三十四条至第四十四条规定，联合收割机安全作业应遵守下列规定。

（1）号牌应当分别安装在联合收割机前、后端明显位置。

（2）传动和危险部位应有牢固可靠的安全防护装置，并有明显的安全警示标志。

（3）驾驶室不得超员，不得放置妨碍安全驾驶的物品，与作业有关的人员必须乘坐在规定的位置。

（4）启动前，应当将变速杆、动力输出轴操纵手柄置于空挡位置；起步时，应当鸣号或者发出信号，提醒有关作业人员注意安全。

（5）上、下坡不得曲线行驶、急转弯和横坡掉头；下陡坡不得空挡、熄火或分离离合器滑行；必须在坡路停留时，应当采取可靠的防滑措施。

（6）应当在停机或切断动力后保养、清除杂物和排除故障。禁止在排除故障时启动发动机或接合动力挡。禁止在未停机时直接将手伸入出粮口或排草口排除堵塞。

（7）应当配备有效的消防器材，夜间作业照明设备应当齐全有效。联合收割机作业区严禁烟火。检查和添加燃油及排除故障时，不得用明火照明。

（8）与悬挂式联合收割机配套的拖拉机作业时，发动机排气管应当安装火星收集器，并按规定清理积炭。

（9）在道路行驶或转移时，应当遵守道路交通安全法律、法规，服从交通警察的指挥，并将左、右制动板锁住，收割台提升到最高位置并予以锁定，不得在起伏不平的路上高速行驶。

（10）不得牵引其他机械，不得用集草箱运载货物。

（11）停机后，应当切断作业离合器，锁定停车制动装置，收割台放到可靠的支承物上。

名言警句

一个人即使已登上顶峰，也仍要自强不息。——罗素·贝克

314. 对拖拉机、联合收割机未按规定办理登记手续而投入使用的，应当如何处理？

答： 根据《农业机械安全监督管理条例》第五十条规定，未按照规定办理登记手续并取得相应的证书和牌照，擅自将拖拉机、联合收割机投入使用，或者未按照规定办理变更登记手续的，由县级以上地方人民政府农业机械化主管部门责令限期补办相关手续；逾期不补办的，责令停止使用；拒不停止使用的，扣押拖拉机、联合收割机，并处 200 元以上 2 000 元以下罚款。当事人补办相关手续的，应当及时退还扣押的拖拉机、联合收割机（图 134）。

拖拉机、联合收割机投入使用前，必须登记领取相应的证书和牌照。

图 134　拖拉机、联合收割机登记

开心一刻

买车前我上街每次都要看美女，买车以后上街我到处看停车位。

315. 对伪造、变造或者使用伪造、变造的拖拉机、联合收割机证书和牌照的行为，应当如何处理？

答： 根据《农业机械安全监督管理条例》第五十一条规定，伪造、变造或者使用伪造、变造的拖拉机、联合收割机证书和牌照的，或者使用其他拖拉机、联合收割机的证书和牌照的，由县级以上地方人民政府农业机械化主管部门收缴伪造、变造或者使用的证书和牌照（图 135），对违法行为人予以批评教育，并处 200 元以上 2 000 元以下罚款。

此外，《刑法》第二百八十条规定，伪造、变造、买卖或者盗窃、抢夺、毁灭国家机关的公文、证件、印章的，处 3 年以下有期徒刑、拘役、管制或者剥夺政治权利，并处罚金；情节严重的，处 3 年以上 10 年以下有期徒刑，并处罚金。

a. 查处伪造证书

b. 伪造牌照

图 135　伪造证书和牌照

名言警句

最大的挑战和突破在于用人，而用人最大的突破在于信任人。——马云

316. 对无证或违法操作拖拉机、联合收割机行为的，应当如何处理?

答:（1）根据《农业机械安全监督管理条例》第五十二条规定，对未取得拖拉机、联合收割机操作证件而操作拖拉机、联合收割机的，由县级以上地方人民政府农业机械化主管部门责令改正，处 100 元以上 500 元以下罚款。

（2）《农业机械安全监督管理条例》第五十三条规定，对拖拉机、联合收割机操作人员操作与本人操作证件规定不相符的拖拉机、联合收割机，或者操作未按照规定登记、检验或者检验不合格、安全设施不全、机件失效的拖拉机、联合收割机，或者使用国家管制的精神药品、麻醉品后操作拖拉机、联合收割机，或者患有妨碍安全操作的疾病操作拖拉机、联合收割机的，由县级以上地方人民政府农业机械化主管部门对违法行为人予以批评教育，责令改正；拒不改正的，处 100 元以上 500 元以下罚款；情节严重的，吊销有关人员的操作证件。

（3）根据《农业机械安全监督管理条例》第五十四条规定，对使用拖拉机、联合收割机违反规定载人的（图 136），由县级以上地方人民政府农业机械化主管部门对违法行为人予以批评教育，责令改正；拒不改正的，扣押拖拉机、联合收割机的证书、牌照；情节严重的，吊销有关人员的操作证件。非法从事经营性道路旅客运输的，由交通主管部门依照道路运输管理法律、行政法规处罚。当事人改正违法行为的，应当及时退还扣押的拖拉机、联合收割机的证书、牌照。

图 136　拖拉机违法载人

开心一刻

买车前我总在想，我应该买多少钱的车合适呢？买车后我总在想，我贷款多少钱才能买得起一个车库呢？

317. 发现使用存在事故隐患农业机械的，应当如何处理？

答： 根据《农业机械安全监督管理条例》第五十五条规定，经检验、检查发现农业机械存在事故隐患，经农业机械化主管部门告知拒不排除并继续使用的（图 137），由县级以上地方人民政府农业机械化主管部门对违法行为人予以批评教育，责令改正；拒不改正的，责令停止使用；拒不停止使用的，扣押存在事故隐患的农业机械。事故隐患排除后，应当及时退还扣押的农业机械。

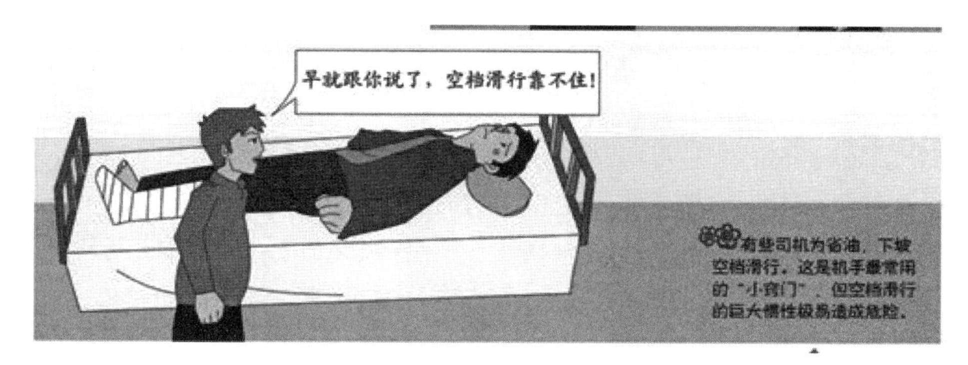

图 137　事故隐患造成的后果

名言警句

自己活着，就是为了使别人过得更美好。——雷锋

318. 什么是农业机械的实地安全检验？应遵循什么原则？哪些农业机械应进行实地安全技术检验？农业机械所有人应如何配合？

答：（1）根据《农业机械实地安全检验办法》第二条规定，所谓农业机械的实地安全检验，是按照有关安全技术标准或检验技术规范，在设立的检验点或农业机械作业现场、停放场所等按规定期限对农业机械进行安全检验的活动。

（2）根据《农业机械实地安全检验办法》第三条规定，农业机械的实地安全检验应当遵循公开、公正、科学、便民的原则。

（3）根据《农业机械实地安全检验办法》第二条规定，拖拉机、联合收割机、机动植保机械、机动脱粒机、饲料粉碎机、插秧机、铡草机以及省级农业机械化主管部门确定的对人身财产安全可能造成危害的其他农业机械。

（4）根据《农业机械实地安全检验办法》第七条规定，农业机械所有人应当适时维护和保养农业机械，确保其安全技术状况良好，并定期向住所地的农机安全监理机构申请安全技术检验（图 138）。

图 138　农业机械实地安全检验

开心一刻

买车前心里想着这下去哪儿都是分分钟的事儿，买车后发现堵起车来，还不如走路快！

（三）事故处理

319. 什么是农业机械事故？它是如何分类的？

答： 根据《农业机械事故处理办法》第二条规定，农业机械事故是指农业机械在作业或转移等过程中造成人身伤亡、财产损失的事件。

农业机械事故分为特别重大农机事故、重大农机事故、较大农机事故和一般农机事故。

（1）特别重大农机事故，是指造成30人以上死亡，或者100人以上重伤的事故，或者1亿元以上直接经济损失的事故。

（2）重大农机事故，是指造成10人以上30人以下死亡，或者50人以上100人以下重伤的事故，或者5 000万元以上1亿元以下直接经济损失的事故。

（3）较大农机事故，是指造成3人以上10人以下死亡，或者10人以上50人以下重伤的事故，或者1 000万元以上5 000万元以下直接经济损失的事故。

（4）一般农机事故，是指造成3人以下死亡，或者10人以下重伤，或者1 000万元以下直接经济损失的事故。

名言警句

要掌握书，莫被书掌握；要为生而读，莫为读而生。——布尔沃

320. 发生农业机械事故，由哪个部门处理？还有哪些具体规定？

答：（1）根据《农业机械事故处理办法》第三条和第四条规定，县级以上地方人民政府农业机械化主管部门负责农业机械事故责任的认定和调解处理，县级以上农业机械安全监督管理机构承担本辖区农机事故处理的具体工作。对特别重大、重大、较大农机事故，农业部、省级人民政府农业机械化主管部门和地（市）级人民政府农业机械化主管部门应当分别派员参与调查处理。

（2）根据《农业机械安全监督管理条例》第二十五条规定，农业机械在道路上发生的交通事故，由公安机关交通管理部门依照道路交通安全法律、法规处理；拖拉机在道路以外通行时发生的事故，公安机关交通管理部门接到报案的，参照道路交通安全法律、法规处理。农业机械事故造成公路及其附属设施损坏的，由交通主管部门依照公路法律、法规处理。

开心一刻

买车前和别人碰着，说一声对不起就完事了，买车后哪怕轻轻擦一下，几百块就没了。

321. 发生农业机械事故后驾驶操作人员应该如何处理?

答: 根据《农业机械事故处理办法》第十条规定，发生农业机械事故后，农机操作人员和现场其他人员应当立即停止农业机械作业或转移，保护现场，并向事故发生地县级农机安全监理机构报案；造成人身伤害的，还应当立即采取措施，抢救受伤人员；造成人员死亡的，还应当向事故发生地公安机关报案。因抢救受伤人员变动现场的，应当标明事故发生时机具和人员的位置。发生农机事故，未造成人身伤亡，当事人对事实及成因无争议的，可以在就有关事项达成协议后即行撤离现场。

名言警句

要知道对好事的称颂过于夸大，也会招来人们的反感、轻蔑和嫉妒。——培根

322. 农机安全监理机构接到事故报案时，应记录哪些内容？是否立案有哪些具体规定？

答：（1）根据《农业机械事故处理办法》第十二条规定，接到农业机械事故报案时应记录的内容包括报案方式、报案时间、报案人姓名、联系方式，电话报案的还应当记录报案电话；农机事故发生的时间、地点；人员伤亡和财产损失情况；农业机械类型、号牌号码、装载物品等情况；是否存在肇事嫌疑人逃逸等情况。

（2）根据《农业机械事故处理办法》第十三条、第十四条、第十五条规定，接到事故现场报案的，县级农机安全监理机构应当立即派人勘查现场，并自勘查现场之时起 24 小时内决定是否立案。当事人未在事故现场报案，事故发生后请求农机安全监理机构处理的，农机安全监理机构应当按照规定内容予以记录，并在 3 日内作出是否立案的决定。经核查农机事故事实存在且在管辖范围内的，农机安全监理机构应当立案，并告知当事人。经核查无法证明农机事故事实存在，或不在管辖范围内的，不予立案，书面告知当事人并说明理由。农机安全监理机构对农机事故管辖权有争议的，应当报请共同的上级农机安全监理机构指定管辖。上级农机安全监理机构应当在 24 小时内作出决定，并通知争议各方。

开心一刻

买车前油价上涨跟我有什么关系，买车后油价上涨前排队去加油。

323. 农业机械事故处理员到达事故现场后，应当立即开展哪些工作？

答： 根据《农业机械事故处理办法》第十八条规定，农机事故处理员到达现场后，应当立即开展下列工作。

（1）组织抢救受伤人员。

（2）保护、勘查事故现场，拍摄现场照片，绘制现场图，采集、提取痕迹、物证，并制作现场勘查笔录。

（3）对涉及易燃、易爆、剧毒、易腐蚀等危险物品的农机事故，应当立即报告当地人民政府，并协助做好相关工作。

（4）对造成供电、通信等设施损毁的农机事故，应当立即通知有关部门处理。

（5）确定农业机械事故当事人、肇事嫌疑人，查找证人，并制作询问笔录。

（6）登记和保护遗留物品。

名言警句

业精于勤，荒于嬉；行成于思，毁于随。——韩愈

324. 农业机械事故应急救援的“四项基本任务”和“三项基本内容”分别是什么?

答:（1）农业机械事故应急救援的“四项基本任务”：①立即组织营救受害人员，抢救物资。②迅速控制事态，对农机事故造成的危害进行检测和采取措施，保护事故区域内人员的安全。③消除隐患，防止次生事故发生，做好现场恢复工作。④查清农机事故原因，对应急救援情况进行评估。

（2）农业机械事故应急救援的“三项基本内容”：①农业机械事故发生前应建立事故应急组织指挥体系，落实有关部门、人员的职责，编制农业机械事故应急预案，进行农业机械事故预案的演练，对前线设备、物资的准备工作等。②农业机械事故发生时应立即采取应急与救援行动，包括报警与通报、急救与医疗、消防和工程抢险措施、信息收集与应急决策、外部求援等。③农业机械事故发生后应视具体情况配合有关部门对农业机械事故原因进行调查，对事故损失进行评估，以及清理现场等。

开心一刻

我问儿子长大了想干什么?

儿子想了想，说：等我长大后，如果是男的我就去开飞机，是女的我就去当空姐。

325. 发生农业机械事故后，抢救治疗费用由谁支付?

答: 根据《农业机械事故处理办法》第二十五条规定，发生农业机械事故，需要抢救治疗受伤人员的，抢救治疗费用由肇事嫌疑人和肇事农业机械所有人先行预付。投保机动车交通事故责任强制保险的拖拉机发生事故，因抢救受伤人员需要保险公司依法支付抢救费用的，事故发生地农业机械化主管部门应当书面通知保险公司。抢救受伤人员需要道路交通事故社会救助基金垫付费用的，事故发生地农业机械化主管部门应当通知道路交通事故社会救助基金管理机构，并协助救助基金管理机构向事故责任人追偿。

名言警句

一切节省，归根到底都归结为时间的节省。——马克思

326. 农机安全监理机构应当怎样确定当事人的责任?

答: 根据《农业机械事故处理办法》第二十七条规定，农机安全监理机构应当依据以下情况确定当事人的责任。

（1）因一方当事人的过错导致农机事故的，该方当事人承担全部责任。

（2）因两方或者两方以上当事人的过错发生农机事故的，根据其行为对事故发生的作用以及过错的严重程度，分别承担主要责任、同等责任和次要责任。

（3）各方均无导致农机事故的过错，属于意外事故的，各方均无责任。

（4）一方当事人故意造成事故的，他方无责任。

开心一刻

一个小男孩儿和小女孩儿吵架，小男孩说：你打我呀，我让你打。

然后女孩儿就踢了他一下。

男孩儿一把就把她推倒了，开口说道：我可没说不还手。

327. 农机安全监理机构在进行事故认定前，应对证据如何进行审查？

答： 根据《农业机械事故处理办法》第二十八条规定，农机安全监理机构在进行事故认定前，应当对证据进行审查。①证据是否是原件、原物、复印件、复制品与原件、原物是否相符。②证据的形式、取证程序是否符合法律规定。③证据的内容是否真实。④证人或者提供证据的人与当事人有无利害关系。

符合规定的证据，可以作为农业机械事故认定的依据，不符合规定的，不予采信。

名言警句

意志命运往往背道而驰，决心到最后会全部推倒。——莎士比亚

328. 农业机械事故认定书制定时限有哪些要求？事故责任认定书的内容有哪些？

答：（1）根据《农业机械事故处理办法》第二十九条规定，事故认定书制定时限：农机安全监理机构应当自现场勘查之日起 10 日内，作出农机事故认定，并制作农机事故认定书。对肇事逃逸案件，应当自查获肇事机械和操作人后 10 日内制作农机事故认定书。对需要进行鉴定的，应当自收到鉴定结论之日起 5 日内，制作农机事故认定书。

（2）根据《农业机械事故处理办法》第三十条规定，农机事故责任认定书内容如下。①事故当事人、农业机械、作业场所的基本情况。②事故发生的基本事实。③事故证据及事故成因分析。④当事人的过错及责任或意外原因。⑤当事人向农机安全监理机构申请复核、调解和直接向人民法院提起民事诉讼的权利、期限。⑥作出农机事故认定的农机安全监理机构名称和农机事故认定日期。

农机事故认定书应当由事故处理员签名或盖章，加盖农业机械事故处理专用章，并在制作完成之日起 3 日内送达当事人。

开心一刻

今天，儿子考试分数很低，我刚要发飙，儿子：妈，你不能批评我，虽然分数少，但也是我辛辛苦苦学来的。

329. 农业机械事故赔偿调解的原则和程序是什么？事故调解人员包括哪些？

答：（1）根据《农业机械事故处理办法》第三十九条规定，农机安全监理机构应当按照合法、公正、自愿、及时的原则，采取公开方式进行农业机械事故损害赔偿调解，但当事人一方要求不予公开的除外。

（2）根据《农业机械事故处理办法》第四十一条规定，调解农业机械事故损害赔偿争议，按下列程序进行：①告知各方当事人的权利、义务；②听取各方当事人的请求；③根据农业机械事故认定书的事实以及相关法律法规，调解达成损害赔偿协议。调解达成协议的，农机安全监理机构应当制作农业机械事故损害赔偿调解书送达各方当事人，农业机械事故损害赔偿调解书经各方当事人共同签字后生效。调解达成协议后当事人反悔的，可以依法向人民法院提起民事诉讼。

（3）根据《农业机械事故处理办法》第四十条规定，事故调解参加人员包括：①事故当事人及其代理人或损害赔偿的权利人、义务人；②农业机械所有人或者管理人；③农机安全监理机构认为有必要参加的其他人员。委托代理人应当出具由委托人签名或者盖章的授权委托书。授权委托书应当载明委托事项和权限。参加调解的当事人一方不得超过 3 人。

名言警句

学习是劳动，是充满思想的劳动。——乌申斯基

330. 农业机械事故损害赔偿调解书的内容有哪些?

答:《农业机械事故处理办法》第四十二条规定，农业机械事故损害赔偿调解书应当载明以下内容：①调解的依据；②农业机械事故简况和损失情况；③各方的损害赔偿责任及比例；④损害赔偿的项目和数额；⑤当事人自愿协商达成一致的意见；⑥赔偿方式和期限；⑦调解终结日期。赔付款由当事人自行交接，当事人要求农机安全监理机构转交的，农机安全监理机构可以转交，并在农业机械事故损害赔偿调解书上附记。

开心一刻

儿子：妈妈，为什么电灯要接两根电线呢?

妈妈：这你就不懂了吧? 这一根线让电流进来，另一根线还得让电流出去啊! 懂了吗?

儿子：懂了! 那我们剪掉那根进来的不是就不用交电费了嘛!

331. 发生较大以上农业机械事故，农机安全监理机构应如何上报情况？农业机械事故快报的主要内容是什么？

答：（1）《农业机械事故处理办法》第四十七条规定，发生较大以上的农业机械事故，事故发生地农机安全监理机构应当立即向农业机械化主管部门报告，并逐级上报至农业部农机监理总站。每级上报时间不得超过 2 小时。必要时，农机安全监理机构可以越级上报事故情况。

（2）农业机械事故快报应当包括下列内容：①事故发生的时间、地点、天气以及事故现场情况。②操作人姓名、住址、持证等情况。③事故造成的伤亡人数（包括下落不明的人数）及伤亡人员的基本情况、初步估计的直接经济损失。④发生事故的农业机械机型、牌证号、是否载有危险物品及危险物品的种类等。⑤事故发生的简要经过。⑥已经采取的措施。⑦其他应当报告的情况。农机事故发生之日起 7 日内，事故造成的伤亡人数发生变化的，应当及时补报。

名言警句

要使整个人生都过得舒适、愉快，这是不可能的，因为人类必须具备一种能应付逆境的态度。——卢梭

332. 农业机械事故当事人要求对事故农业机械自行检验、鉴定，如何处理？因农业机械自身存在缺陷造成人身伤害、财产损失的，由谁赔偿？

答：（1）根据《农业机械事故处理办法》第二十一条规定，当事人要求自行检验、鉴定的，农机安全监理机构应当向当事人介绍具有资质的检验、鉴定机构，由当事人自行选择。

（2）因农业机械存在缺陷造成人身伤害、财产损失的（图 139），农业机械生产者、销售者应当依法赔偿损失。农业机械化主管部门为当事人出具肇事农业机械检验、检查和鉴定结论等有关证明材料。

图 139　树立警示牌

今天在幼稚园门口看到俩孩子约架，对白是这样的：我你都敢惹，简直就是吃了熊心心豹豹胆了！

另一孩子：威胁人的时候，可不可以不要这么卖萌呀！

333. 农业机械事故处理过程中，农业机械化主管部门及农机安全监理机构有哪些行为会被追究责任？农机事故处理员有哪些行为会被追究责任？

答：（1）根据《农业机械事故处理办法》第四十九条规定，农业机械化主管部门及农机安全监理机构有下列行为之一的，对直接负责的主管人员和其他直接责任人员依法给予行政处分；构成犯罪的，依法移送司法机关追究刑事责任。①不依法处理农机事故或者不依法出具农机事故认定书等有关材料的。②迟报、漏报、谎报或者瞒报事故的。③阻碍、干涉事故调查工作的。④其他依法应当追究责任的行为。

（2）根据《农业机械事故处理办法》第五十条规定，农机事故处理员有下列行为之一的，依法给予行政处分；构成犯罪的，依法移送司法机关追究刑事责任。①不立即实施事故抢救的。②在事故调查处理期间擅离职守的。③利用职务之便，非法占有他人财产的。④索取、收受贿赂的。⑤故意或者过失造成认定事实错误、违反法定程序的。⑥应当回避而未回避影响事故公正处理的。⑦其他影响公正处理事故的。

名言警句

只有把抱怨环境的心情，化为上进的力量，才是成功的保证。——罗曼·罗兰

社会化服务

（一）体系建设

334. 国家农业技术推广机构的性质是什么？应主要承担哪些职责？

答：《农业技术推广法》第十一条规定，各级国家农业技术推广机构属于公共服务机构，履行下列公益性职责。①各级人民政府确定的关键农业技术的引进、试验、示范。②植物病虫害、动物疫病及农业灾害的监测、预报和预防。③农产品生产过程中的检验、检测、监测咨询技术服务。④农业资源、森林资源、农业生态安全和农业投入品使用的监测服务。⑤水资源管理、防汛抗旱和农田水利建设技术服务。⑥农业公共信息和农业技术宣传教育、培训服务。⑦法律、法规规定的其他职责。

开心一刻

学生：“作业你怎么样了？”

作业：“我们白着呢！”

335. 国家农技推广机构的设置原则与管理体制是什么?

答:《农业技术推广法》第十二条第一款规定:“根据科学合理、集中力量的原则以及县域农业特色、森林资源、水系和水利设施分布等情况,因地制宜设置县、乡镇或者区域国家农业技术推广机构。”《农业技术推广法》第十二条第二款规定:“乡镇国家农业技术推广机构,可以实行县级农业技术推广部门管理为主或者乡镇人民政府管理为主、县级农业技术推广部门业务指导的体制,具体由省、自治区、直辖市人民政府确定。”

名言警句

生命不等于是呼吸,生命是活动。——卢梭

336. 国家农业技术推广机构队伍建设的原则是什么?

答：（1）规范人员编制和结构比例。《农业技术推广法》第十三条规定，国家农业技术推广机构的人员编制应当根据所服务区域的种养规模、服务范围和工作任务等合理确定，保证公益性职责的履行。

国家农业技术推广机构的岗位设置应当以专业技术岗位为主。乡镇国家农业技术推广机构的岗位应当全部为专业技术岗位，县级国家农业技术推广机构的专业技术岗位不得低于机构岗位总量的80%，其他国家农业技术推广机构的专业技术岗位不得低于机构岗位总量的70%。

国家鼓励和支持高等学校毕业生和科技人员到基层从事农业技术推广工作。各级人民政府应当采取措施，吸引人才，充实和加强基层农业技术推广队伍。

（2）规范农业技术人员的上岗资格。《农业技术推广法》第十四条规定，国家农业技术推广机构的专业技术人员应当具有相应的专业技术水平，符合岗位职责要求。

国家农业技术推广机构聘用的新进专业技术人员，应当具有大专以上有关专业学历，并通过县级以上人民政府有关部门组织的专业技术水平考核。自治县、民族乡和国家确定的连片特困地区，经省、自治区、直辖市人民政府有关部门批准，可以聘用具有中专有关专业学历的人员或者其他具有相应专业技术水平的人员。

（3）规范专业技术人员的考评制度。《农业技术推广法》第二十九条第二款、第三十二条分别规定，对在县、乡镇、村从事农业技术推广工作的专业技术人员的职称评定，应当以考核其推广工作的业务技术水平和实绩为主。县级以上农业技术推广部门、乡镇人民政府应当对其管理的国家农业技术推广机构履行公益性职责的情况进行监督、考评。各级农业技术推广部门和国家农业技

早上下了点雪，去上学的路上，远远看见有个老大爷摔倒了，我赶紧跑过去想去扶一把，结果脚一滑，我把老大爷踹得更远了……

术推广机构，应当建立国家农业技术推广机构的专业技术人员工作责任制度和考评制度。县级农业技术推广部门管理为主的乡镇国家农业技术推广机构的人员，其业务考核、岗位聘用以及晋升，应当充分听取所服务的乡镇人民政府和服务对象的意见。乡镇人民政府管理为主、县级农业技术推广部门业务指导的乡镇国家农业技术推广机构的人员，其业务考核、岗位聘用以及晋升，应当充分听取所在地的县级农业技术推广部门和服务对象的意见。

名言警句

知之者不如好之者，好之者不如乐之者。——孔子

337. 农业机械生产者、经营者、维修者可以依照法律、行政法规的规定，自愿成立行业协会，其主要职能是什么?

答： 农机行业协会的宗旨是为会员（农业机械生产者、经营者、维修者、使用者）提供服务，维护会员的合法权益。加入农机行业协会坚持自愿原则，实行行业自律，形成自我教育、管理、监督和约束机制。随着政府职能的进一步转变，行业协会商会等组织的作用会越来越大。农机行业协会的主要职能通常体现在 3 个方面。

一是为成员提供生产、产品营销、市场信息、技术、业务培训等方面的服务，帮助成员开拓国内外市场，提高成员的组织化程度和市场地位，保护成员的利益。

二是协调与理顺行业内部的竞争与合作关系，组织成员参与制定农机产品标准、质量标准、维修服务标准等标准和技术规则指南，规范行业和成员的生产经营行为，促进成员之间的交流，协调成员之间的利益关系，调解成员的利益纠纷，发挥自我管理的作用，进行行业自律。监督成员执行相关法律及有关的国家标准和行业标准、地方标准，代表成员与政府、消费者进行沟通，发挥行业协会的桥梁纽带作用。

三是代表本行业提出农机产品贸易救济措施的申请。农机行业协会，应当诚实信用，依据市场规则，建立自律性运行机制，承担相应的法律和经济责任，并依法接受政府有关部门的管理和监督。

语文老师提问：谁把“寒风不识相，无故扰飞雪”解释一下?

角落里传来一句：“雪是好雪，就是风不正经。”

顿时教室里响起了口哨声……

338. 加强农业技术推广工作，国家明确了哪些保障措施?

答：（1）建立农业技术推广资金稳定增长机制。《农业技术推广法》第二十八条第一款规定：“国家逐步提高对农业技术推广的投入。各级人民政府在财政预算内应当保障用于农业技术推广的资金，并按规定使该资金逐年增长。”其中的“按规定”，是指《农业法》和中央有关政策文件关于增长幅度的要求，而且是逐年都要有增长。

（2）保障农业技术推广专项资金和基层推广机构工作经费。针对有项目就干、没项目就看的问题，为实现基层推广机构工作经费保障的常态化，《农业技术推广法》第二十八条第二款规定：“各级人民政府通过财政拨款以及从农业发展基金中提取一定比例的资金的渠道，筹集农业技术推广专项资金，用于实施农业技术推广项目。中央财政对重大农业技术推广给予补助。”考虑到当前和今后一段时期内，中央和省级财政保障能力较强，基层尤其是欠发达地区基层财政保障能力较弱的情况，《农业技术推广法》第二十八条第三款规定：“县、乡镇国家农业技术推广机构的工作经费根据当地服务规模和绩效确定，由各级财政共同承担。”

（3）保障基层农技推广人员的福利待遇。《农业技术推广法》第二十九条第一款规定：“各级人民政府应当采取措施，保障和改善县、乡镇国家农业技术推广机构的专业技术人员的工作条件、生活条件和待遇，并依照国家规定给予补贴，保持国家农业技术推广队伍的稳定。”保障有一个标准，就是基层农技推广机构在岗人员工资收入要与基层其他事业单位人员工作平均水平相衔接。

（4）保障国家农业技术推广机构具备必要的工作条件。国家农技推广机构必要的工作条件，主要包括实验基地、生产资料和设备、设施等。《农业技术推广法》第三十条规定：“各级人民政府应当采取措施，保障国家农业技术推广机构获得必需的试验示范场所、办公场所、推广和培训设施设备等工作条件。

名言警句

勇猛、大胆和坚定的决心能够抵得上武器的精良。——达·芬奇

地方各级人民政府应当保障国家农业技术推广机构的试验示范场所、生产资料和其他财产不受侵害。”

（5）提高农技推广人员的专业素质。《农业技术推广法》第二十三条规定：“教育、人力资源和社会保障、农业、林业、水利、科学技术等部门应当支持农业科研单位、有关学校开展有关农业技术推广的职业技术教育和技术培训，提高农业技术推广人员和农业劳动者的技术素质。国家鼓励社会力量开展农业技术培训。”

开心一刻

教室里，老师在上课，她动不动就吐痰。

有一学生昏昏欲睡，在那儿打瞌睡。

老师：“这位同学怎么打瞌睡啊，是不是对语文课不感兴趣？”

学生：“我对语文的兴趣比你吐的痰还浓。”

老师：……

（二）新型服务主体培育

339. 什么是合作社？有哪些基本特征？

答： 合作社是在农村家庭承包经营基础上，同类农产品的生产经营者或者同类农业生产经营服务的提供者、利用者，自愿联合、民主管理的互助性经济组织。与公司型企业相比有着本质区别。公司制度的本质特征是建立在企业利润基础上的资本联合，目的是追求利润的最大化，“资本量”的多寡直接决定盈余分配情况。在合作社内部，起决定作用的不是成员在合作社中“股金”，而是“交易”。合作社的主要功能是为社员提供交易上所需的服务。合作社与社员的交易不以盈利为目的。合作社的盈余，除了一小部分留作公共积累外，大部分要根据社员与合作社发生的交易额的多少进行分配。实行按股分红与按交易额分红相结合，以按交易额分红为主，是合作社分配制度的基本特征。当然，合作社与其他经济主体的交易也是以盈利为目的的。

综上所述，合作社的基本特征如下。

（1）在组织构成上，合作社以农民作为经济主体，主要由进行同类农产品生产、销售等环节的公民、企业、事业单位联合而成，农民至少占成员总人数的80%，构建了新的组织形式。

（2）在所有制结构上，合作社在不改变家庭承包经营的基础上，实现了劳动和资本的联合，形成了新的所有制结构。

（3）在收益分配上，合作社对内部成员不以盈利为目的，将利润返还给成员，形成了新的收益分配制度。

（4）在管理机制上，合作社实行入社自愿、退社自由、民主选举、民主决策等原则，建构了新的经营管理体制。

名言警句

意志是一个强壮的盲人，倚靠在明眼的跛子肩上。——叔本华

340. 农机合作社成立条件是什么?

答： 农机合作社是合作社的组成部分，按照《农民专业合作社法》要求，设立农机合作社应具备 5 个条件。

（1）有 5 名以上符合规定的成员，即具有民事行为能力的公民，以及从事与农民专业合作社业务直接有关的生产经营活动的企业、事业单位或者社会团体，能够利用农民专业合作社提供的服务，承认并遵守农民专业合作社章程，履行章程规定的入社手续的，可以成为农民专业合作社的成员。但是，具有管理公共事务职能的单位不得加入农民专业合作社。农民专业合作社的成员中，农民至少应当占成员总数的 80%。成员总数 20 人以下的，可以有 1 个企业、事业单位或者社会团体成员；成员总数超过 20 人的，企业、事业单位和社会团体成员不得超过成员总数的 5%。合作社应当置备成员名册，并报登记机关。

（2）有符合《农民专业合作社法》规定的章程。章程应当载明名称和住所，业务范围，成员资格及入社、退社和除名，成员的权利和义务，组织机构及其产生办法、职权、任期、议事规则，成员的出资方式、出资额，财务管理和盈余分配、亏损处理，章程修改程序，解散事由和清算办法，公告事项及发布方式，需要规定的其他事项。

（3）有符合《农民专业合作社法》规定的组织机构。设立权力机构成员大会（成员超过 150 人的，可以按照章程规定设立成员代表大会）。设理事长 1 名（理事长为本社的法定代表人），可以设理事会。可以设执行监事或者监事会。理事长、理事、执行监事或者监事会成员，由成员大会从本社成员中选举产生。理事长或者理事会可以按照成员大会的决定聘任经理和财务会计人员，理事长或者理事可以兼任经理。经理按照章程规定和理事长或者理事会授权，负责具体生产经营活动；经理按照章程规定或者理事会的决定，可以聘任其他人员。理事长、理事、经理和财务会计人员不得兼任监事。

（4）有符合法律、行政法规规定的名称和章程确定的住所。

（5）有符合章程规定的成员出资。

开心一刻

下雪了，本人特推出专业替人打雪仗活动：出手准，下手狠，打哭 20、打急眼 30、打伤 50、打残 100、打得死去活来 500，打造唯一雪仗市场，诚信经营，场场必胜，仗仗必赢，预约请留言。

341. 农机合作社的设立程序和遵循原则是什么?

根据《农民专业合作社法》规定，农机专业合作社按以下程序设立：发起筹备；制定合作社章程；推荐理事会、监事会候选人名单；召开全体设立人大会；组建工作机制；登记、注册。

农机合作社遵循原则：①成员以农民为主体；②以服务成员为宗旨，谋求全体成员的共同利益；③入社自愿、退社自由；④成员地位平等，实行民主管理；⑤盈余主要按照成员与农民专业合作社的交易量（额）比例返还。

名言警句

只有永远躺在泥坑里的人，才不会再掉进坑里。——黑格尔

342. 申请农机合作社向工商行政管理部门提交哪些资料?

答: 农机合作社，就是以农机作业为主的农民专业合作社，其登记注册申办程序和条件，适用于《农民专业合作社法》。根据《农民专业合作社法》第十三条规定，设立农民专业合作社，应当向工商行政管理部门提交下列文件，申请设立登记。①登记申请书；②全体设立人签名、盖章的设立大会纪要；③全体设立人签名、盖章的章程；④法定代表人、理事的任职文件及身份证明；⑤出资成员签名、盖章的出资清单；⑥住所使用证明；⑦法律、行政法规规定的其他文件。

登记机关应当自受理登记申请之日起20日内办理完毕，向符合登记条件的申请者颁发营业执照。

开心一刻

女友今天对我吼道：“我生气的时候一定要哄我，买好吃的给我，等老娘吃饱了打死你。”我……

343. 农机合作社成员享有的权利有哪些?

答: 根据《农民专业合作社法》第十六条的规定，农机合作社的成员享有以下权利。

（1）参加成员大会，并享有表决权、选举权和被选举权，按照章程规定对本社实行民主管理。

（2）利用本社提供的服务和生产经营设施。农民专业合作社以服务成员为宗旨，谋求全体成员的共同利益。作为农民专业合作社的成员，有权利用本社提供的服务和本社置备的生产经营设施。

（3）按照章程规定或者成员大会决议分享盈余。农民专业合作社获得的盈余依赖于成员产品的集合和成员对合作社的利用，本质上属于全体成员。可以说，成员的参与热情和参与效果直接决定了合作社的效益情况。因此，法律保护成员参与盈余分配的权利，成员有权按照章程规定或成员大会决议分享盈余。

（4）查阅本社的章程、成员名册、成员大会或者成员代表大会记录、理事会会议决议、监事会会议决议、财务会计报告和会计账簿。成员是农民专业合作社的所有者，对农民专业合作社事务享有知情权，有权查阅相关资料，特别是了解农民专业合作社经营状况和财务状况，以便监督农民专业合作社的运营。

（5）章程规定的其他权利。上述规定是《农民专业合作社法》规定成员享有的权利，除此之外，章程在同《农民专业合作社法》不抵触的情况下，还可以结合本社的实际情况规定成员享有的其他权利。

名言警句

希望的灯一旦熄灭，生活刹那间变成了一片黑暗。——普列姆昌德

344. 农机合作社成员应履行的义务有哪些?

答: 根据《农民专业合作社法》第十八条的规定，农机专业合作社的成员应当履行以下义务。

（1）执行成员大会、成员代表大会和理事会的决议。成员大会和成员代表大会的决议，体现了全体成员的共同意志，成员应当严格遵守并执行。

（2）按照章程规定向本社出资。明确成员的出资通常具有两个方面的意义。一是以成员出资作为组织从事经营活动的主要资金来源。二是明确组织对外承担债务责任的信用担保基础。

就农民专业合作社而言，因其类型多样，经营内容和经营规模差异很大，所以，对从事经营活动的资金需求很难用统一的法定标准来约束。而且，农民专业合作社的交易对象相对稳定，交易相对人对交易安全的信任主要取决于农民专业合作社能够提供的农产品，而不仅仅取决于成员出资所形成的合作社资本。由于我国各地经济发展的不平衡，以及农民专业合作社的业务特点和现阶段出资成员与非出资成员并存的实际情况，一律要求农民加入专业合作社时必须出资或者必须出法定数额的资金，不符合目前发展的现实。因此，成员加入合作社时是否出资以及出资方式、出资额、出资期限，都需要由农民专业合作社通过章程自己决定。

（3）按照章程规定与本社进行交易。农民加入合作社是要解决在独立的生产经营中个人无力解决、解决不好，或个人解决不合算的问题，是要利用和使用合作社所提供的服务。成员按照章程规定与本社进行交易既是成立合作社的目的，也是成员的一项义务。成员与合作社的交易，可能是交售农产品，也可能是购买生产资料，还可能是有偿利用合作社提供的技术、信息、运输等服务。成员与合作社的交易情况，按照《农民专业合作社法》第三十六条的规定，应当记载在该成员的账户中。

开心一刻

今天给女朋友买了个2万多元的包包，付钱时我眼都没眨一下，直接昏过去了。

（4）按照章程规定承担亏损。由于市场风险和自然风险的存在，农民专业合作社的生产经营可能会出现波动，有的年度有盈余，有的年度可能会出现亏损。合作社有盈余时分享盈余是成员的法定权利，合作社亏损时承担亏损也是成员的法定义务。

（5）章程规定的其他义务。成员除应当履行上述法定义务外，还应当履行章程结合本社实际情况规定的其他义务。

名言警句

希望是人生的乳母。——科策布

345. 农机合作社的组织形式有几类？

答：（1）按服务功能分，可分为只从事农机化生产服务的单一型和既从事农机化生产服务又从事其他生产经营服务的综合型两种。

（2）按合作方式分，可分为成员以农机具入股、土地入股、其他多要素入股的股份式，成员以入社费形式联合起来的非股份式两种。

开心一刻

今天去逛街看到一对小情侣，女的长得还挺好看，我仰天长叹："好白菜都被猪拱了"。

不小心被那男的听见了，想过来打我，他女朋友拉着他说："不要和这种连猪都不如的人计较。"

我……

346. 农民合作社的发展趋势怎样?

答: 农民合作社面对日益激烈的市场竞争，在组织和制度上进行创新，呈现一些新的发展趋势。

（1）组织规模化。通过合并、联合等多种形式，增强合作社实力，扩大合作社规模，以提升合作社竞争力。

（2）纵向一体化。一是延长产业链条，不局限于生产资料和农产品的销售，还扩大到全产业链，增加附加值，提高成员收入。二是强化合作社之间的功能重组，或更高水平上的功能拓展。

（3）治理结构公司化。决策上在坚持“一人一票”的基础上，也给投资多的一定的投票权。在经营管理上，聘请专业人员管理、经营，提高职业化水平。

（4）分配方式多样化。突破单一按交易量返利的制度，设立优先股、投资股等，在分配上采取按股分红与按交易量（额）返利相结合的方法，有的合作社还引入配股、期权等分配方式。

名言警句

形成天才的决定因素应该是勤奋。——郭沫若

347. 什么是家庭农场?

答: 家庭农场，一个起源于欧美的舶来名词；在中国，它类似于种养大户的升级版。通常定义为以家庭成员为主要劳动力，从事农业规模化、集约化、商品化生产经营，并以农业收入为家庭主要收入来源的新型农业经营主体。2013年“家庭农场”的概念是首次在中央1号文件中出现，称鼓励和支持承包土地向专业大户、家庭农场、农民合作社流转。

从概念来看，家庭农场大致有4个主要特征：一是适度规模经营。这是我国家庭农场的典型特征。二是长期专业化从事农业生产，且农业生产经营收入是家庭收入的主要来源。这是家庭农场与传统小规模农户最本质的区别。三是家庭农场集约化、商品化水平相对较高。这是家庭农场的目标性特征。四是主要利用农户自身的劳动力。家庭农场是我国现代农业建设的基本主体，与大量的兼业农户共同成为发展现代农业的基础力量。家庭农场通过适度规模经营，大幅度提高了集约化、标准化和商品化水平，是传统农户的升级版。

发展家庭农场既是构建我国新型农业经营体系的关键，是发展现代农业的客观需要，也在制度层面上符合坚持家庭承包制、完善农业基本经营制度的要求。因此，未来，家庭农场将成为我国现代农业的基本主体。但同时，受向非农产业转移难度大和生产、生活习惯的双重影响，相当比例的中老年农民仍然将从事农业生产，在我国农业生产占据相当重要的地位，因此，未来家庭农场和兼业农户将成为我国现代农业发展的基础力量。

家庭农场是农产品商品化生产、保障重点农产品供给的主要力量。传统分散农户经营规模小、集约化水平低，自给半自给特征明显，商品化供给量少，与我国工业化、城镇化对农产品商品需求刚性增长形成鲜明对比。正是在这种背景下，我国提出了发展家庭农场，保障重要农产品供给。另一方面，尽管农民合作社、龙头企业也是重要的新型农业经营主体，但农民合作社更多是为农

开心一刻

跟女友一块等公交车，突然就发现我俩身上都没零钱。于是，给了女友五十块钱，让她去换开零钱。

等啊等，终于换回来了，只见她买了四十八块钱的零食，剩两块，刚好够公交车票。

户和家庭农场提供社会化服务、引导农户进入市场的重要载体，龙头企业更多从事农产品的产后流通和加工，与家庭农场的职能有明显的区别。从这个角度来说，发展家庭农场对于保障我国农产品商品化供给具有重要意义。

名言警句

学到很多东西的诀窍，就是一下子不要学很多。——洛克

348. 国外家庭农场有哪些商业模式?

答: 国外家庭农场主要有以下 4 种商业模式。

美国：大中型家庭农场

美国的农业以家庭农场为主，由于许多合伙农场和公司农场也以家庭农场为依托，因此美国的农场几乎都是家庭农场。可以说美国的农业是在农户家庭经营基础上进行的，具有如下特点。

（1）经营规模化和组织方式多样化。从经营规模来看，其发展与趋势表现为农场数目的减少和经营规模的扩大。20 世纪以来，美国家庭农场在数量上上升至 89%，拥有 81% 的耕地面积、83% 的谷物收获量、77% 的农场销售额。

（2）生产经营专业化。美国把全国分为 10 个“农业生产区域”，每个区域主要生产一两种农产品。北部平原是小麦带，中部平原是玉米带，南部平原和西北部山区主要饲养牛、羊，大湖地区主要生产乳制品，太平洋沿岸地区盛产水果和蔬菜。就是在这种区域化布局的基础上，建立和发展了生产经营的专业化。

（3）土地所有权私有化。美国经过几十年的探索，于 1820 年建立了将共有土地以低价出售给农户，建立家庭农场的农业经济制度，正是这种制度的建立，促进了美国开发西部的热潮。

法国：中型家庭农场

法国作为欧盟第一农业生产国，世界第二大农业和食品出口国，世界食品加工产品第一大出口国，其家庭农场的发展功不可没。

法国有各类家庭农场 66 万个，平均经营耕地 42 公顷，其中 60% 的农场经营谷物、11% 的农场经营花卉、8% 的农场经营蔬菜、5% 的农场经营养殖业和水果，其余为多种经营。75% 以上的家庭农场劳力由经营者家庭自行承担，仅 11% 的农场需雇佣劳动力进行生产。由于农产品市场竞争日趋激烈，加上用工成本的不断提高，法国的家庭农场出现了以兼并的形式不断扩大规模和发展农工商综合经营的产业化趋势。

开心一刻

女：“我真给你脸了！”

男：“那再送瓶洗面奶呗？”

法国农场专业化程度很高，按照经营内容大体可以分为畜牧农场、谷物农场、葡萄农场、水果农场、蔬菜农场等，专业农场大部分经营一种产品，以突出各自产品的特点为主。

日本：小型家庭农场

1946—1950 年，日本政府采取强制措施购买地主的土地转卖给无地、少地的农户，自耕农在总农户中的比例占到了 88%，耕地占到了 90%，并且把农户土地规模限制在 3 公顷以内。1952 年制定了《土地法》，把以上规定用法律形式固定下来，从此形成了以小规模家庭经营为特征的农业经营方式。20 世纪 70 年代开始，日本政府连续出台了几个有关农地改革与调整的法律法规，鼓励农田以租赁和作业委托等形式协作生产，以避开土地集中的困难和分散的土地占有给农业发展带来的障碍因素。以土地租佃为中心，促进土地经营权流动，促进农地的集中连片经营和共同基础设施的建设。以农协为主，帮助核心农户和生产合作组织妥善经营农户出租或委托作业的耕地。这种以租赁为主要方式的规模经营战略获得了成功。

名言警句

自己的鞋子，自己知道紧在哪里。——西班牙

349. 新型职业农民的内涵和类型有哪些?

答:（1）新型职业农民以农业为职业，主要收入来自农业，可以是善经营、会管理的专业大户、家庭农场主，可以是掌握农业专业技能的技术农民，可以是提供社会化服务的专业机构从业人员。

（2）新型职业农民可划分为生产经营型、专业技能型和专业服务型 3 类，各类职业农民在要求职业素养的同时，还需要具有各自的专业特色。①生产经营型。以农业为职业、占有一定的资源、具有一定的专业技能、有一定的资金投入能力、收入主要来自农业的现代农业生产经营者，主要是专业大户、家庭农场主、农民合作社带头人等。②专业技能型。在农民合作社、家庭农场、专业大户、农业企业等新型生产经营主体中较稳定地从事农业劳动作业，并以此为主要收入来源，具有一定专业技能的农业劳动力，主要是农业工人、农业雇员等。③专业服务型。在社会化服务组织中或个体直接从事农业产前、产中、产后服务，并以此为主要收入来源，具有相应服务能力的农业社会化服务人员，主要是农村信息员、农村经纪人、农机服务人员、统防统治植保员、村级动物防疫员等农业社会化服务人员。

开心一刻

买车前幻想有美女来搭讪，买车后总有大妈来搭讪：这个地方停车一小时三块。

350. 农业机械服务方面的新型职业农民包括哪些人员?

答: 农业机械服务方面的新型职业农民是指具有科学文化素质、掌握现代农业生产技能、具备一定经营管理能力，以农机服务作为主要职业，以农机服务收入作为主要经济来源的从业人员。包括拖拉机联合收割机驾驶人员、农业机械操作人员、农业机械维修人员、农机合作社经理人等农业机械服务人员。

名言警句

我们唯一不会改正的缺点是软弱。——拉罗什福科

351. 重庆推行的“百千万行动计划”主要内容是什么?

答:《重庆市农业机械化“十三五”发展规划》提出“大力实施百千万行动计划”,是指“十三五”期间要建100个市级示范农机社会化服务组织,1 000个农业乡镇农机社会化服务组织全覆盖,培育10 000名留得住的高技能人才。

开心一刻

脸大到底有什么好处呢?

1. 自拍的时候特别容易对焦;

2. 拍集体合照时,特别突出,特别占便宜;

3. 会被人夸赞:真给你爸妈长脸;

4. 找个脸大的女朋友,可以亲一天啊;

5. 不给任何人想一巴掌拍死我的机会了;

6. 别人的脸那叫脸,而我们的脸那可是叫“脸 plus”。

352.“重庆农业机械化匠星工程”的基本思路是什么？

答：（1）根本宗旨。强化创新、协调、绿色、开放、共享发展新理念，发挥“新型职业农民”创新创造的“工匠精神”，用机械化思维和手段促进农业节本增效。

（2）主要目标。因地制宜，探索创新，集成一批在重庆可复制、可推广，在全国丘陵山区可借鉴的农业机械化生产新技术、新模式。

（3）运作模式。①搭建平台。设立“重庆农业机械化匠星工作站”，由重庆市农业委员会统筹、重庆市农业机械化技术推广总站承办。②实时交流。建立“重庆农业机械化匠星QQ群”“重庆农业机械化匠星微信群”，便于工作站成员互通信息、实时切磋，扬长避短、扬长补短，及时解决管理、技术、经营方面问题。③集中研讨。适时组织工作站成员集思广益，交流新理念、新实践、新模式、新成效。④服务辐射。适时派遣工作站成员到农业生产现场，指导机具适应性改良、机械化节本增效技术应用。⑤决策咨询。对拟大面积示范、推广的新机具和新技术，适时组织工作站成员开展试验示范，并提供推广决策参考意见。

（4）管理服务。①成员构成。行政事业单位体制外的农机研发和农业生产一线人员，包括家庭农场、种养大户、农机合作社、农业生产经营服务公司和农机生产企业中有较强创新意识、专注发展现代农业的“职业经理人”。②择优遴选。个人申报，区县推荐，市里审定。③动态管理。站内成员可自愿退出，创新意识缺乏成员自然退出，挖掘符合条件新成员吸纳进入。

（5）激励措施。①在同等条件下，优先支持工作站成员所在的服务组织享受农机购置补贴、深松整地、作业补贴、创新奖补等政策，优先组织实施农机市场服务主体能力提升、机械化地块整理整治等试验示范项目。②组织工作站成员参加农机展会、考察学习，进一步开阔眼界、拓宽视野，进一步提高创新创造能力。

名言警句

我这个人走得很慢，但是我从不后退。——亚伯拉罕·林肯

（三）职业技能培训与鉴定

353. 什么是职业？职业资格分几个等级？职业资格证书有哪些作用？

答： 职业是参与社会分工，利用专门的知识和技能，为社会创造物质财富和精神财富，获取合理报酬，作为物质生活来源，并满足精神需求的工作。

职业资格是对从事某一职业所必备的学识、技术和能力的基本要求。职业资格包括从业资格和执业资格。从业资格是指从事某一专业（职业）学识、技术和能力的起点标准。执业资格是指政府对某些责任较大、社会通用性强、关系公共利益的专业（职业）实行准入控制，是依法独立开业或从事某一特定专业（职业）学识、技术和能力的必备标准。

职业资格分为5个等级，即职业资格五级（初级）、职业资格四级（中级）、职业资格三级（高级）、职业资格二级（技师）、职业资格一级（高级技师）。职业资格证书是劳动者职业技能水平的凭证，是劳动者就业、从业、任职和劳务输出法律公证的有效证件，是用人单位招聘、录用和确定劳动报酬的重要依据。

职业资格证书是劳动就业制度的一项重要内容，也是一种特殊形式的国家考试制度。它是指按照国家制定的职业技能标准或任职资格条件，通过政府认定的考核鉴定机构，对劳动者的技能水平或职业资格进行客观公正、科学规范的评价和鉴定，对合格者授予相应的国家职业资格证书。

开心一刻

买车前我看见豪车就合影留念，买车以后我看见豪车就开得远点。

354. 推进农机职业技能开发工作的重要性是什么？有哪些主要任务？

答： 全面建成小康社会和“四化同步”发展基础在农业，难点在农村，关键在农民。农机职业技能开发工作正是通过持续开展职业技能培训与鉴定，不断强化和提升农机劳动者职业技能的过程，推动农机职业技能开发，建设农机技能人才队伍，对促进农业增效、农民增收和保障农机化科学发展都有重要意义。①推进农机职业技能开发是转变农业发展方式、培育新型职业农民的迫切需要。②推进农机职业技能开发是促进科技进步、提升农机化发展水平的客观要求。③推进农机职业技能开发是提升公共服务能力、夯实农机化发展基础的重要内容。

农机职业技能开发的主要任务有 4 方面。

（1）落实就业准入制度。按照《农业机械化促进法》等有关法律法规有关要求，全面实行农机维修人员、拖拉机联合收割机驾驶人员持证上岗，进一步加强拖拉机驾驶培训管理、推进农机“三包”维修服务人员职业技能培训鉴定工作。根据国家安排，开展职业调查和新增就业准入职业（工种）论证，审慎增加就业准入职业项目。

（2）拓展职业技能开发范围。在做好拖拉机驾驶员、联合收割机驾驶员、农机修理工等农机行业主体职业（工种）技能开发工作的同时，积极推进设施农业装备操作工、其他农业机械操作工，以及农机技术指导（推广）员等职业（工种）的培训鉴定工作。进一步推进农机大专院校和农机职业学校在校生“双证制”和教师“双师制”工作。

（3）提升高技能人才比例。提高农机技术指导（推广）员、农机修理工等职业（工种）的高技能人才培养比例。积极推进农机院校及培训机构教师的技师培养工作。

名言警句

勿问成功的秘诀为何，且尽全力做你应该做的事吧。——美华纳

（4）规范职业技能开发工作管理。围绕农机职业技能开发工作科学化、规范化、制度化建设，严格农机职业技能鉴定站及工作站的设立标准和审批程序。实行职业技能鉴定考评员、质量督导员的资格认证和诚信档案管理。加强异地考评、省级督考制度建设，突出鉴定财政奖补措施，提高鉴定质量和鉴定证书含金量。

人生四大多管闲事：医死马，翻咸鱼，扶烂泥，雕朽木。

355. 什么是农机行业职业技能鉴定？省级农机主管部门在农机行业职业技能鉴定中应承担哪些职责？

答： 农机行业职业技能鉴定是指对从事农机行业特有职业（工种）的劳动者所应具备的专业知识、技术水平和工作能力进行考核与评价，并对通过者颁发国家统一印制的职业资格证书的评价活动。农机行业职业技能鉴定遵循客观、公正、科学、规范的原则，保证鉴定质量，为农机从业人员和农业农村经济发展服务。农机行业职业技能鉴定管理在农业行业职业技能鉴定管理框架内进行。省级农机主管部门负责本地区农机行业职业技能鉴定工作的组织管理，职责包括4方面。①制定本地区农机行业职业技能培训鉴定工作的政策、规划和规范。②负责本地区鉴定站、工作站、培训鉴定基地的建设与管理。③负责本地区农机行业职业技能鉴定考评人员与质量督导员的管理。④组织、指导本地区开展农机行业职业技能培训鉴定工作，并对鉴定质量进行监督检查。

名言警句

学而不思则罔，思而不学则殆。——孔子

356. 如何加强对农机行业职业技能鉴定工作站和培训鉴定基地的管理？

答： 农机行业职业鉴定工作站和培训鉴定基地是经省级农机主管部门批准设立的鉴定站的分支机构。在归属鉴定站的组织管理下，开展职业技能鉴定工作。

（1）工作站和培训鉴定基地的设立由省级农机主管部门兼顾本地区职业技能鉴定工作进度、工作基础、工作方便性等因素，合理布局。

（2）工作站和培训鉴定基地由省级农机主管部门指定归属鉴定站。其设立由承建单位提出申请，经归属鉴定站审核，省级农机主管部门批准，报部农机指导站备案。其鉴定场地、设施设备及人员能力等应与其所开展培训鉴定职业（工种）和等级相适应，具体设立条件和程序由省级农机主管部门会同归属鉴定站作出规定。

（3）工作站和培训鉴定基地应按照归属鉴定站的各项管理要求开展工作，并接受其工作指导和监督检查。鉴定站应在各项管理制度中明确下设工作站、培训鉴定基地的职责、任务和要求，并对其工作质量负责。

开心一刻

妈妈生，姥姥养，姥爷逛遍菜市场。爸爸回家就上网，爷奶跳舞小广场。

357. 农机行业职业技能鉴定工作考评员的主要职责是什么?

答：（1）考核鉴定前，考评人员应熟悉本次鉴定职业（工种）的项目、内容、要求及评定标准，查验考核场地、设备、仪器及考核所用材料。

（2）考评人员在执行鉴定考评时应佩戴证卡，严格遵守考评人员守则和考场规则，独立完成各自负责的任务，严格按照评分标准及要求逐项测评打分，认真填写考评记录并签名。考评人员有权拒绝任何单位和个人提出的非正当要求，对鉴定对象的违纪行为，视情节轻重可给予劝告、警告、终止考核或宣布成绩无效等处理，并及时向上级主管部门报告。

（3）鉴定结束后，考评人员应及时反映鉴定工作中存在的问题并提出合理化意见和建议。

（4）考评人员应加强职业技能鉴定业务知识、专业理论和操作技能的学习，不断提高鉴定工作水平。

名言警句

学问是异常珍贵的东西，从任何源泉吸收都不可耻。——阿卜·日·法拉兹

358. 如何加强农机行业职业技能鉴定工作考评员管理?

答:（1）实行聘任制。由鉴定站与考评人员签订聘任合同，明确双方的责任、权利和义务，每个聘期不超过 3 年。考评人员每次实施鉴定考评后，鉴定站可参考当地主管部门制定的补助标准给予津贴补助。

（2）实行“培考分开”。考评人员不得对本人参与培训的人员进行鉴定。

（3）实行回避制度。考评人员在遇到直系亲属被鉴定时，应主动提出回避。

（4）实行年度评估。鉴定站应对所聘用的考评人员建立年度考绩档案，每年的 12 月 20 日前对考评人员的工作业绩和职称情况进行年度评议，评议结果应作为考评员续聘和奖惩的依据。

开心一刻

爸妈真的是一种很神奇的生物，朋友圈的什么谣言都信，但你编的瞎话他们一眼就拆穿。

359. 农机行业职业技能鉴定工作质量督导员工作职责是什么？

答： ①对鉴定站贯彻执行职业技能鉴定法规和政策的情况实施督导。②对鉴定站的运行条件、鉴定范围、考务管理、考评人员资格、被鉴定人员资格审查和职业资格证书管理等情况进行督导。③受委托，对群众举报的职业技能鉴定违规违纪情况进行调查、核实，提出处理意见。④对农机行业职业技能鉴定工作进行调查研究，向委托部门报告有关情况，提出建议。

在质量督导工作中，被督导单位及有关人员有下列情形之一的，质量督导员可提请派出机构按有关规定做出处理。①拒绝向质量督导员提供有关情况和文件、资料的。②阻挠有关人员向质量督导员反映情况的。③对提出的督导意见，拒不采纳、不予改进的。④弄虚作假、干扰职业技能鉴定质量督导工作的。⑤打击、报复质量督导员的。⑥其他影响质量督导工作的行为。

名言警句

只有在人群中间，才能认识自己。——德国

360. 职业技能鉴定的政策目标是什么?

答: 职业技能鉴定要达到引导培训方向、检验培训效果、评价技能水平的政策目标。因此，在技能人才培训专题设置上要按照每个工种的职业标准设置，培训是否达到培训效果，要看培训对象是否通过国家职业技能鉴定，技能水平高低要根据职业技能鉴定达到的层级来确定。在培育重点上，县级及以下重点培育初、中级（五级、四级）技能人才，省级重点培育高级、技师、高级技师等技能人才。

"群法口诀"大家都背背: 聊一得一，聊二得二，聊男得男，聊女得女，多聊多得，无聊得零。

361. 怎样做好拖拉机驾驶培训业务管理?

答: ①拖拉机驾驶培训机构应当严格执行农业部颁发的教学大纲，按照许可的范围培训，保证培训质量。②拖拉机驾驶培训机构的财务应当独立。③拖拉机驾驶培训机构应当聘用经省级人民政府农机主管部门考核合格的教学人员。④申请参加拖拉机驾驶员培训的人员应当符合拖拉机驾驶证管理的有关规定，填写《拖拉机驾驶员培训申请表》，交验身份证件。⑤完成规定课程并考试合格的学员，由培训机构发给结业证书，并提供学员素质评价、培训课时、教练员签名等记录。⑥学员凭结业证书和培训记录参加拖拉机驾驶初考或增考。⑦教练车应当按拖拉机登记有关规定取得教练车牌证。

名言警句

重复别人所说的话，只需要教育；而要挑战别人所说的话，则需要头脑。——玛丽·佩蒂博恩·普尔

362. 以重庆市为例，申请拖拉机驾驶培训资格应该如何办理?

答： 重庆市拖拉机驾驶培训许可流程见图 140。

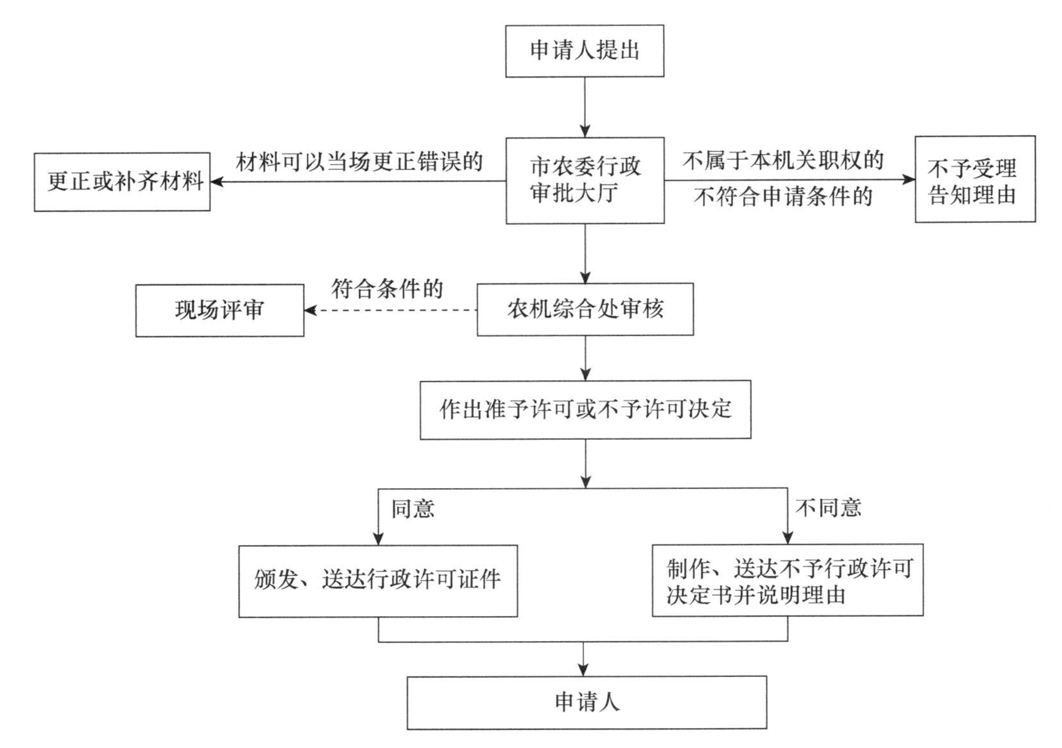

图 140 重庆市拖拉机驾驶培训许可流程

开心一刻

以前一个人表情不丰富，那是因为他是个面瘫。

363. 申请拖拉机驾驶培训机构资格的申报条件有哪些？申报时应提供哪些资料？

答： 申请拖拉机驾驶培训应满足以下条件。

（1）教学场所。①教室人均使用面积不少于1.2米^2，总面积不得低于120米^2，且采光、通风、照明和消防等条件符合有关标准。②有单独的办公用房。③有固定的教练场地，面积不得少于1 500米^2。

（2）教学设备。①有5台以上检验合格的教练车辆，并配备相应的农机具，配套比例不低于1∶2。②有常用机型的教学挂图、示教板和主要零部件实物。③有必要的电教设备。

（3）教学人员。①教学负责人应当具有本专业大专以上学历或中级以上技术职称，并从事拖拉机驾驶培训工作3年以上。②理论教员应当具有农机及相关专业中专以上学历，经省级农机主管部门考核合格。③教练员应当持有拖拉机驾驶中级以上技术等级证书和相应机型5年以上安全驾龄，经省级农机主管部门考核合格。拖拉机驾驶培训机构的教学人员不得少于5人。

（4）组织管理制度。①有完善的教学制度，包括学员学籍档案管理制度、教员管理制度、教学设备及车辆管理制度。②有健全的财务制度，配备专职财务人员。③有科学的安全管理制度。

应提供以下材料：①申请人的身份证明；②教学场所使用权证明及平面图；③教学设备清单；④教学和财务人员身份及资质证明；⑤组织管理制度；⑥生源预测情况。

名言警句

卓越的人一大优点是：在不利与艰难的遭遇里百折不饶。——贝多芬

364. 拖拉机驾驶员应该培训哪些内容?

答： 拖拉机驾驶培训分理论和实习两部分，详见表41。

表41　拖拉机驾驶培训内容安排

课别		理论教学					实习				
培训内容		安全法律法规和规章	基础知识	安全驾驶技术	拖拉机及配套机具使用技术	合计	基本操作与场地驾驶	机具挂接与田间作业	道路驾驶	机具保养	合计
学时	初学G	8	8	2	4	22	26	8	26	4	64
	H增驾G培训		3	2	3	8		4	18		22
	K增驾G培训		3	2	3	8	10	4	18		32

说明：“初学”是指初次参加申领拖拉机驾驶证的培训，“增驾”是指申请增加准驾机型。G表示持有准许驾驶大中型方向盘式拖拉机驾驶证；H表示持有准许驾驶小型方向盘式拖拉机驾驶证；K表示持有准许驾驶小型手扶式拖拉机驾驶证。

开心一刻

作为一个别人眼中乐观的人，大概就是你上吊快死了大家还以为你在荡秋千。

365. 联合收割机驾驶员应该培训哪些内容？

答： 联合收割机驾驶培训分理论和实习两部分，详见表42。

表42 联合收割机驾驶培训内容安排

课别		理论教学							实习				
培训内容		安全法律法规和规章	发动机	基础知识	安全驾驶技术	联合收割机使用技术	跨区机收知识	合计	基本操作与场地驾驶	田间作业	道路驾驶	机具保养	合计
学时	初学	8	3	8	2	4	1	26	26	12	22	6	66
	G增驾联合收割机			5	2	2	1	10	6	12	6	6	30

说明：“初学”是指初次参加申领联合收割机驾驶证的培训，G表示持有准许驾驶大中型方向盘式拖拉机驾驶证。

名言警句

伟大的事业，需要决心，能力，组织和责任感。——易卜生